図説
％Ｚ法と対称座標法の入門
パーセント・インピーダンス

柴崎 誠 [著]

基礎から
応用まで
徹底解説

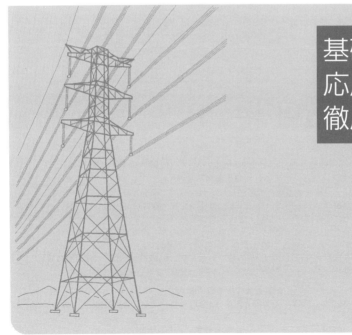

本書を発行するにあたって，内容に誤りのないようできる限りの注意を払いましたが，本書の内容を適用した結果生じたこと，また，適用できなかった結果について，著者，出版社とも一切の責任を負いませんのでご了承ください．

本書は，「著作権法」によって，著作権等の権利が保護されている著作物です．本書の複製権・翻訳権・上映権・譲渡権・公衆送信権（送信可能化権を含む）は著作権者が保有しています．本書の全部または一部につき，無断で転載，複写複製，電子的装置への入力等をされると，著作権等の権利侵害となる場合があります．また，代行業者等の第三者によるスキャンやデジタル化は，たとえ個人や家庭内での利用であっても著作権法上認められておりませんので，ご注意ください．

本書の無断複写は，著作権法上の制限事項を除き，禁じられています．本書の複写複製を希望される場合は，そのつど事前に下記へ連絡して許諾を得てください．

出版者著作権管理機構
（電話 03-5244-5088，FAX 03-5244-5089，e-mail: info@jcopy.or.jp）

JCOPY ＜出版者著作権管理機構 委託出版物＞

まえがき

　筆者は，電力回路の技術計算法の講義に長年携わってきましたが，そこで「多くの受講生が，同じところで，同じような誤解をしている」ことに気付きました。この書籍は，その講義の経験を生かし，多くの方々が誤解しやすい箇所は，豊富な解説図により分かり易く説明しました。

　第1編はパーセント・インピーダンス法（%Z法）の解説です。一般的な電力回路には，多数の変圧器が接続されていますが，変圧器を含む回路計算を行うとき，［V］，［A］，［Ω］単位の数値を直接オームの法則などに代入すると，誤答になってしまいます。そのため，インピーダンス変換の必要がなく，きわめて能率的に解くことができる%Z法が考案されました。この第1編では，電験問題の解き方や，系統間のループ潮流計算などの応用例を紹介し，次の第2編へ円滑に進めるように工夫しました。

　第2編では，電力系統の故障のうち，3相の各対地電圧値と故障電流値が不平衡な1線地絡，2線短絡，2線地絡の故障計算法を解説しました。それらの不平衡故障時には，大地を帰路とする地絡電流分と，電力線間を環流する短絡電流分とが混在し，それぞれに作用するインピーダンス値が異なるため，大変に複雑な現象です。そこで，電力回路を三つの対称分に分け，各対称分は簡単に解けるように工夫した"対称座標法"が考案されました。この第2編では，各対称分回路の基礎的な事項，電験問題の解き方，最近の太陽電池発電所に適用され始めた400V級の中性点直接接地式電路の故障計算法，それに系統運用部門で日常的に活用できる実務計算法について，分かり易く解説しました。

　本書の発行に際し，株式会社オーム社雑誌部OHM編集課の方々から，多くの有益なご提案を頂戴したことに対し，ここに深く感謝致します。

2018年4月

柴崎　誠

図説 %Z法と対称座標法の入門

目　次

第1編　パーセント・インピーダンス法 ………………………… 1

- 講義 01　変圧器を経由すると，インピーダンス値はどのように変化するか… 2
- 講義 02　パーセント・インピーダンス値を表す基本公式と実用公式 ……… 5
- 講義 03　発電機，変圧器，送電線の各 %Z[%]の概数値 ………………………11
- 講義 04　%Z法の基礎である単位法の概要 ……………………………………14
- 講義 05　計算する前に，基準容量値を統一しなければならない理由 ……18
- 講義 06　簡単な電力回路の計算を%Z法で解いてみよう ……………………22
- 講義 07　%Z法による電力回路の計算法の要点 ………………………………31
- 講義 08　%Z法を応用した電験問題の解き方 …………………………………33
- 講義 09　並列運転中の変圧器相互間の負荷分担計算法 ……………………44
- 講義 10　変圧器の返還負荷法による循環電流の計算法 ……………………57
- 講義 11　実務的な3相短絡故障電流の計算法 …………………………………63
- 講義 12　実務的な電圧降下率と電圧変化率の計算法 ………………………76
- 講義 13　小出力太陽電池発電所の交流過電圧の予測計算法とその対策方法……92
- 講義 14　大出力太陽電池発電所の交流過電圧の予測計算法とその対策方法… 101
- 講義 15　実務的な系統相差角とループ潮流の計算法 ……………………… 110

第2編　対称座標法 …………………………………………… 117

- 講義01　対称座標法は，どんなときに使う計算法か ………………… 118
- 講義02　零相分，正相分，逆相分とは何か ……………………………… 125
- 講義03　中性点抵抗値を3倍する理由 …………………………………… 128
- 講義04　変圧器の巻線方式により I_0 の流れ方が変わる ……………… 130
- 講義05　ベクトル・オペレータ a を使用した対称座標法の公式 …… 134
- 講義06　不平衡な負荷電流には，零相分電流を含まない ……………… 140
- 講義07　対称座標法の基となる発電機の基本公式 ……………………… 144
- 講義08　対称座標法による計算手順 ……………………………………… 150
- 講義09　不平衡故障時の各相の電源電圧と対地電圧の相違 …………… 152
- 講義10　1線地絡故障時に零相分電流が流れる経路 …………………… 154
- 講義11　対称座標法を応用した1線地絡故障の計算法 ………………… 158
- 講義12　1線地絡故障時の各対称分を表す等価回路図 ………………… 165
- 講義13　1線地絡故障時の零相分電流分布のよくあるミス …………… 168
- 講義14　電磁誘導障害の問題は，なぜ $3I_0$ に着目すればよいのか …… 170
- 講義15　400 V級電路の1線地絡故障電流値の設計計算例と注意事項 … 172
- 講義16　1線地絡故障計算の例題とその解法 …………………………… 182
- 講義17　抵抗接地系のDGリレーの V_0, I_0 の結線方法 ……………… 194
- 講義18　6.6 kV配電線路の1線地絡故障時の等価回路図 ……………… 198
- 講義19　高圧電路の零相分残留電圧の発生原因と対策 ………………… 206
- 講義20　2線短絡故障と2線地絡故障の相違点 ………………………… 214

講義 21	2線短絡故障の公式と等価回路図	216
講義 22	2線短絡故障計算の例題とその解法	222
講義 23	2線地絡故障の公式と等価回路図	226
講義 24	2線地絡故障計算の例題とその解法	232
講義 25	大きな単相電流に起因する回転機器の諸問題	241
講義 26	2相故障時の奇数次高調波による共振異常電圧の発生原因	248
講義 27	高圧配電線路の末端故障検出用の逆相過電流継電器	254
講義 28	中性点抵抗接地系の故障解析法	258
講義 29	中性点非接地系の故障解析法	262
講義 30	中性点非接地系の間欠地絡故障時の異常現象	273

電気のおもしろ小話

- 磁束は急には変われない … 4
- 富士川以西の電力周波数は 120Hz である … 13
- コンデンサの問題は，円筒形容器に代えて解ける … 14
- 無効電力は，ビタミン電力である … 17
- 時間の進む方向が，位相の遅れ？ … 47
- 循環電流 I_C を無効横流という理由 … 62
- 無効電力の方向は，美空ひばりの定理で考える … 67
- サージ・インピーダンス値の考え方 … 139
- 無効電力は，有効電力の充放電を繰り返す電力 … 149
- 正の虚数は進み，負の虚数は遅れ，に例外なし … 288

第1編
パーセント・インピーダンス法

　送電線路に最適な使用電圧値は，輸送電力の規模に応じて異なるため，異電圧の系統相互間を変圧器により連繋し，運用しています。その大電力の電圧変換に，構造が比較的簡単な変圧器を使用できるため，電力系統は交流方式を主体に発達してきました。そのように，変圧器は便利な電力設備です。

　しかし，電圧降下率，送電損失率，系統相差角などの技術計算を行う際に，[V]，[A]，[Ω]単位の数値を，各公式に直接代入することはできず，事前に"実効的に作用するインピーダンス値の変換"が必要です。一般的な電力系統には，多数の変圧器が存在するため，上記の変換数が膨大になり，[V]，[A]，[Ω]単位の数値を直接使用する計算手法は，実用的ではありません。

　そこで，変圧器が存在する場合であっても，インピーダンス変換を必要とせず，きわめて能率的に解を得ることができる"単位法"が考案され，さらに便利な"%Z法"に発展されました。

　この第1編では，技術計算に%Z法を応用すると便利な理由から始め，電験問題を要領よく解く方法，さらに系統技術の実務計算に役立つ手法を，分かり易く解説しています。

講義01

変圧器を経由すると，インピーダンス値はどのように変化するか

　電力回路の中に変圧器を含む技術計算には，皆さんが親しみ深い[V][A][Ω]単位を使用する計算法は実用的ではない理由を説明し，その後にパーセント・インピーダンス法（以後"%Z法"と略記する）が便利であることを解説します。

　初期の電気事業は，直流電力を発電し，送配電し，販売していましたが，米国の技術者ウェスチングハウス氏が長距離の大電力輸送には交流方式の方が有利であることを見抜きました。そして，1886年に米国で最初の交流方式による送配電システムが建設されました。その後も，三相交流の研究開発が盛んに行われ，以来今日まで電力系統は交流方式を主体に進歩，発展を続けてきました。その交流方式が，直流方式に比べて有利な要因は，主に次のことが挙げられます。

　電力回路には，"輸送電力の大きさ"に応じて"最適な公称電圧値"が存在します。例えば，大規模電源から遠い里側の拠点変電所までの基幹送電線路には500 kVが最適であり，工場に近い送電線路には154～66 kVが最適であり，高圧配電線路には6.6 kVが最適です。そして，上記の各系統を互いに繋げる必要がありますが，交流系統ならば比較的安価で簡単な変圧器を利用できます。一方，直流で連繋する場合には，周波数変換器と同様に高価な設備が必要となり，その運転制御に高度な技術が必要です。さらに，高電圧・大電流の直流遮断器がないため，多端子系統の構成が不可能なことも大きなデメリットです。（電気主任技術者の試験問題文や，電力品質確保に係る系統連系技術要件ガイドラインの文章には，"連系"の語句が使用されていますが，"系"はシステムを表し，"繋"はつなぐことを表しますから，この書籍では"連繋"の語句を適用しました。）

　上述のように，変圧器は交流の異電圧系統の相互間を連繋する上で，大変に便利な電気設備ですが，電力回路の技術計算を行う際には欠点になります。それは，変圧器の存在により，実効的なインピーダンス値（以下「Z値」と略記する）が変化することです。その現象を，**図1·1**で解説します。実際の電力回路の構成は，三相3線式ですが，この図は見やすくするために，3相のうちの代表の1相分で表示してあります。

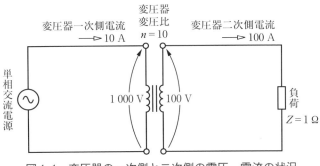

図1・1　変圧器の一次側と二次側の電圧，電流の状況

　図の変圧器一次側の電圧値は1 000[V]，二次側の電圧値は100[V]ですから，この変圧器の変圧比(巻数比)nは10です。そして，1[Ω]の負荷に100[V]の電圧を印加していますから，負荷電流値は100[A]です。この変圧器は，漏れインピーダンス(漏れZの値)が無視でき，鉄損，銅損も無視できる理想的な変圧器を想定して，変圧器を通過する皮相電力値は一次側と二次側とで互いに等しい状態です。その結果，一次側の電流値は10[A]になります。ここで，**図1・2**に示すように，変圧器の一次巻線を含む右側部分を，点線で包んで中が見えない状態を想定します。

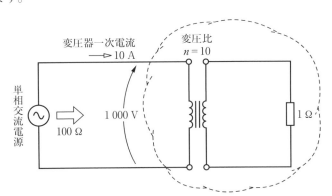

図1・2　変圧器による実効的なインピーダンス値の変化

　図の点線の外部から電圧1 000[V]を印加した結果，電流10[A]が流れたのですから，点線内部の等価なZ値は100[Ω]です。つまり，低圧側に接続した1[Ω]のZ値を高圧側から等価的に見ると，n^2倍に大きくなって100[Ω]になります。逆に，高圧側の電源Z値を低圧側から見ると，その等価なZ値は$1/n^2$倍に小さくなります。

実際の電力回路に適用している公称電圧値は，500 kV，275 kV，154 kV，66 kV，33 kV，6.6 kV など，実に多くの電圧値が存在していますから，それらの系統の相互間を連繋する変圧器は，実に多くの台数です。そして，現在の 60 Hz 系は，東は中部電力の富士川右岸から，西は九州電力の大隈半島の南端まで，常に系統を連繋して運用していますから，ある電力会社の系統内で故障を生じたとき，その故障点に流れる故障電流の供給源は，故障原因の電力会社の発電機は勿論のこと，60 Hz 系の全発電機が供給源になります。ですから，もしも電力系統の故障計算を[V][A][Ω]単位法で行うならば，膨大な個数の Z 値を，n^2 又は $1/n^2$ 倍による等価換算を行う必要が生じてしまいます。その結果，"本来の電力回路の技術計算を行う時間"よりも"Z 値の等価換算に要する準備時間"の方が長い，という非能率的で，非現実的な方法になってしまいます。そのような計算法は，実社会では到底受け入れられません。また，n^2 倍すべきところを，誤って $1/n^2$ 倍してしまった場合には，大きな設計ミスになってしまいます。

そこで，電力回路の中に多数の変圧器が存在しても，Z 値の n^2 や $1/n^2$ の換算の必要が全くない，優れた計算方法として，講義 02 から解説する %Z 法が考案されました。その %Z 法は，過去も，現在も，そして将来も，多くの電気技術者が盛んに応用する計算手法ですから，皆さんも是非マスターしてください。

電気のおもしろ小話 磁束は急には変われない

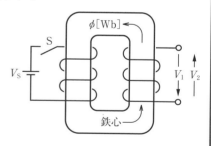

交通安全の標語に「車は急には止まれない」がありますが，電気工学にも同様に**「磁束は急には変われない」**の標語があります。例えば，右図のスイッチ S を閉じて鉄心を励磁すると，磁束は 0[Wb] から矢印方向の ϕ[Wb] に増加の変化が始まります。そのとき，「磁束は急には変われない」の磁気現象が生じ，図の右側巻線に磁束 0[Wb] を維持させる（つまり，磁束変化を妨げる）方向に逆起電力 V_1[V] を生じます。しばらく S を閉じ続けた後に S を急開すると，再び「磁束は急には変われない」の磁気現象が生じ，今度は磁束 ϕ[Wb] を維持させる方向に逆起電力 V_2[V] を生じます。この逆起電力を発明した科学者を賞賛して**レンツの法則**と言います。「磁束は急には変われない」の電気標語は，発変電所の変流器(CT)の二次回路の試験時に，現場技術者達が「キック法」と称し，広く応用されています。

講義 02

パーセント・インピーダンス値を表す基本公式と実用公式

　この講義では，電力回路に接続されている発電機，送電線，変圧器の各 $Z[\Omega]$ 値を，パーセント・インピーダンス値(以後「%Z[%]値」と略記する)に換算するための基本公式と実用公式について解説します。これ以降の Z 値の表示方法として，$[\Omega]$単位の $Z[\Omega]$ と，パーセント・インピーダンス法の %Z[%] の二つが出てきますが，この二つは全く異なる値ですから，厳格に区別する必要があります。皆さんは，2種類の変数記号と単位記号に注意し，正確に読み分けてください。

　図2·1は，%Z[%]の基本公式を説明する回路図です。この図は，三相3線式電力回路の3相分のうちの代表の1相分のみを表しています。

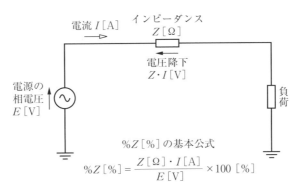

図2·1　%Z[%]の基本公式を説明する単相回路

　図の左端に，三相電源の代表相の1相分を表す**相電圧** E の電源を描いてあります。ここで，三相回路にて単に"電圧"と言った場合は，電気工学の基本ルールにより"線間電圧"を意味します。しかし，図2·1の電源電圧は，代表の1相分であるため，**相電圧**です。例えば，66 kV 系統の場合の E の値は，普段ほとんど使用しない 38.1[kV] です。このように，%Z[%]の基本公式を理解する上で，線間電圧値と相電圧値とを厳格に区別することが非常に重要なことです。

　図2·1の右端に単相負荷を接続してあり，単相電源と単相負荷との間にある送

電線の1相分のZ値が$Z[\Omega]$です。その$Z[\Omega]$に，基準電流(計算する上で基準となる電流[A]のことで，その詳細は講義03以降で解説する)の$I[A]$が流れたとき，$Z[\Omega]$の両端に電圧降下が現れます。その電圧降下値の$Z[\Omega]\cdot I[A]$の大きさが，電源の**相電圧**$E[V]$に対して何%であるかを，次の(2·1)式で表したものが，%Z値を表す**基本公式**です。

基本公式 $$\%Z[\%] = \frac{Z[\Omega]\cdot I[A]}{E[V]} \times 100[\%] \qquad (2\cdot 1)$$

この(2·1)式の基本公式は，次の(1)から(4)に述べるように"実用的な公式"ではありませんから，これを便利な実用公式に変換します。

---

(1) 電力回路の中を流れている電力潮流の大きさを，電流$I[A]$を使用して表示しているが，その電流値は変圧器を通過するたびに値が変化してしまい，実用的ではない。

(2) 電力潮流の大きさを，皮相電力$S[kV\cdot A]$で表せば，変圧器を通過してもその値が変化しないため，$I[A]$を$S[kV\cdot A]$に置き換えて実用的な公式にしたい。

(3) 電気工学のルールとして，三相回路においてただ単に"電圧"と言えばそれは"線間電圧"を意味し，かつ，日常的にも線間電圧を使用しているため，(2·1)式の相電圧$E[V]$を線間電圧$V[V]$の値に置き換えて，実用的な公式にしたい。

(4) 特別高圧の線間電圧値の表現に[V]の単位を使用すると，ゼロを沢山(たくさん)書かねばならず，実用的ではないため，[kV]の単位で表示したい。

以上の(1)～(4)のことを踏まえ，(2·1)式で示した%$Z[\%]$の基本公式を，次の手順により"実用公式"に変換します。

手順1 相電圧$E[V]$を線間電圧$v[V]$に置き換えるため，(2·1)式の右辺の分母と分子を共に$\sqrt{3}$倍し，次の(2·2)式に変換します。この段階では，線間電圧は基本単位の[V]のままであるため，あえて小文字の$v[V]$で表示し，実用的な$V[kV]$への換算は，後に行います。

$$\%Z[\%] = \frac{Z[\Omega]\cdot \sqrt{3}I[A]}{\sqrt{3}E[V]} \times 100[\%] = \frac{Z[\Omega]\cdot \sqrt{3}I[A] \times 100[\%]}{v[V]} \qquad (2\cdot 2)$$

手順2 (2·2)式の中の通過電流を表す$\sqrt{3}I[\text{A}]$を，皮相電力$s[\text{V·A}]$に置き換えるために，分母と分子の双方に線間電圧$v[\text{V}]$を乗算して次式に変換します。

$$\%Z[\%] = \frac{Z[\Omega] \cdot \sqrt{3}vI[\text{V·A}] \times 100[\%]}{v^2[\text{V}^2]} \tag{2·3}$$

手順3 (2·3)式の分子の$\sqrt{3}v \cdot I[\text{V·A}]$を，3相分の皮相電力$s[\text{V·A}]$に置き換えます。この皮相電力の単位は[V·A]のままですから，ここではあえて小文字の$s[\text{V·A}]$で表し，実用的な単位の$S[\text{kV·A}]$への換算は，後に行います。

$$\%Z[\%] = \frac{Z[\Omega] \cdot s[\text{V·A}] \times 100[\%]}{v^2[\text{V}^2]} \tag{2·4}$$

手順4 (2·4)式の[V·A]単位の皮相電力の**数値**を，実用的な[kV·A]単位の**数値**に置き換えますが，その際に次の注意が必要です。一般的な数値と単位の変換方法としては，例えば3 000[V·A]は3[kV·A]に置き換えられます。しかし，これから行う換算の目的は，(2·4)式の[V·A]単位の**数値**を，実用的な[kV·A]単位の**数値**に置き換えることですが，その結果，(2·4)式の右辺で算出した値が，換算前と換算後とで同じ**数値**でなければなりません。

例えば，(2·4)式の皮相電力sが3 000[V·A]の場合，実用単位の[kV·A]を使用して同じ**数値**を算出するためには，1 000×3[kV·A]に置き換えます。くどいようですが，ここで筆者は「3 000[V·A] = 1 000×3[kV·A]である。」という，無茶なことを言っているのではありません。この部分が，%Z法の初学者が最も誤解しやすい箇所であり，過去に沢山の質問状を受けてきた事項です。皆さんは，くれぐれも(2·4)式の"右辺で算出した値が，変換前と変換後とで同じ**数値**になるように**変換する**"ことに重点を置いて，上記の変換方法を熟読してください。

(2·4)式の右辺の算出結果が，"同じ**%Z値を得る**"ことを目的に，[V·A]単位の皮相電力の**数値**を，次式の実用的な単位の[kV·A]に置き換え，かつ，係数の1 000を追加します。

$$\%Z[\%] = \frac{Z[\Omega] \times (1\,000 \times S[\text{kV·A}]) \times 100[\%]}{v^2[\text{V}^2]} \tag{2·5}$$

手順5 (2·5)式の右辺の分母の線間電圧の単位[V]の**数値**を，実用的な[kV]の単位で表した同じ**数値**に置き換えます。例えば，[V]単位で表した系統電圧値の66 000は，[kV]の単位で表した1 000×66[kV]の数値に置き換えます。ここも，上記と同様に，筆者は「66 000[V] = 1 000×66[kV]である。」という無茶を言っているのではありません。この部分も，初学者が最も誤解しやすい箇所で

す。この電圧の単位の変換の際に，線間電圧は**2乗**であることに注意して，前記の(2·5)式を次式にて変換します。

$$\%Z[\%] = \frac{Z[\Omega] \times (1\,000 \times S[\text{kV·A}]) \times 100[\%]}{1\,000^2 \times V^2[\text{kV}^2]} \tag{2·6}$$

$$= \frac{Z[\Omega] \times S[\text{kV·A}] \times 100[\%]}{1\,000 \times V^2[\text{kV}^2]} \tag{2·7}$$

以上の式は，左辺の$\%Z[\%]$と右辺の$Z[\Omega]$の変数にベクトル表示をしませんでしたが，実際の電力回路はベクトル量として扱いますから，次の**実用公式**のように，それぞれの変数に"点"を付記し，ベクトル量であることを明示します。

$$\textbf{実用公式} \quad \therefore\ \%\dot{Z}[\%] = \frac{\dot{Z}[\Omega] \times S[\text{kV·A}]}{10 \times V^2[\text{kV}^2]} \tag{2·8}$$

以上に解説した基本公式から実用公式までの展開方法は，納得することは必要ですが，暗記する必要は全くありません。ただし，最後の重要な実用公式である(2·8)式は，今後頻繁に応用するため，ここで是非暗記してください。(2·8)式で示した$\%Z[\%]$の実用公式に少しずつ馴染めるようにするため，次の例題を解いてみましょう。

例題 1

公称電圧値が66[kV]の送電線があり，1相当たりの送電線の作用インピーダンス値が4[Ω]であるとき，この送電線に10 000[kV·A]の皮相電力が通過している状態の%インピーダンス(%Z[%])の値を求めなさい。

解法
$$\%Z[\%] = \frac{Z[\Omega] \times S[\text{kV·A}]}{10 \times V^2[\text{kV}^2]} = \frac{4 \times 10\,000}{10 \times 66^2} = 0.918[\%] \tag{1}$$

例題 2

上の「例題 1」の通過潮流が20 000[kV·A]に増加したとき，同じ送電線の$\%Z[\%]$の値を求めなさい。

解法
$$\%Z[\%] = \frac{Z[\Omega] \times S[\text{kV·A}]}{10 \times V^2[\text{kV}^2]} = \frac{4 \times 20\,000}{10 \times 66^2} = 1.837[\%] \tag{2}$$

通過潮流$S[\text{kV·A}]$の要素が，重要公式の中の分子にあるため，たとえZ値が4[Ω]で同じであっても，$S[\text{kV·A}]$の値に正比例して変化します。そのため，ただ単に$\%Z[\%]$の値のみを表示する方法は不十分であり，$S[\text{kV·A}]$の値も付記す

る必要があります。その $S[\mathrm{kV \cdot A}]$ の値は，これから技術計算を行う人が**自由に決定**することができる値であり，**基準容量**といいます。

しかし，%$Z[\%]$ の値を表示するたびに，毎回，$S[\mathrm{kV \cdot A}]$ の値も付記することは，"電力回路の技術計算を能率的に行う" という %Z 法の本来の目的から外れてしまいます。そこで，日本の全電力会社の約束ごととして，"%Z 値に基準容量値が併記しない場合の基準容量は，$10\,000[\mathrm{kV \cdot A}] = 10[\mathrm{MV \cdot A}]$ を選定したものとする" と定めてあります。そして，全電力会社にて，自社系統を構成する各部の %Z 値を，地図状及び %Z 表にして表し，かつ電力設備の新増設に合わせて更新し，各社が相互に提供し合って系統運用業務に応用しています。

例題 3
「例題 1」の送電線の Z 値の $4[\Omega]$，及び基準容量の $10\,000[\mathrm{kV \cdot A}]$ の値を変更せずに，公称電圧値の $66\,\mathrm{kV}$ を $275\,\mathrm{kV}$ に変えて，送電線の %$Z[\%]$ の値を求めなさい。

解法
$$\%Z[\%] = \frac{Z[\Omega] \times S[\mathrm{kV \cdot A}]}{10 \times V^2[\mathrm{kV}^2]} = \frac{4 \times 10\,000}{10 \times 275^2} = 0.052\,9[\%] \tag{3}$$

この計算例のように，公称電圧値が高い場合には，%$Z[\%]$ が大変に小さな値になり，記入ミスや転記ミスを生じやすくなります。そのため，全電力会社の約束ごととして，"$275\,\mathrm{kV}$ 系と $500\,\mathrm{kV}$ 系の %$Z[\%]$ 値を表す際の基準容量値は，$1\,000[\mathrm{MV \cdot A}]$，すなわち $1 \times 10^6[\mathrm{kV \cdot A}]$ を標準値とする" と定めてあります。

以上に述べたように，$[\mathrm{V}][\mathrm{A}][\Omega]$ 単位の表示値で電力回路の技術計算を行う場合には，変圧器を通過するごとにインピーダンス値の "n^2 又は $1/n^2$ の乗算" による換算が必要でした。

一方，%$Z[\%]$ を使用して電力回路の技術計算を行う場合には，(2・8)式の分母に示したように，**既に電圧の 2 乗の要素が含まれている**ために，%$Z[\%]$ で表した値は改めて "n^2 又は $1/n^2$ の乗算" の換算を行う必要はないのです。その換算が不要なことの利点は，系統技術者にとって実に大きなものです。

ここで，先に(2·8)式で示した%Z[%]の**実用公式**の意味をまとめてみます。

実用公式 ∴ %$\dot{Z}[\%] = \dfrac{\dot{Z}[\Omega] \times S[\mathrm{kV \cdot A}]}{10 \times V^2[\mathrm{kV}^2]}$ 再掲(2·8)

(1) %Z[%]の値は，基準容量S[kV·A]の値に比例する。

(2) S[kV·A]の値はスカラー量であり，技術計算をする人が任意に定めることができ，その大きな自由度が%Z[%]法を応用する利点の源である。

(3) S[kV·A]の値は，任意に決定が可能なため，%Z[%]値にS[kV·A]値を付記する必要が生じてしまう。

(4) その不便を解消するため，全電力会社にて基準容量値に10 000[kV·A]を適用した%Z[%]値は「基準容量値の付記の省略が可能」と決めている。（しかし，電験第二種，第一種の二次試験の解答計算には，基準容量値を省略せずに明記する必要がある。）

(5) 全電力会社にて，基準容量値に10 000[kV·A]を適用した%Z[%]の系統地図と%Z表を毎年更新し，各社間で提供し合って利用している。

(6) Z[Ω]の値は，変圧器通過ごとにn^2の乗算又は除算の換算が必要であったが，%Z[%]値の中には既に"電圧値の2乗の要素"を含んでいるため，改めてn^2の乗算又は除算の必要はない。

(7) 実際の電力系統内には，膨大な数の変圧器が存在しているため，上記の「n^2の乗算又は除算の換算は不要」であることの利点は，計り知れないほど大きい。

(8) %Z[%]法には，上述の大きな利点を有しているため，全電力会社の系統運用の技術者に，盛んに応用されている。

(9) 上述の%Z[%]法の重要さ，及び便利さを反映し，電験第三種には比較的簡単な問題が，また電験第二種，及び電験第一種には応用的な問題が出題されている。

講義 03

発電機, 変圧器, 送電線の各 %Z[%] の概数値

　この講義では, 電力系統内に存在する発電機, 変圧器, 送電線の各 %Z[%] について, "なぜ, その概数値を知ることが重要か"について解説し, その後にそれらの概数値を紹介します。

　電力回路の技術計算における4要素は, **電圧, 電流, インピーダンス(Z), 皮相電力**です(有効電力や無効電力は, 電力の加減算を能率よく行うために, 皮相電力を実軸成分と虚軸成分に分けて表したものです)。そして, これらの4要素のうちの2要素の値が決まれば, あとの2要素は自然に決まります。例えば, 電力系統の電圧値は, 公称電圧の定電圧値で運用しており, 発電機, 変圧器, 送電線の各 Z の概数値は(これから紹介するように)既知数である場合が多いです。その公称電圧値を, 既知の Z 値で除算すると, 電流値が求まります。また, 電圧値と電流値との積により皮相電力値が求まります。

　ここで, これから建設する発電所に施設する予定の電力機器や母線などの電力設備の仕様検討や設計計算を行う場合を例に考えてみましょう。その発電所は, 現在は設計段階ですから, 発電機などの機器はまだ製造が済んでおらず, したがって工場試験記録による詳細な Z 値などの諸元は不明です。

　しかし, その発電機を系統に並列するための並列用遮断器, 断路器, 母線などの仕様検討は, 発電機に繋がる電力回路の短絡故障時に通過する三相短絡電流値が必要であり, その電流値の算出には(後に詳細に解説するように)発電機の短絡故障時に作用する変圧器の Z 値が必要です。また, その発電所が系統に連繋するための送電線の保護継電装置の設計にも, それら $Z[Ω]$ 値が必要です。

　ここで, 現時点では発電機も変圧器も完成しておらず, 工場試験記録値もない状況ですが, それら電力機器の $Z[Ω]$ 又は %Z[%] の値が不明であるとは言え, 発電所建設に必要な仕様検討を中断したままにはできません。

　そこで, 工場試験記録の値を入手する以前に, 各機器の %Z[%] 値の概数値を把握できれば, 機器の仕様検討や設計計算を進めることができますから, 実務上の大きな利点となります。

電力回路の中の発電機や変圧器の定格容量[kV·A]の値は，大きな物から小さな物まで様々です。例えば，同じ公称電圧の変圧器を例に述べれば，定格容量値が大きな変圧器は，定格電流値も大きいので，変圧器の[Ω]単位の漏れインピーダンスは小さな値で製造されています。ところが，変圧器などの電力機器の定格容量値を基準容量値にして表した%Z[%]の概数値は，次の**表3·1**，及び**表3·2**に示すように，機器の定格容量の大きさに左右されず，ほぼ同じ値で表せます。

また，全電力会社が採用しているように，基準容量を10 000[kV·A]にして表した架空送電線の%Z[%]の概数値は，次の**表3·3**のように表すことができます。

表3·1 三相同期発電機，電動機の%Z[%]の概数値
(発電機，電動機の定格容量値を基準容量値として表した値)

	発電機の状態	%Z[%]概数値
タービン発電機 (回転子が円筒形)	短絡発生から3〜6サイクル程度後	25[%]
	短絡発生から数秒後	180[%]
水車発電機 (回転子が凸極形)	短絡発生から3〜6サイクル程度後	30[%]
	短絡発生から数秒後	110[%]
同期電動機	短絡発生から3〜6サイクル程度後	28[%]
	短絡発生から数秒後	150[%]

上表の「短絡発生から3〜6サイクル程度後」とは，過渡リアクタンス値を意味する。

表3·2 変圧器の漏れ%Z[%]の概数値
(変圧器の定格容量値を基準容量値として表した値)

変圧器の高電圧側巻線の 定格電圧値	変圧器の特殊性	%Z[%]の概数値
154 kV	高インピーダンス変圧器	15.0[%]
	一般の変圧器	11.0[%]
77 kV	高インピーダンス変圧器	19.5[%]
	一般の変圧器	7.5[%]
66 kV	一般の変圧器	7.0[%]
33 kV	一般の変圧器	5.5[%]
22 kV	一般の変圧器	5.0[%]
6.6 kV	一般の変圧器	3.2〜4.5[%]

77 kVの高インピーダンス変圧器の例として，26 MV·Aの配電用変圧器がある。

表3·3 架空送電線の %Z[%] の概数値
(基準容量を 10 000 [kV·A] とした 1 回線 1 km 当たりの値)

線路の公称電圧	導体の断面積	50 Hz 系	60 Hz 系
154 kV	610〜330 mm²	0.017 %	0.020 %
77〜66 kV	410〜100 mm²	0.063 %	0.078 %
33 kV	160〜80 mm²	0.42 %	0.48 %
22 kV	160〜80 mm²	1.1 %	1.1 %

電気のおもしろ小話　富士川以西の電力周波数は 120 Hz である

次の図の細い実線は交流電源の電圧 e[V] の波形，点線は純抵抗負荷の電流 i[A] の波形，そして太い実線は消費電力 p[W] の波形です。図の横軸が 0, π, 2π [rad/s] の各時点では，電圧と電流の瞬時値が 0 ですから，その積である電力も 0 です。そして，$\pi/2$[rad/s] では，電圧と電流が正の最大値のため，電力も正の最大値です。一方，$3\pi/2$[rad/s] では，電圧，電流は共に負の最大値ですが，電力は負ではなく，正の最大値です。ここで，電圧実効値を E[V]，電流実効値を I[A] とすると，瞬時値は次式で表されます。

$$e = \sqrt{2}E \sin \omega t \text{[V]} \quad (1)$$
$$i = \sqrt{2}I \sin \omega t \text{[V]} \quad (2)$$

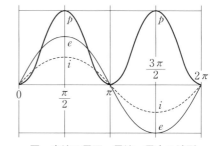

図　交流の電圧，電流，電力の波形

交流電力の式は，(1)式と(2)式の積により表せます。ここで，電験第一種の受験勉強期間中に暗記し，その後は全くの無沙汰の状態である次の三角関数の公式を応用します。

$$\sin \alpha \cdot \sin \beta = \frac{1}{2}\{\cos(\alpha-\beta) - \cos(\alpha+\beta)\} \quad (3)$$

(3)式の α と β に(1)式と(2)式の中の ωt を適用すると，交流電力 p[W] の瞬時値は次式で表されます。

$$p = \frac{\sqrt{2}E \cdot \sqrt{2}I}{2}\{\cos 0 - \cos(\omega t + \omega t)\} = E \cdot I(1 - \cos 2\omega t) \text{[W]} \quad (4)$$

(4)式の $\cos 2\omega t$ は -1 から $+1$ の範囲で変化するため，(　)内は上の図に示したように 0 から $+2$ の範囲で変化し，p の最大値は $2E \cdot I$ になります。そして，(4)式の $\cos 2\omega t$ の部分が周波数を表し，電源電圧の角周波数 ω[rad/s] に対して，電力の角周波数はその2倍の 2ω[rad/s] であること表しています。これが，"電力周波数は，電圧周波数の2倍の値である"ことの理論的な根拠です。

講義 04

%Z法の基礎である単位法の概要

この講義では，%Z法の基礎となっている単位法（パーユニット法，略してpu法）について解説します。前述のように，電力回路の技術計算の4要素は，電圧，電流，Z，皮相電力です。ここで，4要素のうちの電力回路に流れる皮相電力Sの値が10 000[kV·A]，線間電圧Vの値が77[kV]の状態を"基準値の状態"とした場合を例にして解説します。ある電力回路の電圧値と皮相電力値が，上記の基準値の状態のときの線電流I[A]の基準値は，次式にて定まります。

$$I = \frac{10\,000[\text{kV·A}]}{\sqrt{3} \times 77[\text{kV}]} = 75.0[\text{A}] \tag{4·1}$$

また，相電圧値の$77/\sqrt{3}$[kV]と，(4·1)式の線電流の値から，基準となる1相分のインピーダンスZ[Ω]の値（基準Z値）は，次式で定まります。

$$Z = \frac{\frac{77\,000}{\sqrt{3}}[\text{kV}]}{75.0[\text{A}]} = 593[\Omega] \tag{4·2}$$

電気のおもしろ小話 コンデンサの問題は，円筒形容器に代えて解ける

図1はコンデンサの並列接続を示し，等価的模式図を図2の円筒形容器で表せます。図1のコンデンサの静電容量C[F]は図2の容器の底面積に，互いに等しい端子電圧V[V]は水位に，蓄積電荷量Q[C]は水量に代えられます。図1の問題は正解率が高いのですが，図3の直列接続は大変に誤答が多いです。図3の"互いに電流が等しい"ことは，図4の"互いに電荷量が等しい"に代えて解けます。私たちは，"電流[A]の値は，1秒当たり導体を移動する電荷量Q[C/s]で表す"ことを忘れがちですが，この定義から，図4の水量は互いに等しく，水位は底面積に反比例することを理解できます。

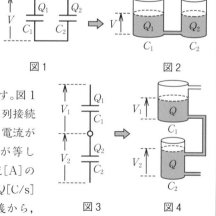

三相3線式の電力回路が，前述の"基準値の状態"で運用中の1相分を，次の図4·1の(a)図に表します。単位法では，電圧，電流，皮相電力，Zの各値が"基準値に対して何倍の値か"を表しますから，次の図4·1の(b)のように表せます。

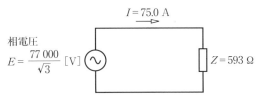

（a）[V][A][Ω]単位で表した電力回路の1相分

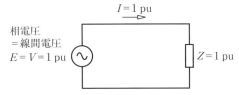

（b）単位法で表した電力回路の1相分

図4·1　[V][A][Ω]単位法とパーユニット法の表示値

図4·1の(b)図は少々見慣れないでしょうが，要点は「電圧値とZ値の双方が基準値であるから，電流値も基準値である。」ことを表しています。

ここで，(b)図の負荷の消費電力が増加し，その負荷Z値が0.5[pu]に減少した場合を考えます。単位法の式にもオームの法則が適用できます。また，系統電圧値V[pu]は，定電圧制御により常に公称電圧に近似の値で運用していますから，負荷Z値が0.5[pu]に減少した後の電流値I[pu]は，次式で表せます。

$$I[\mathrm{pu}] = \frac{E[\mathrm{pu}]}{Z[\mathrm{pu}]} = \frac{1[\mathrm{pu}]}{0.5[\mathrm{pu}]} = 2.0[\mathrm{pu}] \tag{4·3}$$

(4·3)式で求めた結果は，次の図4·2のように表すことができます。

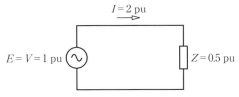

図4·2　負荷Z値が半分に変化した状態

パーセント・インピーダンス法

　(4・3)式の[pu]の単位になじめない読者の方々は，[pu]単位を一時的に漢字の[倍]に置き換えてください。(4・3)式と図4・2が表す内容は，次のとおりです。「電力系統は，定電圧制御方式で運用しているため，電源の線間電圧値Vと相電圧値Eは共に基準値の1[倍]であり，その状態で負荷Z値が基準値の0.5[倍]に変化すると，負荷電流値Iは基準値の2[倍]に増加する。」

　このように，単位法の計算手法は，これから技術計算を行う人が，事前に任意に定めた基準電圧値，基準電流値，基準Z値，基準電力値に対して，何倍の値かを表しています。つまり，一種の"**比率計算法**"なのです。

　ここで，単位法の要点を，以下にまとめてみます。
(1) 単位法とは，基準電圧値，基準電流値，基準Z値，基準電力値のそれぞれを1[pu]とした，一種の**比例計算方法**である。
(2) 単位法は，基準値に対する倍数を表すため，本来の単位は無名数であるが，第三者に単位法の値であることを明確に伝えるため単位に[pu]と書く。
(3) 単位法の数式に，オームの法則，鳳・テブナンの定理，重ね合わせの定理，Ｙ―△変換法，キルヒホッフの法則などの諸法則や諸定理を適用することができる。
(4) 電力系統は定電圧方式で運用しているため，（電圧低下や電圧上昇など電圧値が特別な状況でない限り）相電圧値E，及び線間電圧値Vの双方が，1[pu]の状態である。
(5) 例えば，系統の線間電圧値が66 kVのとき，相電圧値は38.1[kV]であるが，これを単位法では$E=V=1$[pu]と，きわめて簡潔に表せる。
(6) 電力回路の技術計算の4要素のうち，電圧値Eは常に1[pu]であり，電力のS[pu]は電圧E[pu]と電流I[pu]の積であるため，次式で表される。
$$S[\mathrm{pu}] = E[\mathrm{pu}] \times I[\mathrm{pu}] = 1[\mathrm{pu}] \times I[\mathrm{pu}] = I[\mathrm{pu}] \quad (4\cdot4)$$
例えば，ある需要家の受電点の三相**短絡容量**値が基準容量値の200[倍]のとき，三相**短絡電流**値も基準電流値の200[倍]であるので，この二つの値の片方が定まれば，同時に他の片方も定まり，実務面の利点が大変に大きい。

　以上が"単位法"の要点ですが，この計算方法には実務面の大きな利点がある反面，次の小さな難点もあります。それは，電力系統の電源のZ値を単位法で表すと，大変に小さな値になってしまうことです。例えば，拠点変電所である

154 kV 母線の短絡容量値が 10 000 [MV・A] の変電所の場合，その変電所の母線から電源側を合成した Z 値は 0.001 [pu] です。このように小さな数値を扱うとき，小数点以下のゼロの個数を読み誤ったり，書き誤ったりする可能性があります。そこで，そのミスを予防するために，小数点以下のゼロを 2 個だけ減らす方法として，%Z 法による表示法が考案されました。

ある基準値に対して半分の大きさのことを，単位法では 0.5 [pu] と表しますが，百分率表示で 50 [%] とも表せます。これと同様に，上記の変電所母線の電源 Z の値は，単位法で 0.001 [pu] を，%Z 法で 0.1 [%] と書き表します。この方法ならば，小数点以下のゼロの個数の誤りを予防することができます。

以上に述べたように，単位法と %Z 法とは，小数点以下のゼロの個数の表示方法が異なりますが，どちらも**本質的には同じ比率計算手法**であり，オームの法則を初め，諸法則や諸定理を（単位の表示だけ変えて）そのまま適用することができます。

電気のおもしろ小話 　無効電力は，ビタミン電力である

　ベクトル量である皮相電力値の加減算は，きわめて困難です。その皮相電力の実数成分を有効電力，虚数成分を無効電力とし，分割表示することにより加減算は容易になります。その他の分割表示の利点として，電動機に必要な回転力や，照明器具の光量など，必要なエネルギー量 [J] の計算には，有効電力値 [W] と通電時間 [s] との積で求まり，無効電力値は考慮せずに済みます。また，電力系統の周波数変化値は，有効電力の受給不均衡量を基に算出でき，やはり無効電力値は考慮せずに済みます。

　一方，受電系統内に無効電力の受給不均衡を生じると，受電線路に無効電力が現れ，受電端電圧が上昇又は降下の変化を生じます。

| 有効電力の受給不均衡 | ⇨ | 系統全域の周波数変化 |
| 無効電力の受給不均衡 | ⇨ | 受電端のみの電圧変化 |

　私達は，手足を運動させるエネルギー源として，食物から蛋白質（たんぱくしつ）や炭水化物を摂取していますが，それは有効電力に相当します。一方，ビタミンやミネラルはエネルギー源として役立ちませんが，体を適正状態に維持するために必要不可欠な栄養素です。同様に無効電力は，動力源などには役立ちませんが，決して無要な電力ではなく，適正な受電端電圧値の維持には必要不可欠な電力要素であり，**ビタミン電力**の様なものなのです。

講義 05

計算する前に，基準容量値を統一しなければならない理由

具体的な %Z 法による技術計算を行う前に，解を求める人が統一した基準容量 $S[kV·A]$ の値を任意に定め，計算対象の電力回路中の全ての %Z[%] 値を，その統一した基準容量値に換算しておく必要があります。この講義では，その理由について次の図 5·1 を例に解説します。この図は，66 kV で受電する需要家の構内に受電用の変圧器 A，及び変圧器 B を施設し，この 2 台を並列運転で運用して共通負荷に供給することを示しています。

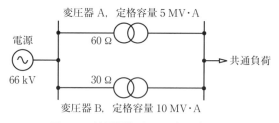

図 5·1　並列運転中の 2 台の変圧器

図の変圧器 A の定格容量値は 5[MV·A] であり，一次側換算の漏れ Z 値は 60[Ω] です。並列運転を行う変圧器相互間の負荷の分担量は，定格容量値に比例させることが理想的ですから，定格容量値が 10[MV·A] の変圧器 B を増設する際に，その漏れ Z 値を変圧器 A の半分の 30[Ω] に指定します(実際には %Z[%] の値で指定します)。

先に講義 02 で解説した %Z[%] の実用公式を次の再掲 (2·8) 式に示します。

%Z[%] の実用公式　　$\%\dot{Z}[\%] = \dfrac{\dot{Z}[\Omega] \times S[kV·A]}{10 \times V^2[kV^2]}$　　再掲 (2·8)

変圧器 A の 66 kV 側換算の Z_A は 60[Ω]，定格容量値 S_A は 5[MV·A]，一次側定格電圧 V_A は 66 kV であり，各値を再掲 (2·8) 式に代入して，%Z_A[%] の値を次式で求めます。

$$\%Z_A = \frac{60[\Omega] \times 5\,000[\mathrm{kV \cdot A}]}{10 \times 66^2[\mathrm{kV}^2]} = 6.89[\%] \tag{5·1}$$

変圧器 B の 66 kV 側換算の Z_B の値は 30[Ω]，定格容量値 S_B は 10[MV·A]，一次側の定格電圧値 V_B は 66 kV であり，各値を再掲(2·8)式に代入して，$\%Z_B[\%]$ の値を次式で求めます。

$$\%Z_B = \frac{30[\Omega] \times 10\,000[\mathrm{kV \cdot A}]}{10 \times 66^2[\mathrm{kV}^2]} = 6.89[\%] \tag{5·2}$$

以上の計算結果を，次の**図 5·2** の中に $\%Z_A[\%]$，$\%Z_B[\%]$ として示します。

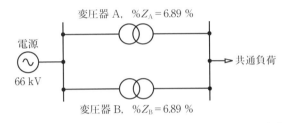

図 5·2　各変圧器の定格容量値を基準容量にした $\%Z[\%]$ 値

　変圧器 B の仕様書に記載する漏れ Z 値は，この図 5·2 に記した「定格容量値を基準容量値にして表した設計目標の $\%Z[\%]$ の値」を記入します。また，変圧器本体に付属している金属製銘板に表示してある値は"その変圧器の定格容量値を基準容量値にして表した $\%Z$ 値"すなわち"自己容量基準の $\%Z$ 値"であり，工場試験の実測値が刻印されています。ここで，もしも図 5·2 に示した $\%Z_A[\%]$，$\%Z_B[\%]$ の値を，そのまま変圧器の負荷分担の計算に使用してしまうと，"変圧器 A と変圧器 B の漏れ $\%Z[\%]$ 値は互いに等しいので，分担する負荷の大きさも互いに等しい"という大きな矛盾が生じてしまいます。この並列運転中の変圧器の負荷分担の計算に限らず，短絡容量値の計算など，$\%Z[\%]$ を使用して解く<u>**全ての技術計算**を行う前に，計算対象の電力回路中の全ての $\%Z[\%]$ 値を，計算する人が任意に定めた統一**基準容量** $S[\mathrm{kV \cdot A}]$ に換算しておかなければなりません。</u>

　統一基準容量 $S[\mathrm{kV \cdot A}]$ の値は，任意に決めてよいのですが，要領よく解くためには決め方にコツがあります。図 5·2 の例では，新設する変圧器 B の方に検討を要する事項がある場合を想定して，検討対象である変圧器 B の定格容量値 10[MV·A] を統一基準容量に選定します。当然，変圧器 B の $\%Z[\%]$ 値は改めて換算する必要はなく，変圧器 A のみが換算を要する対象です。

もう一度，前ページに記載した%Z[%]の実用公式の再掲(2·8)式を確認します。この式の右辺の分数の分子に基準容量 $S[\mathrm{kV \cdot A}]$ がありますから，%Z[%]値は基準容量 $S[\mathrm{kV \cdot A}]$ に正比例します。そのため，変圧器 A は自己容量値が $5[\mathrm{MV \cdot A}]$ で，自己容量基準の%Z_A値が $6.89[\%]$ ですから，これを統一基準容量の $10[\mathrm{MV \cdot A}]$ に比例換算する式は，次のように表せます。

$$\%Z_\mathrm{A}' = 6.89[\%] \times \frac{10[\mathrm{MV \cdot A}]}{5[\mathrm{MV \cdot A}]} = 13.78[\%] \tag{5·3}$$

この統一基準容量の $10[\mathrm{MV \cdot A}]$ に換算後の%$Z_\mathrm{A}'[\%]$ の値を，次の図 5·3 に示します。

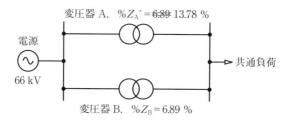

図 5·3　統一基準容量の $10[\mathrm{MV \cdot A}]$ に換算後の%Z[%]値

この図 5·3 の%Z_A' に示したように，後に別の担当者が確め算を能率よく行えるようにするため，換算前の値を二重線の"見え消し"にして残しておきます。電力設備の中でも特に主変圧器は高価ですから，万が一にも計算ミスは許されないため，系統運用の実務者はこのような工夫をして，慎重に業務を進めています。

さて，話を戻して，この図 5·3 に示した"統一基準容量値に換算した各%Z[%]値"を使用して，並列運転中の各変圧器の分担電力値を，「%Z[%]値に反比例して分担する」の原則により求めることができます。

上述のように，変圧器 A の漏れ%$Z_\mathrm{A}[\%]$ 値として，先に図 5·1 で示した"自己容量基準の%$Z_\mathrm{A}[\%]$ の値"と"統一基準容量に換算後の%$Z_\mathrm{A}[\%]$ の値"との二つがあり，（後に詳述するように）この二つの値はそれぞれ別の重要な存在価値があります。ですから，皆さんは，ただ単に%Z[%]値のみを表示するのではなく，その%Z[%]を表す際に適用した基準容量値も併記する習慣を身に付けてください。

%Z[%]値を表す場合に"その機器の定格容量値を基準容量値として%Z[%]値を表すことが一般的なもの"と，"$10[\mathrm{MV \cdot A}]$ を基準容量値として%Z[%]値を表すことが一般的なもの"は，次のとおりです。

自己容量基準で%Z[%]値を表す電気設備

　発電機や変圧器には，必ず定格容量値が存在します。そして，講義03で述べたように，その機器の定格容量値を基準容量値にして表した%Z[%]値，すなわち自己容量基準の%Z[%]値は，定格容量の大小にかかわらず，ほぼ一定の値で表せる利点があります。そのため，電力機器は自己容量基準の%Z[%]値で表すことが一般的です。

10[MV·A]を基準容量値にして%Z[%]値を表す電気設備

　周囲温度が一定値の送電線路は，連続通電が可能な電流値が定まりますが，周囲温度は年間で変化します。そのため，送電線路には定格容量値に相当するものが存在しません。そこで，全国の送配電会社では，送電線の%Z[%]値を表す際の基準容量値として，154 kV以下の送電線には10[MV·A]（10 000[kV·A]）を，また187 kV以上の送電線には1 000[MV·A]を採用し，系統図や%Z表などにして表しています。

系統の%Z[%]値の更新と管理

　発電設備，変電設備，送電設備の新設や増設に伴い，%Z[%]値が変化しています。そのため，各送配電会社にて，自社内系統の%Z[%]値を毎年算出し，それを系統図状に表した「%Zマップ」，「三相短絡容量表」及び「%Z表」として毎年更新し，管理しています。さらに，2～3年先の電力設備の工事計画を基にして，至近年次分の「%Zマップ」，「三相短絡容量表」，「%Z表」を作成し，関係する各送配電会社が相互に提供し合い，系統技術関係の業務に活用しています。その2～3年先の予測計算をする際に，可能な限り精度のよい値を算出するために，講義03の中の三つの表で紹介した各%Z[%]の概数値が，必要不可欠となっています。

講義 06

簡単な電力回路の計算を%Z法で解いてみよう

1. 3相短絡電流値を求める式

%Z法を応用した電力回路の計算法を，比較的簡単な回路から解いてみましょう。電力回路の計算を行う際の4要素は，電圧，電流，皮相電力，インピーダンス(Z)ですが，このうちの電圧とZの2要素は既知数であることが一般的です。次の**図6・1**を例にして，電圧とZの2要素が既知数である%Z[%]の応用計算法を解説します。この図も，三相3線式電力回路の代表の1相分を表しています。

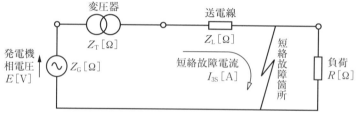

図6・1　三相3線式電力回路の1相分の構成図

図の左端に三相同期発電機の相電圧E[V]があり，そのZ値はZ_G[Ω]，変圧器の漏れZ値はZ_T[Ω]，送電線の短絡故障時に作用するZ値はZ_L[Ω]です。ここで，少々専門的な話になりますが，図のZ_G[Ω]は同期発電機の短絡過渡Z値であり，系統に短絡故障が発生した直後に発電機の電機子巻線に流れる電流が急変するときに，電力回路に過渡的に作用する発電機のZの値です。そのZ値は，平常運転時の同期Z値の1/6～1/10の小さな値で作用します。一方，変圧器の"漏れZ"とは，負荷電流や短絡故障電流が変圧器を通過するときの電気的な位置に存在するZであり，励磁Zと区別します。ただ単に「変圧器のZ」と言ったときには，励磁Zの方ではなく，この漏れZの方を指します。送電線に，3相短絡故障電流が流れたときに，電力回路に実効的に作用するZを正相分Zといい，逆相分Zと同じ値です(詳細は第2編で述べます)。一方，送電線に1線地絡故障電流が流れたときに，電力回路に実効的に作用する送電線のZ値を零相分Zといいます。同じ送電線であっても，地絡故障時に作用するZ値は，短絡故障

時の2~3倍の大きな値ですから，この両者は正確に区別しなければなりません。

（上記のように，故障した相の数や電線の数を表すときは"算用数字"を使用して3相短絡故障電流などと表示します。一方，回路方式が単相又は三相かを表す名詞には"漢数字"を使用します。三相短絡容量の語句は，名詞として電気工学に存在しますが，単相短絡容量や二相短絡容量の語句は存在しません。）

さて本論に戻って，図6·1の送電線の受電端側で3相短絡故障が発生したとき，図の発電機から故障点に向かって流れる3相短絡故障電流 $I_{3S}[A]$ の値は，オームの法則により，次式で求められます。

$$\dot{I}_{3S}[A] = \frac{\dot{E}[V]}{\dot{Z}_G[\Omega] + \dot{Z}_T[\Omega] + \dot{Z}_L[\Omega]} \tag{6·1}$$

図6·1は交流回路ですから，電流，電圧，Z，皮相電力の全ての要素が**ベクトル量**であり，(6·1)式の $I_{3S}[A]$ の値も**ベクトル計算式**で求めます。そのため，(6·1)式の各変数に**点記号**（ドット記号）を付記して，その変数がベクトル量であることを示しています。（後に解説するように）66 kV以上の電力回路の Z 値のうちの抵抗分は，無視できるほど小さいことが多く，その場合には誘導性リアクタンス分（$+jX$分）のみを考慮すれば，実用精度を満足できることが多いのです。その場合には，**スカラー計算法**により解を求めることができます。しかし，(6·1)式に表したように，交流回路の計算は，本来ベクトル計算で解を求めるべきことを忘れないようにしましょう。

前述のとおり，単位法の公式と，[V][A][Ω]単位の公式は，同じ形式で表されますから，(6·1)式の[V][A][Ω]の単位を，単位法の[pu]の単位に置き換えて，次式に変換することができます。

$$\dot{I}_{3S}[pu] = \frac{\dot{E}[pu]}{\dot{Z}_G[pu] + \dot{Z}_T[pu] + \dot{Z}_L[pu]} \tag{6·2}$$

この式の相電圧 $E[pu]$ は，"電源の相電圧値が，公称相電圧値に対して何倍か"を表しています。例えば，相電圧値が0.95[pu]のときには，線間電圧値も同じ0.95[pu]です。また，相電圧値が1.05[pu]のときには，線間電圧値も同じ1.05[pu]です。そのように，単位法の式で表現する場合には，相電圧値と線間電圧値とを区別する必要はありません。したがって，上の(6·2)式の相電圧 $E[pu]$ を，一般的に使用されている線間電圧 $V[pu]$ に置き換えて，次の(6·3)式で表せます。

$$\dot{I}_{3S}[pu] = \frac{V[pu]}{\dot{Z}_G[pu] + \dot{Z}_T[pu] + \dot{Z}_L[pu]} \tag{6·3}$$

ただし，線間電圧 V と相電圧 E の間には $30[°]$ の位相差があるため，(6・3)式の V の位相には E の位相を適用します。

ここで，系統の電圧 $V[\mathrm{pu}]$ の実情を説明します。電気事業用の三相同期発電機は，自動電圧調整装置（AVR）を使用して，その出力端子電圧を常に定格電圧に近い値を維持するように自動運転をしています。また，超高圧変電所から配電用変電所にいたる全ての変電所の二次側母線電圧は，自動電圧調整継電器と負荷時タップ切換変圧器のタップ制御により，常に公称電圧に近い値を維持するように自動制御をしています。上述のように，(6・2)式の相電圧 E，及び(6・3)式の線間電圧 V の双方ともに，ほぼ $1[\mathrm{pu}]$ の**定電圧方式**で自動制御にて運転をしている実情を(6・3)式に反映するため，変数 V に $1[\mathrm{pu}]$ を代入して次式で表します。

$$\dot{I}_{3\mathrm{S}}[\mathrm{pu}] = \frac{1[\mathrm{pu}]}{\dot{Z}_\mathrm{G}[\mathrm{pu}] + \dot{Z}_\mathrm{T}[\mathrm{pu}] + \dot{Z}_\mathrm{L}[\mathrm{pu}]} \tag{6・4}$$

ここで，講義04で解説したように，単位法により系統各部の Z_G，Z_T，Z_L の値を書き表すと，小数点以下にゼロが沢山付き，転記ミスや計算ミスを発生しやすくなってしまいます。そのミスの予防策として，小数点以下のゼロの個数を2個分少なくするために，単位法の数値を100倍した $\%Z[\%]$ 法の数値に置き換えて，次式に変換します。

$$\dot{I}_{3\mathrm{S}}[\mathrm{pu}] = \frac{1}{\dfrac{\dot{Z}_\mathrm{G} + \dot{Z}_\mathrm{T} + \dot{Z}_\mathrm{L}[\%]}{100[\%]}} = \frac{100[\%]}{\dot{Z}_\mathrm{G} + \dot{Z}_\mathrm{T} + \dot{Z}_\mathrm{L}[\%]} \tag{6・5}$$

(6・5)式の中央式は，単位法で表示した値と同じ値にするために，分母のさらに分母に $100[\%]$ を書きます。しかし，その繁分数式は見にくいですから，(6・5)式の最右辺のように，$100[\%]$ を分子に移項して，見やすい分数式にします。

上記の(6・5)式が，$\%Z[\%]$ 法で表した3相短絡故障電流 $I_{3\mathrm{S}}[\mathrm{pu}]$ の値を求める公式です。勿論，先に講義05で解説したように，(6・5)式の分母の Z_G，Z_T，$Z_\mathrm{L}[\%]$ の全ての値を，事前に統一基準容量に換算しておく必要があります。

2. 三相短絡容量とは

三相短絡容量の値を求める式を解説する前に，三相短絡容量とは何か，その値をなぜ管理しなければならないのか，について要点を述べます。

「ある地点の三相短絡容量 $[\mathrm{MV \cdot A}]$ の値」とは，その地点から三相電源側に繋がっている発電機，変圧器，送電の各 $\%Z[\%]$ 値を総合した値を基にして，（後

に解説する(6·6)式を使用して) 3相短絡故障を発生する**直前**の電圧値と故障発生**直後**の3相短絡故障電流値との積で表します。

ここで，多くの読者から，次の質問を過去に沢山(たくさん)受けてきました。すなわち，「短絡故障発生の**直前**の電流値はゼロですから，電圧値との積で求まる三相短絡容量値もゼロになります。一方，短絡故障発生の**直後**の故障点の電圧値はゼロですから，短絡電流値との積で求まる三相短絡容量の値もゼロになります。そのように，解がゼロとなる計算を，なぜ考えるのですか？」という質問です。

もう一度「ある地点の三相短絡容量[MV·A]の値」とは，の説明文を熟読していただくと，電圧値は故障**発生前**の値(すなわち，系統の電源 Z のさらに電源側の電圧値)であり，短絡電流値は故障**発生後**の値を適用するのです。

ここで，電気工学の中に，「三相短絡容量」の語句はありますが，「**単相**短絡容量」や「**二相**短絡容量」の語句は存在しないため，「三相短絡容量」のことをただ単に「短絡容量」又は「受電点の短絡容量」と表示しても，何ら不都合は生じません。また，実務上も「短絡容量値」と表示することが多いため，本書籍もこれ以降は「短絡容量値」と表示します。

話を元に戻(もど)して，同じ電力系統内であっても，「ある地点」の電気的な位置が変われば，短絡容量値も変化します。つまり，その電力系統内の拠点となる大容量の発変電所から電気的に近い地点(送電線の距離が短いなどの地点)は，電源の短絡容量値が大きいのです。逆に，大容量の発変電所から電気的に遠い地点は，短絡容量値が小さいのです。

特別高圧で受電する需要家の「受電点における短絡容量値」は，将来の増加分を見込んで，受電用遮断器の定格遮断電流値を選定しなければなりません。また，受電点から電気的に近くの他の需要家の構内に自家用発電設備が新増設された場合も，短絡容量値が増加します。そのため，電気設備の保守管理の責任者である電気主任技術者にとって，「受電点における最新の短絡容量値を把握すること」は，最も重要な管理項目の一つです。

3. 短絡容量を表す式

次に，電力系統内のある地点の短絡容量[kV·A](又は[MV·A])の値を求める公式について解説します。初めに，皆さんがなじみを感じられる[V][A][Ω]単位法による短絡容量 P_{3s}[kV·A]を，電源の相電圧 E[kV]を基準位相にして表す(6·6)式から解説を始めます。

$$\dot{P}_{3S}[\text{kV}\cdot\text{A}] = 3 \times E[\text{kV}] \times \dot{I}_{3S}[\text{A}] = \sqrt{3} \times V[\text{kV}] \times \dot{I}_{3S}[\text{A}] \tag{6・6}$$

(6・6)式は，慣例によって短絡容量の変数にパワーの頭文字の"P"を使用しましたが，その内容は有効電力[kW]ではなく，ベクトル量である皮相電力[kV・A]です。また，(6・6)式の短絡容量値は，「3相分の値」を表しており，「1相分の3倍の大きさ」です。そのため，(6・6)式の右辺の中央式のE[kV]の**相電圧**値を使用した場合の係数は3です。一方，最右辺式のV[kV]は**線間電圧**値ですから，その係数は$\sqrt{3}$です。このように，[V][A][Ω]単位法で式を表す場合には，相電圧と線間電圧とで係数が異なることに特に注意を要します。

(6・6)式を基にして，次式により単位法の表示に変換します。

$$\dot{P}_{3S}[\text{pu}] = E[\text{pu}] \times \dot{I}_{3S}[\text{pu}] = V[\text{pu}] \times \dot{I}_{3S}[\text{pu}] \tag{6・7}$$

上述のように，電力系統は**定電圧方式**で自動運転しているため，$E[\text{pu}] = V[\text{pu}] = 1[\text{pu}]$です。この実情を(6・7)式に反映して，次式で表します。

$$\dot{P}_{3S}[\text{pu}] = \dot{I}_{3S}[\text{pu}] = \frac{100[\%]}{\dot{Z}_G + \dot{Z}_T + \dot{Z}_L[\%]} \tag{6・8}$$

ここでも，多くの読者から次の質問を受けてきました。すなわち，「[V][A][Ω]の単位を使用して表示した(6・6)式には，3や$\sqrt{3}$の係数が必要であるのに，単位法で表示した(6・7)式には，なぜ3や$\sqrt{3}$の係数が不要なのですか？」

前述のとおり，単位法とは"ある基準の値に対して何倍の大きさを表す，一種の**比率計算法**"なのです。つまり，電力回路の電圧値が公称電圧値(又は定格電圧値)の1倍の状態で，3相短絡故障電流値I_{3S}が基準電流値のx倍のとき，それは基準容量値に対してもx倍なのです。そのため，比率計算法である単位法，及びそれを発展させた%Z[%]法の公式には，3や$\sqrt{3}$の係数値は不要なのです。それどころか，単位法で表した"3相短絡故障**電流**[pu]の値"と"(三相)短絡**容量**[pu]の値"とが同じであるため，個別に求める必要はなく，"その二つの値が同時に求まる"という，きわめて能率的な計算手法なのです。

(6・8)式を基に，故障点から電源側を合成した$Z_S[\%]$値は，次式で表せます。

$$\dot{Z}_S[\%] = \dot{Z}_G + \dot{Z}_T + \dot{Z}_L[\%] = \frac{100[\%]}{\dot{P}_{3S}[\text{pu}]} \tag{6・9}$$

(6・9)式の最右辺の分母の短絡容量値P_{3S}[pu]は単位法の値ですから，"その地点の短絡容量値が，基準容量値の何倍か"を表しています。そのため，(6・9)式の右辺の分母に，[kV・A]単位の短絡容量値と基準容量値の比を適用して，次式で表すことができます。

$$\dot{Z}_\mathrm{S}[\%] = \frac{100[\%]}{\dfrac{三相短絡容量[\mathrm{kV\cdot A}]}{基準容量[\mathrm{kV\cdot A}]}} \tag{6・10}$$

さらに，(6・10)式の単位[kV・A]を，短絡容量の実用的な単位である[MV・A]に置き換えて，次式で表せます．

$$\dot{Z}_\mathrm{S}[\%] = \frac{100[\%]}{\dfrac{短絡容量[\mathrm{MV\cdot A}]}{基準容量[\mathrm{MV\cdot A}]}} = \frac{基準容量[\mathrm{MV\cdot A}] \times 100[\%]}{短絡容量[\mathrm{MV\cdot A}]} \tag{6・11}$$

前述のように，全国の送配電会社にて154 kV以下の系統の基準容量値として10[MV・A]を適用している実情を，上の(6・11)式に反映して，次式にて短絡容量値[MV・A]から，電源側を見る合成の%Z_S値に換算することができます．

$$\dot{Z}_\mathrm{S}[\%] = \frac{10[\mathrm{MV\cdot A}] \times 100[\%]}{三相短絡容量[\mathrm{MV\cdot A}]} \tag{6・12}$$

(6・12)式は，ある地点から電力回路側に存在する多数の発電機，変圧器，送電線の各Z値を，直・並列計算して求めた"合成の電源Z値"として，種々の技術計算を行う際に，盛んに応用される**重要公式**です．この重要公式を，系統運用部門の新入生に"三相短絡容量[MV・A]の逆数の1 000倍が，電源側を合成した%Z_S[%]値である"と教えています．皆さんも，この「**逆数の1 000倍**」の覚えやすい標語により，(6・12)式の重要公式をマスターしてください．

以上の(6・11)，(6・12)式の重要公式を応用して，次の例題を解いてみましょう．

例題 1

66 kV受電の需要家の受電点の短絡容量値が2 000[MV・A]であるとき，受電点から電力系統側に繋がる多数の発電機，変圧器，送電線の各リアクタンス値を合成した%X_S[%]の値を求め，符号を付記して答えなさい．ただし，基準容量値に10[MV・A]を適用し，各%Z[%]の抵抗分は無視が可能とする．

解法と解説 (6・12)式の重要公式に設問の数値を代入して，次式で求めます．

$$\%X_\mathrm{S}[\%] = \frac{10[\mathrm{MV\cdot A}] \times 100[\%]}{短絡容量[\mathrm{MV\cdot A}]} = \frac{1\,000[\mathrm{MV\cdot A}\times\%]}{-j\,2\,000[\mathrm{MV\cdot A}]} = +j\,0.500[\%] \tag{6・13}$$

一般的に，%Z[%]の値は，抵抗分の%R[%]と，誘導性リアクタンス分の$+jX$[%]に分けて表します．66 kV以上の電力系統の場合には，そのうちの抵抗

分は大変に小さいことが多く，この題意にもあるように無視することが可能であり，誘導性リアクタンス分の$+j0.500$[%]で表します。この設問文の受電点の短絡容量値に，虚数符号が付記されていませんが，題意により"各%Z[%]の抵抗分は無視が可能"と明示されていますから，短絡容量値は$-j2\,000$[MV·A]と表すことができます。すなわち，設問の受電点にて3相短絡故障が発生したときに，図6·2に示すように，電源の相電圧E_A，E_B，E_Cを基準位相にして3相短絡電流のI_A，I_B，I_Cが90[°]の遅れ位相で流れることを意味しています。この図のように，「電気の遅れ角」は，時計の針の進む方向に描き，進み角は正値で，遅れ角は負値で表します。ですから，(6·13)式の$-j2\,000$[MV·A]は遅相無効電力を示しています。

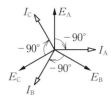

図6·2 90[°]遅れ位相の3相短絡電流のベクトル図

図6·3 誘導性リアクタンスのベクトル図

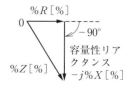

図6·4 容量性リアクタンスのベクトル図

リアクタンスには，図6·3に示すように$+j$の符号で表す誘導性リアクタンスと，図6·4に示すように$-j$の符号で表す容量性リアクタンスの2種類がありますから，その両者は厳格に区別する必要があります。そのため，(6·13)式の右辺の「虚数の＋符号」は「誘導性である」ことを明示しており，その＋符号は省略せずに付記しなければなりません。

例題2

上記の例題1の解答として求めた"合成の電源リアクタンス値"を，66 kV回路に換算した[Ω]単位の数値で表しなさい。

解法と解説 先に，講義02の"%Zの実用公式"で紹介した次の再掲(2·8)式を応用して，(6·14)式以降の式で求めます。

実用公式　$\%\dot{Z}[\%] = \dfrac{\dot{Z}[\Omega] \times S[\text{kV·A}]}{10 \times V^2[\text{kV}^2]}$　　　　再掲(2·8)

再掲(2·8)式のインピーダンスZをリアクタンスX_Sに代えて，次式で求めます。

$$\therefore X_S[\Omega] = \frac{\%X_S[\%] \times 10 \times V^2[\text{kV}^2]}{S[\text{kV} \cdot \text{A}]} \tag{6・14}$$

$$= \frac{+j\,0.500 \times 10 \times 66^2}{10\,000} = +j\,2.18[\Omega] \tag{6・15}$$

(6・14)式と(6・15)式の基準容量Sは, [kV・A]単位の数値を代入することが正しいのですが, これを実用単位の[MV・A]の数値を代入してしまうと計算ミスになりますから, 単位に注意して運算してください。もしも, 電源の合成インピーダンス値が$2\,180[\Omega]$などと, 非常識なほど大きな値が算出されたときは, もう一度単位に注意して"確め算をする"という習慣を身に付けてください。

> **例題3**
>
> 図6・5に示す77 kV受電点の短絡容量値が$1\,800[\text{MV} \cdot \text{A}]$の需要家があり, この需要家の受電用主変圧器の定格容量値が$5[\text{MV} \cdot \text{A}]$で, 漏れインピーダンス値は自己容量基準で$7.5[\%]$である。その受電用主変圧器の二次側6.6 kV回路の短絡容量[MV・A]の値, 及び3相短絡電流[kA]の値と, 電源の相電圧を基準位相にして表す3相短絡電流の位相角を求めなさい。ただし, 各Z値の抵抗分は無視することができ, 全てリアクタンス分として扱うものとする。
>
>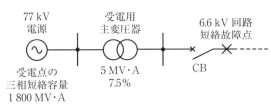
>
> 図6・5 77 kV受電の需要構内回路の構成

解法と解説 %Z法で計算を行うとき"基準容量値は任意に定めてよい"ので, 受電用主変圧器の定格容量値の$5[\text{MV} \cdot \text{A}]$に選定します(このように選定することがコツです)。当然, その変圧器の漏れリアクタンス値$+j7.5[\%]$は換算する必要はなく, その値を以下の計算式に直接使用できます。主変圧器二次側の6.6 kV回路の基準電流値$I_n[\text{kA}]$は, 次式で求まります。

$$I_n = \frac{5[\text{MV} \cdot \text{A}]}{\sqrt{3} \times 6.6[\text{kV}]} = 0.437\,4[\text{kA}] \tag{6・16}$$

先に示した(6・11)式の統一基準容量Sの値に$5[\text{MV} \cdot \text{A}]$を代入し, この需要家の受電点から電力系統側を見る合成リアクタンス%$X_S[\%]$の値を, 次式で求めます。

$$\%X_\text{S}[\%] = \frac{\text{統一基準容量}[\text{MV}\cdot\text{A}] \times 100[\%]}{\text{受電点の短絡容量}[\text{MV}\cdot\text{A}]} \qquad \text{再掲}(6\cdot11)$$

$$= \frac{5[\text{MV}\cdot\text{A}] \times 100[\%]}{1\,800[\text{MV}\cdot\text{A}]} = +j\,0.277\,8[\%] \qquad (6\cdot17)$$

3相短絡故障電流 I_3S は，この $\%X_\text{S}[\%]$ と変圧器の $\%X_\text{T}[\%]$ を下線直列に流れますから，この二つのリアクタンス要素を直列に合成した値を $\Sigma\%X[\%]$ として求めます。この設問の場合は，題意により「全ての $\%Z$ の要素が，リアクタンス分のみであるから，スカラー和が許される」と理解して，次式のように求められます。

$$\Sigma\%X[\%] = \%X_\text{S}[\%] + \%X_\text{T}[\%] = +j(0.277\,8 + 7.5) = +j\,7.778[\%] \quad (6\cdot18)$$

先に (6·8) 式で示した (三相) 短絡容量値 $P_\text{3S}[\text{pu}]$，及び3相短絡故障電流 $I_\text{3S}[\text{pu}]$ の値を求める式の中に，上記の値を代入して，次式にて値を求めます。

$$\dot{P}_\text{3S}[\text{pu}] = \dot{I}_\text{3S}[\text{pu}] = \frac{100[\%]}{\Sigma\%X[\%]} = \frac{100}{+j\,7.778} = -j\,12.857[\text{pu}] \quad (6\cdot19)$$

この (6·19) 式は，"(三相) 短絡容量 P_3S の値は，基準容量値 $5[\text{MV}\cdot\text{A}]$ の 12.857 倍であると同時に，3相短絡故障電流値 I_3S も，基準電流値 $0.437\,4[\text{kA}]$ の 12.857 倍である" という意味です。したがって，(三相) 短絡容量 $P_\text{3S}[\text{MV}\cdot\text{A}]$ の値は，次式で求まります。

$$\dot{P}_\text{3S} = \text{基準容量} \times (-j\,12.857) = 5[\text{MV}\cdot\text{A}] \times (-j\,12.857) \fallingdotseq -j\,64.3[\text{MV}\cdot\text{A}] \quad (6\cdot20)$$

この解の値に $-j$ の符号が付いていますから遅相無効電力であることを意味します。
また，3相短絡電流 $I_\text{3S}[\text{kA}]$ は，次式にて求まります。

$$\dot{I}_\text{3S} = \text{基準電流} \times (-j\,12.857) = 0.437\,4[\text{kA}] \times (-j\,12.857) \fallingdotseq -j\,5.62[\text{kA}] \quad (6\cdot21)$$

この設問のように，抵抗分を無視して，誘導性リアクタンス分のみで計算すると，(6·21) 式の解の符号が，"負の虚数" になります。その結果，先に図6·2で示したように「電源の相電圧を基準位相にして，3相短絡電流の位相は $90[°]$ の遅れ」になります。この計算方法は，66 kV 以上の電力系統に適用されています。

なお，6.6 kV の配電線の場合には，抵抗分が無視できないため，(公称電圧値は低いのですが) ベクトル計算で解を求めなければならず，66 kV 系の計算よりも格段に高度になります。しかし，電験第三種の設問では，容易に解答が可能にするために，あえて現実とは異なった条件として，「配電線のインピーダンスは，抵抗分のみとし，リアクタンス分は無視できるものとする」などと出題されることが多いです。このように，電験第三種の設問文の内容と，実社会での技術計算法とを区別する必要があります。

講義 07

%Z 法による電力回路の計算法の要点

ここで，%Z 法を応用して電力回路の計算を行う際の要点をまとめます。

(1) 電力回路内に変圧器が存在すると，$Z[\Omega]$ 値の n^2 の乗算又は除算による等価換算が必要になり，その換算手数が膨大なため，[V][A][Ω]単位法による技術計算法は実用的ではありません。

(2) 電力回路内に変圧器が存在していても，$Z[\Omega]$ 値の換算が必要ない計算法が %Z 法です。

(3) 電力回路内の発電機，変圧器，送電線の各 $Z[\Omega]$ 値を基にして，次の再掲(2·8)式の実用公式により，$Z[\Omega]$ 値を %Z[%] 値に換算できます。

$$\%\dot{Z}[\%] = \frac{\dot{Z}[\Omega] \times S[\mathrm{kV \cdot A}]}{10 \times V^2[\mathrm{kV^2}]} \qquad 再掲(2·8)$$

(4) %Z[%] 値は，基準容量 $S[\mathrm{kV \cdot A}]$ の値に正比例して変化するため，%Z[%] の値に，基準容量 $S[\mathrm{kV \cdot A}]$ の値を併記します。

　発電機や変圧器などの電力機器を，自己容量基準の %Z[%] 値で表すと，定格容量の大小にかかわらず，ほぼ一定値になります。一方，系統の短絡容量や送電線には，定格容量に相当するものがないため，154 kV 以下の系統は 10[MV·A] を，187 kV 以上の系統は 1 000[MV·A] を基準容量値にしています。

(5) %Z 法の基である単位法は，電圧，電流，皮相電力，Z の各値を "基準の値に対して何倍か" の比例計算法ですから，三相電源の相電圧値[pu]と，線間電圧値[pu]は常に 1[pu]です。

(6) 電気工学の各種の定理や法則の公式は，単位法と[V][A][Ω]単位法とが同じ形で表され，同様に応用が可能です。

(7) 同期発電機の安定性の向上や系統電圧の変動率を小さく収めるため，電力系統を構成する各 $Z[\mathrm{pu}]$ 値は，小数点以下にゼロが沢山付く小さな値であるので，$Z[\mathrm{pu}]$ 値の書き誤りや，読み誤りを生じやすい欠点があ

(8) その対策として，$Z[\mathrm{pu}]$の値の小数点以下のゼロを2個少なく表示するため，単位法の表示値を100倍した$\%Z[\%]$法が考案されました。

(9) $\%Z[\%]$法で技術計算を開始する前に，任意の基準容量を選定し，計算対象内の全$\%Z[\%]$値を，統一基準容量に換算する必要があります。

(10) 電力回路計算の4要素は，電圧，電流，皮相電力，Zであり，そのうち電圧$V[\mathrm{kV}]$は一定値で自動制御しており，統一基準容量値$S[\mathrm{kV\cdot A}]$も事前に選定しておきます。

(11) 電力回路の4要素のうち，電圧$V[\mathrm{kV}]$と基準容量$S[\mathrm{kV\cdot A}]$が既知数のため，基準電流値$I_\mathrm{n}[\mathrm{A}]$，基準の$Z_\mathrm{n}[\Omega]$の各値は，次式で定まります。

$$I_\mathrm{n}[\mathrm{A}] = \frac{S[\mathrm{kV\cdot A}]}{\sqrt{3}\times V[\mathrm{kV}]},\quad Z_\mathrm{n}[\Omega] = \frac{\dfrac{V[\mathrm{V}]}{\sqrt{3}}}{I_\mathrm{n}[\mathrm{A}]}$$

(12) 3相短絡故障点から電源側を合成したZを$\Sigma\%Z[\%]$として，短絡容量値$P_\mathrm{3S}[\mathrm{pu}]$と，3相短絡電流値$I_\mathrm{3S}[\mathrm{pu}]$は，次式で表されます。

$$\dot{P}_\mathrm{3S}[\mathrm{pu}] = \dot{I}_\mathrm{3S}[\mathrm{pu}] = \frac{100[\%]}{\Sigma\%\dot{Z}[\%]}$$

(13) 上記の$P_\mathrm{3S}[\mathrm{MV\cdot A}]$，基準容量値$S[\mathrm{MV\cdot A}]$の値を基にして，電源側を合成した$\Sigma\%Z[\%]$の値は，次式で表されます。

$$\Sigma\%\dot{Z}[\%] = \frac{S[\mathrm{MV\cdot A}]\times 100[\%]}{\dot{P}_\mathrm{3S}[\mathrm{MV\cdot A}]}$$

(14) 上記の$\Sigma\%Z[\%]$の値から，短絡容量$P_\mathrm{3S}[\mathrm{MV\cdot A}]$の値は次式で求まります。

$$\dot{P}_\mathrm{3S}[\mathrm{MV\cdot A}] = \frac{S[\mathrm{MV\cdot A}]\times 100[\%]}{\Sigma\%\dot{Z}[\%]}$$

(15) 上記のP_3Sの値から，3相短絡電流$I_\mathrm{3S}[\mathrm{kA}]$の値は，次式で求まります。

$$\dot{I}_\mathrm{3S}[\mathrm{kA}] = \frac{\dot{P}_\mathrm{3S}[\mathrm{MV\cdot A}]}{\sqrt{3}\times V[\mathrm{kV}]}$$

講義08

%Z法を応用した電験問題の解き方

　先の講義06では，簡単な電力回路の例題で%Z法を応用して解く方法を解説しましたが，この講義08では過去に電験第三種に出題された問題，及びその難易度を少し上げて電験第二種に近いレベルに編集した問題の解き方や解答上の注意事項について解説します。電験第三種には，"基礎的な事項を問う問題"が出題されていますが，特に%Z法に関する問題は，送電線の抵抗分を無視してよいとするなど"きわめて基礎的な問題"が出題されています。そのため，系統運用の実務的な技術計算方法と大きく異なる点がありますが，その相違点や実務計算法は後の講義で解説します。ここで紹介する問題の掲載順は，出題年次の順ではなく，皆さんが学習しやすい順に編集しました。また，実際の解答は"五者択一形式"ですが，紙面スペース省略のため"数値を解答する形式"に変更し，問題の数値の一部を実際の電力設備に合わせて変更したものもあります。

例題1

　図1に示す電力系統のF点で3相短絡故障を生じた際に，変電所母線Eに施設した遮断器(CB)が遮断する電流[kA]の値を求めなさい。ただし，各%Z[%]値は全て基準容量を10[MV·A]に定めて表した値であり，そのZ角は全て同一角であるものとする。

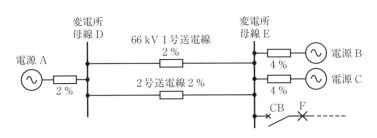

図1　電力系統の構成図

解法と解説 交流回路の計算の4要素である電圧,電流,皮相電力,インピーダンス(Z)の**全てがベクトル量**のため,**ベクトル計算**により解を求めるのが原則です。しかし,題意により"各%Z[%]は,全て同一角である"と,簡単に解けるように指定されていますから,スカラー計算で求めることができます。余談ですが,平成6年に出題されたこの設問文には,"各%Z[%]は全て同一角である"のただし書きが欠落していました。皆さんが,今後この"ただし書きの欠落と思われる問題"に遭遇したときに,「この問題は解答不能である」と考えて無解答で提出すると失点になってしまいます。また,試験場の監督官に"設問文の不備に関する質問"をしても,受け付けられません。そこで皆さんが採るべき対処方法ですが,この講義の冒頭で述べたように"電験第三種は,全て基礎的な事項の問題である"を思い出して,"各%Z[%]は全て同一角であるものとする"のただし書きを自己判断により追加して,解答してください。

さて本論に戻って,この設問では,F点(Fault spot)から複数ある電源側の各%Z[%]を合成する際に,直列計算か,それとも並列計算かの判断能力を問うているのです。その直・並列計算の判断根拠は,F点で3相短絡故障を生じたとき,各電源からF点に向かって"3相短絡故障電流がどのようなルートで流れるか"を基にして考えます。そのルートを,次の図2の"矢印付きの太線"で示します。

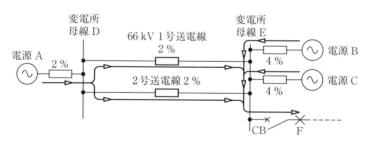

図2 F点へ短絡故障電流が流れるルート図

図2は,電源A,B,Cの3箇所から供給する3相短絡電流が,変電所母線Eにて一旦集中し,さらにCBを経由して,F点に流れることを表しています。この図の3相短絡電流が,並列に流れる部分は%Z[%]の合成を並列計算で,また直列に流れる部分は%Z[%]の合成を直列計算で求めます。その際に,直・並列計算の順序が非常に重要であり,その順序がこの種の問題を解く際のキーポイントです。その方法は,図2のF点から電気的に遠い箇所から順に,各%Z[%]の

直・並列計算を行います。この図の場合には，具体的に次の順で解きます。

(1) 短絡故障電源として，F点から電気的に最も遠いものは，電源Aです。
(2) 次に遠いものは，1・2号送電線であり，そこには短絡電流が並列に流れているため，1・2号線の並列合成%Z[%]値を1[%]と求めておきます。
(3) 電源Aと1・2号線は，短絡電流が直列に流れているため，電源Aから母線Eまでの合成%Z値は，2[%]と1[%]の和算により，3[%]とします。
(4) 電源Bと電源Cの部分は，短絡電流が並列に流れているため，2ルート分の4[%]の並列合成値を，2[%]とします。
(5) 変電所母線Eの点には，「電源Aから1・2号線を経た合成値の3[%]」と「電源Bと電源Cの並列合成値の2[%]」の2組が並列接続の状態ですから，F点から全ての電源を合成した∑%Z[%]の値は，次式で求まります。

$$\sum \%Z = \frac{1}{\frac{1}{3}+\frac{1}{2}} = \frac{3 \times 2}{3+2} = 1.200[\%] \tag{1}$$

(6) 基準容量値が10[MV・A]，基準の線間電圧値が66 kVですから，基準電流 I_N[kA]の値は，次式で求めます。

$$I_N = \frac{10[\text{MV·A}]}{\sqrt{3} \times 66[\text{kV}]} = 0.087\ 48[\text{kA}] \tag{2}$$

(7) 3相短絡故障電流 I_{3S}[kA]の値は，次式で求まります。

$$I_{3S} = I_N[\text{kA}] \times \frac{100}{\sum \%Z}[\text{pu}] = 0.087\ 48 \times \frac{100}{1.200} = 7.29[\text{kA}] \tag{3}$$

この7.29[kA]が3相短絡故障電流の解です。ここで，図2の変電所母線Eから全ての電源側を見ると，「%Z値が3[%]，4[%]，4[%]の3要素が並列接続の状態」と考えて，その3要素が並列接続の合成値を求める場合の注意事項を述べます。2要素が並列接続の場合の"和分の積の公式の形"を直接適用してしまい，次の(誤式)のミスが見受けられますから，十分に注意してください。

$$\sum \%Z = \frac{3 \times 4 \times 4}{3+4+4} = 4.364[\%] \qquad (誤式)$$

2要素が並列のときは"**和分の積**"で求めますが，**3要素以上**が並列の計算ミス防止のためには，"**逆数の和の逆数**"の公式を推奨します。試験場で使用可能な**簡易電卓**により，上記の"逆数の和の逆数"の計算を10秒間以内に確実に算出する方法を，次の手順で紹介します。

手順1 簡易電卓の累計用メモリーをゼロ・クリアーする。
手順2 1÷3＝の操作後，その表示値を累計用メモリーに加算する。
手順3 1÷4＝の操作後，その表示値を累計用メモリーに加算する。
手順4 1÷4＝の操作後，その表示値を累計用メモリーに加算する。
手順5 1÷RM＝の操作後，表示値の1.2を並列合成の解とする。
(説明)4要素が並列接続の場合には，この操作を4回繰り返す

上記の手順を数回練習することにより，必ず，10秒間以内に確実に正解値を得られるようになりますから，試験場で是非活用してください。

例題2

図1に示す電力系統のF点で3相短絡故障を生じたとき，そのF点に流れる電流[kA]の値，及び故障中の発電所母線に施設した計器用変圧器(VT)の二次側回路に接続する継電器の入力電圧[V]の値を求めなさい。ただし，VTの変成比は77 000 V/110 V，発電機の定格電圧値は11[kV]，定格容量値は100[MV・A]，短絡の初期に作用する自己容量基準の％リアクタンス値は20.0[％]である。また，発電機昇圧用の変圧器の定格電圧値は，一次側が11 kV，二次側が77 kV，定格容量値は150[MV・A]，自己容量基準の％漏れリアクタンス値は7.50[％]である。そして，変圧器から故障点F点までの送電線の短絡故障に対する作用％リアクタンスの値は，10[MV・A]基準で0.40[％]である。また，％インピーダンスの抵抗分，及び故障点のアーク抵抗分など上記の％リアクタンス分以外は，全て無視することができ，3相短絡故障中の発電機の内部誘起電圧値は1[pu]であるものとする。

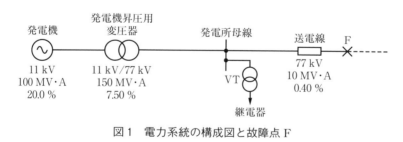

図1　電力系統の構成図と故障点F

解法と解説　題意により抵抗分は無視できるため，誘導性リアクタンス分（+j%X[％]分）のみを考慮して計算します。設問文及び図中の%X[％]値には，正の虚数の符号+jが付記されていませんが，各%Z[％]の角は全て進み90[°]

であることを自覚するために，計算式には $+j$ の符号を付けます。3要素の Z 角が全て進み $90[°]$ で一致しているため，合成の $\sum \%Z[\%]$ 値を求める際に，(交流回路の計算は，本来ベクトル計算で求めるべきなのですが)この設問の場合には**スカラー計算**で求められます。

設問の各 $\%X[\%]$ 値の基準容量値は，全て異なっていますから，計算の開始前に任意に**統一基準容量値を定め**，全ての $\%X[\%]$ 値を，その統一基準容量値に換算しておく必要があります。"任意に定めることが可能"であっても，その決定方法にはコツがあります。すなわち，"検討対象の基準容量値(又は定格容量値)に合わせる"ことです。この設問の解の対象は"送電線の F 点に流れる 3 相故障電流値 [A]"ですから，統一基準容量値を送電線の基準容量の $10[\mathrm{MV \cdot A}]$ に選定し，基準電圧値は送電線の公称電圧 77 kV に選定します。

手順 1 与えられた発電機と変圧器の各 $\%X[\%]$ 値を，解答者が任意に定めた統一基準容量の $10[\mathrm{MV \cdot A}]$ に換算します。

$$\text{発電機}; \%X_\mathrm{G} = +j\,20[\%] \times \frac{10[\mathrm{MV \cdot A}]}{100[\mathrm{MV \cdot A}]} = +j\,2.00[\%] \tag{1}$$

$$\text{変圧器}; \%X_\mathrm{T} = +j\,7.5[\%] \times \frac{10[\mathrm{MV \cdot A}]}{150[\mathrm{MV \cdot A}]} = +j\,0.50[\%] \tag{2}$$

送電線は換算の必要がなく，与えられた $+j\,0.40[\%]$ をそのまま使用します。

手順 2 統一基準容量値 $10[\mathrm{MV \cdot A}]$ と，基準電圧値 77 kV から，基準電流 I_n [kA] の値を次式で求めます。

$$\text{基準電流}; I_\mathrm{n}[\mathrm{A}] = \frac{10[\mathrm{MV \cdot A}]}{\sqrt{3} \times 77[\mathrm{kV}]} = 0.074\,98[\mathrm{kA}] \tag{3}$$

手順 3 発電機から送電線の故障点 F までの三つの各 $\%Z[\%]$ が直列接続の状態ですから，合成 $\sum \%Z[\%]$ 値を次式で求めます。

$$\sum \%\dot{Z} = +j(2.00 + 0.50 + 0.40) = +j\,2.90[\%] \tag{4}$$

手順 4 基準電流値 $I_\mathrm{n}[\mathrm{A}]$ に対して，3 相短絡故障電流値 $I_\mathrm{3S}[\mathrm{pu}]$ の値が何倍の大きさかを次式で求めます。

$$\dot{I}_\mathrm{3S} = \frac{100[\%]}{\sum \%\dot{Z}[\%]} = \frac{100}{+j\,2.9} = -j\,34.48[\mathrm{pu}] \tag{5}$$

手順 5 (3)式と(5)式の計算結果は，3 相短絡故障電流値 I_3S は，$0.074\,98[\mathrm{kA}]$ の $-j\,34.48$ 倍と判明しましたから，次式で [kA] 単位の電流値を求めます。

$$\dot{I}_{3\mathrm{S}} = I_\mathrm{n}[\mathrm{kA}] \times \dot{I}_{3\mathrm{S}}[\mathrm{pu}] = 0.074\,98 \times (-j\,34.48) \fallingdotseq -j\,2.59\,[\mathrm{kA}] \tag{6}$$

(6)式の"負の虚数 $-j$ の符号の意味"は，"発電機内部で誘導する**相電圧**を基準位相にして，$I_{3\mathrm{S}}$ の位相角が $90[°]$ **遅れ**"であることを表しています。

以上は，基本事項に沿って解説しましたが，この方法は少々時間を要します。そこで，この%Z法の計算に慣れた後，実際の試験場では，次の計算式にて能率よく解を求めてください。

$$\dot{I}_{3\mathrm{S}}[\mathrm{A}] = I_\mathrm{n}[\mathrm{A}] \times \frac{100[\%]}{\sum \% \dot{Z}[\%]} \tag{7}$$

$$= \frac{10[\mathrm{MV\cdot A}]}{\sqrt{3} \times 77[\mathrm{kV}]} \times \frac{100[\%]}{+j\left(\dfrac{20.0 \times 10}{100} + \dfrac{7.50 \times 10}{150} + 0.40\right)[\%]}\,[\mathrm{pu}] \tag{8}$$

$$= 0.074\,98 \times (-j\,34.48) \fallingdotseq -j\,2.59\,[\mathrm{kA}] \tag{9}$$

次に，3相短絡故障中の発電所母線に施設した計器用変圧器（VT）の二次側回路に接続する継電器の入力電圧[V]の値を，次の**図2**に示す直角三角形を利用して求めます。

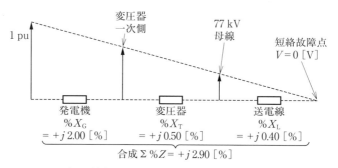

図2 3相短絡故障中の各部の電圧値を表す直角三角形

図2の直角三角形の左端は，発電機の出力端子よりもさらに内部にある内部誘起電圧であり，その点の電圧値は題意により $1[\mathrm{pu}]$ です。また，右端は送電線の3相短絡故障点であり，題意によりアーク抵抗値は $0[\Omega]$ ですから，その点の電圧値は $0[\mathrm{pu}] = 0[\mathrm{V}]$ です。この直角三角形を利用して，77 kV 母線の電圧値 $V_{77}[\mathrm{pu}]$ の値を次式で求めます。

$$V_{77} = 1[\mathrm{pu}] \times \frac{\%X_\mathrm{L}}{\sum \%X} = \frac{+j\,0.40}{+j\,2.90} = 0.137\,93\,[\mathrm{pu}] \tag{10}$$

この計算結果は，3相短絡中の77 kV母線には，基準電圧値77 kVの0.137 93倍の電圧値が現れることを表しています。

したがって，77 kV母線のVT一次側の電圧値は，次式で求まります。

$$V_{77} = 77\,000\,[\text{V}] \times 0.137\,93 = 10\,621\,[\text{V}] \tag{11}$$

VTの変成比は77 kV/110 Vですから，VTの二次側に接続される継電器の電圧コイルの入力電圧値V_{Ry}[V]の値は，次式で求まります。

$$V_{\text{Ry}} = 10\,621\,[\text{V}] \times \frac{110}{77\,000} = 15.17\,[\text{V}] \tag{12}$$

これで解が求まりました。以上の(10)式～(12)式は，説明の都合上，順序だてて解説しましたが，系統運用部門の実務者はこの非能率な計算方法は行わず，(10)式～(12)式をまとめて，次の(13)式にて解を求めています。

$$V_{\text{Ry}} = 110 \times \frac{0.40}{2.90} = 15.17\,[\text{V}] \tag{13}$$

皆さんも，試験場ではこの(13)式で解答してください。

例題3

次の図に示す配電用変電所があり，受電点から電源系統側のパーセントリアクタンス($\%X_{\text{S}}$[%])の値は，100[MV·A]を基準容量として10.0[%]である。その変電所に施設した変圧器は，定格容量値が26[MV·A]で，自己容量基準の漏れリアクタンス($\%X_{\text{T}}$[%])の値が19.5[%]である。この変圧器の二次側に6.6 kVの配電線が施設してあり，引出口の遮断器(CB)から1相当たり$0.1 + j0.12$[Ω]だけ負荷側にあるF点で3相短絡故障を生じた。その短絡故障時に，6.6 kVの引出口に施設した過電流継電器(OCR)の入力電流[A]の値，及び電源の相電圧を基準位相にした電流の位相角を求めなさい。ただし，上記以外の回路定数は全て無視できるものとし，変流器(CT)の変流比は1 000 A/5 Aとする。

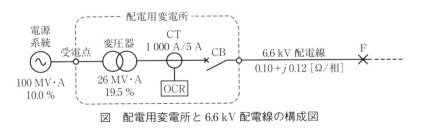

図　配電用変電所と6.6 kV配電線の構成図

解法と解説 まず初めに，任意に統一基準容量値を定めなければなりませんが，ここでは変圧器の定格容量の 26[MV·A]に選定する場合の計算例を紹介します。

電源系統の 100[MV·A]基準値の $+j\,10.0[\%]$ は，26[MV·A]基準値の $\%X_\mathrm{S}$ への換算を次式で求めます。

$$\%X_\mathrm{S} = +j\,10.0[\%] \times \frac{26[\mathrm{MV\cdot A}]}{100[\mathrm{MV\cdot A}]} = +j\,2.60[\%] \tag{1}$$

変圧器の漏れ $\%X_\mathrm{T}[\%]$ の値 $+j\,19.5[\%]$ は，そのまま計算式に代入できます。6.6 kV 配電線の 26 000[kV·A]基準値の $\%\dot{Z}_\mathrm{L}[\%]$ の値は，次式で求めます。

$$\%\dot{Z}_\mathrm{L} = \frac{\dot{Z}\cdot S}{10\times V^2} = \frac{(0.10+j\,0.12)\times 26\,000}{10\times 6.6^2} = 5.969 + j\,7.163[\%] \tag{2}$$

電源系統から故障点 F までの合成値を $\Sigma\%Z[\%]$ として，次式で求めます。

$$\Sigma\%\dot{Z} = \%X_\mathrm{S} + \%X_\mathrm{T} + \%\dot{Z}_\mathrm{L}[\%] \tag{3}$$

$$= 5.969 + j(2.60 + 19.5 + 7.163)[\%] \tag{4}$$

$$= 5.969 + j\,29.26 = 29.86[\%]\angle+78.47[°] \tag{5}$$

ちなみに，(5)式の左辺から右辺への変換は，次式で行います。

$$|\%Z| = \sqrt{5.969^2 + 29.26^2} = 29.86[\%] \tag{6}$$

$$\theta_{\Sigma Z} = \tan^{-1}\frac{29.26}{5.969} = \angle+78.47[°] \tag{7}$$

(7)式の右辺はインピーダンス角を表し，その正値は進み角を意味します。

次に，F 点の 3 相短絡電流 $\dot{I}_\mathrm{3S}[\mathrm{kA}]$ の値は，次式で求まります。

$$\dot{I}_\mathrm{3S}[\mathrm{kA}] = I_\mathrm{n}[\mathrm{kA}] \times \frac{100[\%]}{\Sigma\%\dot{Z}[\%]} = \frac{26}{\sqrt{3}\times 6.6} \times \frac{100}{29.86\angle+78.47[°]} \tag{8}$$

$$= 2.274[\mathrm{kA}] \times \frac{100[\%]}{29.86[\%]\angle+78.47[°]} = 7.616[\mathrm{kA}]\angle-78.47[°] \tag{9}$$

過電流継電器(OCR)用の変流器(CT)の変流比は 1 000 A/5 A ですから，OCR の入力電流値 $\dot{I}_\mathrm{Ry}[\mathrm{A}]$ の値は，次式で求まります。

$$\dot{I}_\mathrm{Ry} = 7\,616[\mathrm{A}]\angle-78.47[°] \times \frac{5}{1\,000} \fallingdotseq 38.1[\mathrm{A}]\angle-78.5[°] \tag{10}$$

以上の計算結果により，OCR の入力電流値は 38.1[A]であり，電源の相電圧の位相を基準にして，電流は遅れ 78.5[°]の位相で流れます。

例題 4

図1に示す配電用変電所があり,その受電点から電源系統側を見る短絡容量値が1 000[MV·A]で,配電用変圧器は,定格容量値が3[MV·A],自己容量基準の%リアクタンス値が8.5[%]である。また,この変電所から引き出されている6.6 kVの配電線の末端であるL点に総合力率が100[%]で有効電力の消費値が2 500[kW]の需要設備が接続されている。この配電用変電所の引出口からL点までの10[MV·A]基準値の%Z_L[%]の値は,その抵抗分が10.0[%]で,リアクタンス分が10.0[%]である。この図の配電線の引出口であるF点にて3相短絡故障を生じたとき,変流器(CT)の二次電流の変化値[A]を,絶対値で答えなさい。ただし,CTの変流比は800 A/5 Aとし,3相短絡故障の発生前に流れていた負荷電流は,三相平衡電流であるものとし,かつ,負荷インピーダンス以外の電力回路の全ての定数は無視できるものとする。

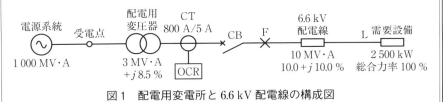

図1 配電用変電所と6.6 kV配電線の構成図

解法と解説 配電線の末端のL点に施設されている需要設備の総合力率は100[%]ですから,その負荷電流の位相角は電源の相電圧と同位相であり,CT二次回路の電流値$\dot{I}_L$[A]は,次式で求まります。

$$\dot{I}_L = \frac{2\,500[\text{kW}]}{\sqrt{3} \times 6.6[\text{kV}]} \times \frac{5}{800} = 1.366\,9[\text{A}]\angle 0[°] \tag{1}$$

図1のF点から電源系統側には抵抗分がなく,全て誘導性リアクタンス分であるため,F点で3相短絡故障が発生したときに流れる電流の位相は,電源の相電圧に対して90[°]の遅れ位相で流れます。統一基準容量値を変圧器と同じ3[MV·A]に選定し,電源系統側の%X_S[%]の値を,次式で求めます。

$$\%X_S = +j\frac{3 \times 100}{1\,000} = +j\,0.30[\%] \tag{2}$$

F点から電源側を合成した$\Sigma\%X$[%]の値を,次式で求めます。

$$\Sigma\%X = +j(0.30 + 8.50) = +j\,8.80[\%] \tag{3}$$

3相短絡電流が流れたとき，CT二次回路に流れる電流 $\dot{I}_{3S}$[A]の値を，次式で求めます。

$$\dot{I}_{3S} = \frac{3\,000[\text{kV·A}]}{\sqrt{3} \times 6.6[\text{kV}]} \times \frac{100[\%]}{+j\,8.80[\%]} \times \frac{5}{800} = -j\,18.639[\text{A}] \tag{4}$$

図2に示すCT二次電流の変化値 ΔI_{Ry}[A]は，次式で求まります。

この図を基にして，CT二次電流の負荷電流から3相短絡電流に変化したときの変化分 ΔI_{Ry}[A]は，次式で表されます。

$$\Delta I_{Ry} = \sqrt{1.366\,9^2 + 18.639^2} \fallingdotseq 18.69[\text{A}] \tag{5}$$

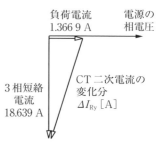

図2 CT二次電流の変化分

以上の解説のように，F点から負荷側の配電線の%Z[%]値は，三相短絡電流値を求める上で不要です。また，この設問では受電点の公称電圧値が与えられていませんが，%Z法により6.6kV回路の電流値を求める場合には不要です。

例題5

図1に示す需要家の遮断器CB5の最大遮断容量[MV·A]の値を求めなさい。ただし，図の三相同期発電機が停止中におけるCB5の最大遮断容量値は200[MV·A]であり，三相同期発電機を単独で運転したときのCB5の最大遮断容量値は100[MV·A]である。また，CB4からCB5までの6.6kV電路の%インピーダンス値は75[MV·A]を基準容量として10[%]であり，各要素のインピーダンス角は全て同一角であるものとする。

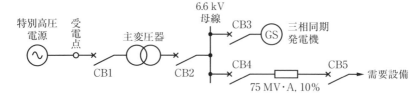

図1 特別高圧受電の需要家の主要電気設備の構成図

解法と解説 設問に「遮断器CB5の最大遮断容量[MV·A]の値を求めなさい」とありますから、「特別高圧電源から主変圧器を経由して供給される遮断容量分と、三相同期発電機(以下「発電機」と略記する)から供給される遮断容量分の双方を考慮した値を解答すればよい」と判断します。ここで、筆者が講義の経験をした系統技術基礎講習会にて、この種の問題を与えると、ほぼ8割以上の受講生が「200 + 100 = 300[MV·A]」と解答して失点になっていました。電験第三種の試験は、小学2年生のた・し・ざ・んの実力認定試験ではなく、大人の電気技術者の専門知識を試す国家試験ですから、安易なた・し・ざ・んで解答しないようにしましょう。

さて、話を戻して、今までに述べた定石に沿って、初めに統一基準容量の値を定めます。ここで、設問で与えられた6.6 kV回路の10[%]の換算を不必要にするため、統一基準容量を75[MV·A]に選定します(これが解法のコ・ツ・です)。

次に、設問文の「発電機が停止中のCB5の最大遮断容量値は200[MV·A]である」ことから、特別高圧電源の$\%Z_S[\%]$と、主変圧器の$\%Z_T[\%]$と、6.6 kV回路の10[%]の3者の合計$\%Z[\%]$の値を、次式で表します。

$$\%Z_S + \%Z_T + 10[\%] = \frac{75[\mathrm{MV \cdot A}] \times 100[\%]}{200[\mathrm{MV \cdot A}]} = 37.50[\%] \tag{1}$$

$$\therefore \quad \%Z_S + \%Z_T = 37.50 - 10 = 27.50[\%] \tag{2}$$

次に、「発電機単独運転時のCB5の最大遮断容量値が100[MV·A]である」ことから、発電機の$\%Z_G[\%]$と6.6 kV回路の10[%]との合計値を次式で表します。

$$\%Z_G + 10[\%] = \frac{75[\mathrm{MV \cdot A}] \times 100[\%]}{100[\mathrm{MV \cdot A}]} = 75.00[\%] \tag{3}$$

$$\therefore \quad \%Z_G = 75.00 - 10 = 65.00[\%]$$

図2に示すCB5から電源側を合成した$\Sigma\%Z$値を、次式で表します。

$$\Sigma\%Z = \frac{65.00 \times 27.50}{65.00 + 27.50} + 10$$
$$= 29.32[\%] \tag{4}$$

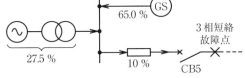

図2 CB5の最大遮断容量の構成図

CB5の最大の遮断容量$P_{\max}[\mathrm{MV \cdot A}]$の値は、次式で求まります。

$$P_{\max} = 75[\mathrm{MV \cdot A}] \times \frac{100[\%]}{29.32[\%]} = 255.8 \fallingdotseq 256[\mathrm{MV \cdot A}] \tag{5}$$

この(5)式の解が、CB5の最大遮断容量値ですが、やはり、上記の小学2年生のた・し・ざ・んの結果とは異なる値で求まりました。

講義09

並列運転中の変圧器相互間の負荷分担計算法

前の講義08までは，基礎的な内容の解説でしたが，この講義09以後は系統運用の実務に直接役立つ計算法を解説します。初めは，変圧器の並列運転(平行運転)を行う際の各変圧器相互間の負荷分担の計算法を採りあげます。電力系統の変圧器のうち66 kV/6.6 kV 又は77 kV/6.6 kV の配電用変圧器は，次の理由により常時は並列運転を行っていません。その理由は，高圧配電線路の最大短絡電流値を一般的な6.6 kV 遮断器の定格遮断電流値の12.5[kA]以下に抑制するため，及び，並列バンクの合計対地静電容量の増加による1線地絡電流の過大化を避けて，B種接地工事の接地抵抗値を施工が困難なほど小さな値にしないためです。しかし，上記の配電用変圧器以外の他の変圧器は，1台故障時に他の健全変圧器を通して電力供給を継続するために，原則的に常時2台〜4台の変圧器を並列運転で運用しています。

ここで，次の再掲(2·8)式の"$\%Z[\%]$を表す実用公式"を再確認します。

$$\%\dot{Z}[\%] = \frac{\dot{Z}[\Omega] \times S[\text{kV}\cdot\text{A}]}{10 \times V^2[\text{kV}^2]} \qquad 再掲(2\cdot8)$$

再掲(2·8)式の統一基準容量 $S[\text{kV}\cdot\text{A}]$ は，電力回路の計算開始前に，任意の値に定めておき，全ての％インピーダンス($\%Z[\%]$)の値を，その統一基準容量値に換算しておく必要がありました。並列運転を行う変圧器の負荷分担を計算する場合も同様に，統一基準容量 $S[\text{kV}\cdot\text{A}]$ の選定と，全ての $\%Z$ 値の換算が必要です。

次に，再掲(2·8)式の基準電圧 $V[\text{kV}]$ について説明しますが，変圧器を並列運転するための絶対必要条件として，一次側，及び二次側の定格電圧値が互いに等しくなければなりません。そのため，再掲(2·8)式の基準電圧 $V[\text{kV}]$ の値は，並列運転を行う変圧器相互間で必然的に同じ値になっています。

並列運転を行う各変圧器の漏れ $\%Z_\text{T}[\%]$ の値は，[Ω]単位の漏れ Z 値に比例しますから，負荷分担の計算式は，$\%Z_\text{T}[\%]$ で表した式と，[Ω]単位の Z 値で表した式とが同じ形で表せます。当然ですが，並列運転中の各変圧器相互間で，"負荷電流[A]の分流比率"と"皮相電力[kV·A]の分流比率"は完全に同じ値です。

以上のことから，並列運転中の変圧器相互間の負荷分担計算法として，初めに図9·1に示す$Z_1[\Omega]$，$Z_2[\Omega]$，$Z_3[\Omega]$の各インピーダンスが並列接続の場合のそれぞれの電流比率の話から始めます。

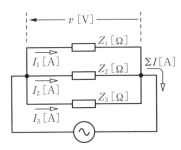 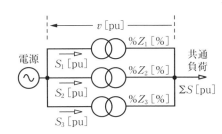

図9·1　$Z[\Omega]$表示の並列回路　　図9·2　変圧器の並列運転回路

図9·1に示した$Z_1[\Omega]$，$Z_2[\Omega]$，$Z_3[\Omega]$の各インピーダンスの両端に現れる電圧降下値$v[V]$は，必然的に互いに等しくなり，その値を次式で表します。

$$\dot{v}[V] = \dot{Z}_1[\Omega] \cdot \dot{I}_1[A] = \dot{Z}_2[\Omega] \cdot \dot{I}_2[A] = \dot{Z}_3[\Omega] \cdot \dot{I}_3[A] \tag{9·1}$$

(9·1)式を基にして，図9·2に表した並列運転中の変圧器相互間の分担電力を，数式で表してみます。そのために，[Ω]単位の各Zの値を[%]単位に置き換え，かつ，その値を100[%]で除算して[pu]単位にして表します。さらに，各分担電流の[A]単位を単位法の[pu]単位に置き換えると，次の(9·2)式で表されます。

$$\dot{v}[\text{pu}] = \frac{\%\dot{Z}_1[\%]}{100[\%]} \times \dot{I}_1[\text{pu}] = \frac{\%\dot{Z}_2[\%]}{100[\%]} \times \dot{I}_2[\text{pu}] = \frac{\%\dot{Z}_3[\%]}{100[\%]} \times \dot{I}_3[\text{pu}] \tag{9·2}$$

次に，図9·1の共通部分には，$I_1[A]$，$I_2[A]$，$I_3[A]$の合計電流の$\Sigma I[A]$が流れています。図9·1の三つのインピーダンスのZ値を並列合成した値を$\Sigma Z[\Omega]$とし，合計電流の$\Sigma I[A]$との積の値は，先に(9·1)式で示した電圧降下値$v[V]$と同じ値になりますから，この現象を次式で表せます。

$$\dot{v}[V] = \frac{1}{\frac{1}{\dot{Z}_1} + \frac{1}{\dot{Z}_2} + \frac{1}{\dot{Z}_3}}[\Omega] \times \Sigma \dot{I}[A] = \Sigma \dot{Z}[\Omega] \times \Sigma \dot{I}[A] \tag{9·3}$$

この(9·3)式を上の図9·2に適用して，単位法(pu法)表示の式で表すと，次式のようになります。

$$\dot{v}[\text{pu}] = \frac{1}{\frac{1}{\dot{Z}_1} + \frac{1}{\dot{Z}_2} + \frac{1}{\dot{Z}_3}}[\text{pu}] \times \Sigma \dot{I}[\text{pu}] = \Sigma \dot{Z}[\text{pu}] \times \Sigma \dot{I}[\text{pu}] \tag{9·4}$$

この(9·4)式は，先に示した(9·3)式と"単位が異なるだけで，同じパターンの数式"であることを確認してください。そして，(9·4)式で表した単位法の各Z[pu]の値は，先に講義04で解説した"%Z[%]値を100で除算した値"です。

系統運用業務の技術検討を行う際には，共通の皮相電力$\sum S$の値(又はそれに比例する負荷電流$\sum I$の値)は，需要予測により既知数ですし，各変圧器の漏れ%Z_T[%]の値も既知数です。その実情を踏まえて，前の(9·1)式から(9·4)式までの各式を基に，各変圧器が分担する負荷電流値I_1[A]，I_2[A]，I_3[A]を，次式で表すことができます。

$$\dot{v}[\text{V}] = \dot{Z}_1[\Omega] \cdot \dot{I}_1[\text{A}] = \sum \dot{Z}[\Omega] \times \sum \dot{I}[\text{A}] \tag{9·5}$$

$$\therefore \quad \dot{I}_1[\text{A}] = \frac{\sum \dot{Z}[\Omega]}{\dot{Z}_1[\Omega]} \times \sum \dot{I}[\text{A}] \tag{9·6}$$

[V][A][Ω]単位法で表した(9·5)式と(9·6)式を，単位法[pu]に変換すると，次式で表せます。

$$\dot{v}[\text{pu}] = \dot{Z}_1[\text{pu}] \cdot \dot{I}_1[\text{pu}] = \sum \dot{Z}[\text{pu}] \times \sum \dot{I}[\text{pu}] \tag{9·7}$$

$$\therefore \quad \dot{I}_1[\text{pu}] = \frac{\sum \dot{Z}[\text{pu}]}{\dot{Z}_1[\text{pu}]} \times \sum \dot{I}[\text{pu}] \tag{9·8}$$

この[pu]単位の漏れインピーダンス値は，%Z[%]の値を100で除した値ですから，(9·8)式は次式で表すことができます。

$$\dot{I}_1[\text{pu}] = \frac{\dfrac{\sum \%\dot{Z}}{100}[\text{pu}]}{\dfrac{\%\dot{Z}_1}{100}[\text{pu}]} \times \sum \dot{I}[\text{pu}] = \frac{\sum \%\dot{Z}[\%]}{\%\dot{Z}_1[\%]} \times \sum \dot{I}[\text{pu}] \tag{9·9}$$

電力回路の潮流値は，実務的には電流ではなく電力で表しますから，(9·9)式の左右両辺の電流[pu]値に基準位相の電圧V[pu]を乗算し，次式で表します。

$$\dot{I}_1[\text{pu}] \cdot V[\text{pu}] = \frac{\sum \%\dot{Z}[\%]}{\%\dot{Z}_1[\%]} \times \sum \dot{I}[\text{pu}] \times V[\text{pu}] \tag{9·10}$$

次に，皮相電力S[pu]の一般式は電圧Vの共役ベクトルと電流Iのベクトルの積で表しますが，(9·10)式の電圧Vは基準位相であり位相角は0[°]ですから，(9·10)式の左辺は1号変圧器を通過する皮相電力S_1[pu]を意味しており，次式で表せます。

$$\dot{S}_1[\text{pu}] = \frac{\sum \%\dot{Z}[\%]}{\%\dot{Z}_1[\%]} \times \sum \dot{S}[\text{pu}] \tag{9·11}$$

(9・11)式の $S_1[\text{pu}]$ は，統一基準容量 $S_n[\text{MV}\cdot\text{A}]$ に対する1号変圧器が分担する皮相電力 $S_1[\text{MV}\cdot\text{A}]$ の倍数値を表しています。また，3台分を合計した皮相電力 $\sum S[\text{pu}]$ の値も，統一基準電力 $S_n[\text{MV}\cdot\text{A}]$ に対する倍数値を表しています。そのため，(9・11)式は次式のように表されます。

$$\frac{\dot{S}_1[\text{MV}\cdot\text{A}]}{S_n[\text{MV}\cdot\text{A}]} = \frac{\sum \%\dot{Z}[\%]}{\%\dot{Z}_1[\%]} \times \frac{\sum \dot{S}[\text{MV}\cdot\text{A}]}{S_n[\text{MV}\cdot\text{A}]} \qquad (9\cdot12)$$

(9・12)式の左右両辺に基準容量 $S_n[\text{MV}\cdot\text{A}]$ を乗算して，次式に変換できます。

$$\dot{S}_1[\text{MV}\cdot\text{A}] = \frac{\sum \%\dot{Z}[\%]}{\%\dot{Z}_1[\%]} \times \sum \dot{S}[\text{MV}\cdot\text{A}] \qquad (9\cdot13)$$

(9・13)式は，合計の負荷電力 $\sum S[\text{MV}\cdot\text{A}]$ のうち，1号変圧器が分担する皮相電力分の $S_1[\text{MV}\cdot\text{A}]$ の値を求める式です。

以下同様に，2号変圧器，3号変圧器が分担する皮相電力 S_2, $S_3[\text{MV}\cdot\text{A}]$ の値は，次式で表されます。

$$\dot{S}_2[\text{MV}\cdot\text{A}] = \frac{\sum \%\dot{Z}[\%]}{\%\dot{Z}_2[\%]} \times \sum \dot{S}[\text{MV}\cdot\text{A}] \qquad (9\cdot14)$$

電気のおもしろ小話 時間の進む方向が，位相の遅れ？

図1の実線で示す電圧の正弦波形を基準にして，点線の電流波形は時間が進む方向に，電気角 $\theta[°]$ だけ変移しています。この状態を，"電圧に対して電流が $\theta[°]$ だけ遅れている"と表現します。ここで，「なぜ，時間が進む方向が，電気角の遅れなのか？」という質問を多く受けてきました。筆者は，次の図2に示す回転円盤で解説してきました。図2の電圧，電流の矢印は，実効値の $\sqrt{2}$ 倍の長さで描き，反時計方向に円盤を回転させます。その矢印を，静止している人から見ると，電圧の矢頭が現れた瞬間から，電気角で $\theta[°]$ に相当する時間が経過した後に，電流の矢頭が現れますから，電圧に対して電流が遅れ位相です。

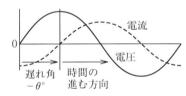

図1 電圧・電流の正弦波形

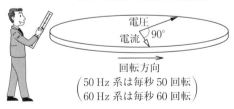

図2 二つの矢印が描いてある回転円盤

$$\dot{S}_3[\text{MV}\cdot\text{A}] = \frac{\Sigma\%\dot{Z}[\%]}{\%\dot{Z}_3[\%]} \times \Sigma\dot{S}[\text{MV}\cdot\text{A}] \qquad (9\cdot15)$$

以上は，変圧器3台を並列運転する場合を例にして，各変圧器が分担する皮相電力値を求める計算法を説明しましたが，並列運転台数が2台の場合，又は4台の場合にも，前述の考え方が適用できます。

次に，以上の(9·13)式から(9·15)式までを応用して，系統運用の実務に関係する例題と，その解き方，及びそれを解く際の注意事項について解説します。

例題 1

図1に示す154 kV 母線と77 kV 母線を連繫（れんけい）する4台の変圧器を並列運転しているとき，各変圧器が分担する皮相電力[MV·A]の値を求めなさい。ただし，図中の変圧器付近に記した[MV·A]単位の数値は，その変圧器の定格容量値を示し，77 kV 母線の右側の $\Sigma S =$ で示した数値は，共通負荷の皮相電力値を示す。また，図中の変圧器付近に記した[%]単位の数値は，その変圧器の自己容量基準の%漏れリアクタンス[%]($\%X$[%])の値を示し，4台共に抵抗分は無視できるものとする。

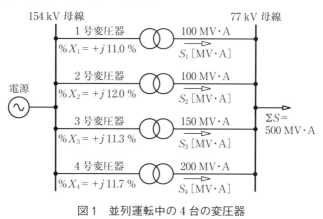

図1　並列運転中の4台の変圧器

解法と解説　一次変電所の新設時の変圧器は，図1に示したように1号と2号を同じ定格容量値に選定する例が多いです。その後，需要電力の増加に合わせて変圧器を増設しますが，特に変圧器鉄心の技術革新の効果が大きく，大容量変圧器の製造限界と輸送限界が改善され，3台目以降の増設時には既設変圧器よりも大容量を適用することがあり，その4台を常時並列運転で運用しています。

さて，この例題1の解き方ですが，図1で与えられた各変圧器の $\%X_T$[%] の

値は，自己容量基準で表されており，統一されていません。そのため"%Z法を応用した計算法の"定石"に沿って，まず初めに**統一基準容量値**を任意に定めます。ここでは，1号及び2号と同じ100[MV·A]を選定した例により解説します。その結果，4台のうち3号と4号のみを換算すればよく，"任意に統一基準容量値を定められる"とは言え，要領よく選定するためにはコツがあるのです。

本論に戻って，図1の各変圧器の%X_T[%]の値を，統一基準容量の100[MV·A]に換算すると，図2の中に示す値になります。

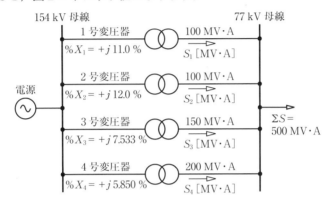

図2 統一基準容量値を100[MV·A]に選定し各変圧器の%漏れX_T[%]を換算した後の値

図2に示した各変圧器の%X_T[%]の値を使用して，4台の変圧器が並列状態の合成Σ%X_T[%]の値を，次式で求めます。

$$\Sigma\%X_T = +j\frac{1}{\frac{1}{11.0}+\frac{1}{12.0}+\frac{1}{7.533}+\frac{1}{5.850}}[\%] = +j\,2.092[\%] \quad (1)$$

この並列計算を"和分の積"で求めずに，**"逆数の和の逆数"**で求めてください。図2の各変圧器の%X_T[%]の値と，(1)式で求まった合成Σ%X_T[%]の値を，先の(9·13)式から(9·15)式に代入して，1号から4号の各変圧器が分担する皮相電力値を次式で求めます。ここで，設問で与えられた合計の皮相電力値がベクトル量ではなく，スカラー量ですから，(2)式以後はスカラー計算式で求めます。

$$S_1 = \frac{\Sigma\%Z}{\%Z_1}\times\Sigma S = \frac{+j\,2.092}{+j\,11.0}\times 500 = 95.09 \fallingdotseq 95.1[\text{MV}\cdot\text{A}] \quad (2)$$

$$S_2 = \frac{\Sigma\%Z}{\%Z_2}\times\Sigma S = \frac{+j\,2.092}{+j\,12.0}\times 500 = 87.17 \fallingdotseq 87.2[\text{MV}\cdot\text{A}] \quad (3)$$

$$S_3 = \frac{\Sigma \%Z}{\%Z_3} \times \Sigma S = \frac{+j\,2.092}{+j\,7.533} \times 500 = 138.86 \fallingdotseq 138.9\,[\text{MV}\cdot\text{A}] \tag{4}$$

$$S_4 = \frac{\Sigma \%Z}{\%Z_4} \times \Sigma S = \frac{+j\,2.092}{+j\,5.850} \times 500 = 178.80 \fallingdotseq 178.8\,[\text{MV}\cdot\text{A}] \tag{5}$$

ここで，各変圧器の漏れリアクタンス[％]の値は，実態を反映して抵抗分を無視しており，誘導性リアクタンス分の $+jX$ 分のみで計算を行っていますから，各変圧器を通過する**皮相電力の位相角は互いに一致**しています。ですから，(2)式～(5)式で求めた4台分の分担電力の合計値 ΣS は，**スカラー和**で求めることができます。系統運用の実務では，誤計算が許されませんから，そのスカラー和の値を，次のように"確め算"に応用しています。

$$\Sigma S = S_1 + S_2 + S_3 + S_4\,[\text{MV}\cdot\text{A}] \tag{6}$$
$$= 95.09 + 87.17 + 138.86 + 178.80 = 499.92 \fallingdotseq 500\,[\text{MV}\cdot\text{A}] \tag{7}$$

この(6)式と(7)式により，変圧器4台分の負荷分担値の確認ができました。

以上に解説した例題1は，並列運転の変圧器群を通過する"合計負荷の値が既知数"でしたが，この"通過可能な合計負荷 ΣS の値を未知数"として，%Z法を応用して ΣS の値を求める方法を，次の例題2で解説します。

例題 2

図1に示す一次変電所の変圧器群を並列運転で運用中に，隣接の一次変電所の変圧器群が極端な過負荷状態になった。その過負荷を軽減させるため，隣接の 77 kV 系統負荷の一部を，図1に示す一次変電所の 77 kV 系へ切り換えて応援送電を行う場合，次の問a，及び問bに答えなさい。

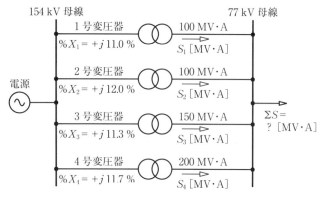

図1　並列運転中の4台の変圧器

問a 図1に示す一次変電所の77 kV 系へ，隣接の77 kV 系負荷を徐々に取り込んだ場合，図1に示す4台の変圧器のうち，最初に100[%]負荷に到達する変圧器の名称を答えなさい。

問b 図1に示す一次変電所の全ての変圧器の**過負荷率**を20 % 以内(**負荷率は120 % 以内**)に収めることを条件として，図の変圧器4台分を通過可能な合計の皮相電力 ΣS [MV·A]の最大値を求めなさい。

問aの解法と解説　図1に示された各変圧器の% 漏れリアクタンス(%X_T[%])の値は，自己容量基準の値です。その自己容量基準の値を(統一基準容量に換算せずに)直接使用して，問 a に答えることができます。すなわち，"最初に100[%]負荷に到達する変圧器は，**自己容量基準**で表した **%Z_T[%]値が最も小さな変圧器**である"を利用して，1号変圧器が最初に100[%]負荷に到達する，と判断できます。

設問の図で与えられた%X_T[%]の値を，ただ単純に比較するだけの非常に簡単な判断方法ですが，この問題正解率は50[%]に満たない低率でした。この書籍の読者は，上記の簡単な判断方法を是非とも確実に覚えて，正しく即答できるようにしてください。

問bの解法と解説　問 a で解説したとおり，"最も大きな過負荷率となるものは1号変圧器である"ことが判明しましたから，この1号変圧器の過負荷率を20[%](負荷率は120[%])にする条件により，他の3台の変圧器の過負荷率は全て20[%]以下に収まります。

その計算を行う際の注意事項は，設問の図では自己容量基準の%X_T[%]の値が与えられていますから，%Z法の応用計算法の定石に従って，初めに**統一基準容量値**を定め，その後に各%X_T[%]値を統一基準容量値に**換算**する必要があります。つまり，この例題2の問 a は**自己容量基準**の%X_T[%]の値を直接使用する問題でしたが，問 b は**統一基準容量**に換算した%X_T[%]の値を使用する問題です。そのため，この問 b は，先に例題1の解法と解説の図2に示した"**統一基準容量に換算後の%X_T[%]の値**"を使用して次ページの**図2**により解きます。

ここで，"並列運転中の各変圧器の電圧降下 v の値は，互いに等しい"ことを応用して式を立てます。この設問では，通過する皮相電力値が既知数であるものは1号変圧器ですから，最初は"1号変圧器と2号変圧器の電圧降下値が互いに等しい"ことを，スカラー計算式により次の(1)式で表します。

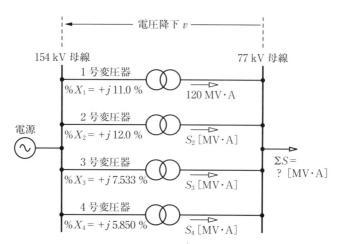

図2　統一基準容量値を100[MV・A]に選定し各変圧器の%漏れ X_T[%]を換算した後の値

$$S_1[\text{MV·A}] \cdot \%X_1[\%] = S_2[\text{MV·A}] \cdot \%X_2[\%] \tag{1}$$

$$120[\text{MV·A}] \times 11.0[\%] = S_2[\text{MV·A}] \times 12.0[\%] \tag{2}$$

$$S_2 = \frac{120 \times 11.0}{12.0} = 110.0[\text{MV·A}] \tag{3}$$

次に，"1号変圧器と3号変圧器の電圧降下値が互いに等しい"ことを，次式で表します。

$$S_1[\text{MV·A}] \cdot \%X_1[\%] = S_3[\text{MV·A}] \cdot \%X_3[\%] \tag{4}$$

$$120[\text{MV·A}] \times 11.0[\%] = S_3[\text{MV·A}] \times 7.533[\%] \tag{5}$$

$$S_3 = \frac{120 \times 11.0}{7.533} = 175.23[\text{MV·A}] \tag{6}$$

続いて，"1号変圧器と4号変圧器の電圧降下値が互いに等しい"ことを，次式で表します。

$$S_1[\text{MV·A}] \cdot \%X_1[\%] = S_4[\text{MV·A}] \cdot \%X_4[\%] \tag{7}$$

$$120[\text{MV·A}] \times 11.0[\%] = S_4[\text{MV·A}] \times 5.850[\%] \tag{8}$$

$$S_4 = \frac{120 \times 11.0}{5.850} = 225.6[\text{MV·A}] \tag{9}$$

最後に，各変圧器の通過電力を合計し，ΣS[MV·A]の値を求めます。

$$\Sigma S = S_1 + S_2 + S_3 + S_4 [\text{MV·A}] \tag{10}$$

$$= 120 + 110 + 175.23 + 225.6 = 630.83 \fallingdotseq 631[\text{MV·A}] \tag{11}$$

参　考　設問の4台の変圧器の定格容量の合計値は550[MV・A]です。その合計値に負荷率の1.2を乗ずると660[MV・A]になります。

この問題を，電験第二種の受験生向けの模擬問題として出題しますと，筆者の長年の採点経験から半数以上の受講生が660[MV・A]と解答しています。しかし，この設問の正解値は660[MV・A]の約95.6[%]相当の631[MV・A]です。

定格容量の合計値に負荷率を乗算した値よりも，正しい計算結果の値の方が小さくなる理由は，自己容量基準で表した漏れリアクタンス[%]値，すなわちその変圧器の金属銘盤に刻印にて表示されている工場試験記録の%漏れインピーダンス[%]値が，並列運転を行う各変圧器の相互間で完全に一致させることが難しく，平均値に対し0.95～1.05倍の範囲で仕上がっているために生じる現象です。

その漏れインピーダンス[%]の値は，その変圧器を発注する際の購入仕様書の中で製造目標値として明記するのですが，工場試験記録の値は目標値に対して±10[%]以内の誤差が許容されています。ですから，この設問のような漏れリアクタンス[%]値のバラツキは，実際の変電所に存在しており，この練習問題はきわめて実務的な問題なのです。

系統運用部門の交代勤務者は，"即決即断の業務"ですから，約10秒間以内に通過可能な電力の概数値を算出すべきことが多々あります。そのように急に概数値が必要なときには，筆者は"定格容量の合計値に目標負荷率を乗じ，さらに0.95を乗ずれば，通過可能な**概数値**が得られる"と，簡易な計算法を説明して来ました。しかし，時間に余裕があるときは，上述の方法で計算してください。

例題3

図1に示すように6.6 kVの配電系統に連系(れんけい)して運転する太陽電池発電所があり，一次側の440 V母線と二次側の6.6 kV母線を繋(つな)ぐ1号変圧器，及び2号変圧器を施設してある。常時は，図の変圧器並列運転用の遮断器(CB)を開いて運用しているが，このCBを閉じて運用したとき，1号変圧器の一次側(440 V側)を通過する皮相電力値が1号変圧器の定格容量値の100%であり，その力率は進み80%であった。このときに，2号変圧器の一次側を通過する有効電力[kW]の値，及び無効電力[kvar]の値の小数点以下を四捨五入した値で答え，無効電力は進相，遅相の別も答えなさい。ただし，1号変圧器の定格容量値は200[kV・A]，自己容量基準の%Z値は2.5[%]，全負荷時の銅損(負荷損)は2 100[W]である。また，2号変圧器の定格容量値は500[kV・A]，自己容量基準の%Z値は4.3[%]，全負荷時の銅

損は3 600[W]であり，その他の定数は全て無視できるものとする。

ヒント　設問の銅損値は，変圧器の%R分の算出に使用しなさい。

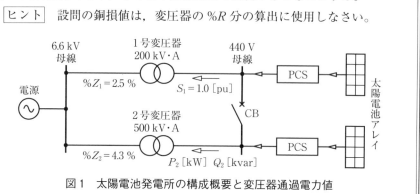

図1　太陽電池発電所の構成概要と変圧器通過電力値

解法　これは電験第二種に相当する難易度の問題です。ここでは，統一基準容量値を200[kV・A]に選定した例により解説します。初めに，1号変圧器(以後Tr1で表す)の全負荷銅損2.1[kW]を基に，$\%R_1[\%]$の値を次式で求めます。

$$\%R_1 = \frac{2.1[\mathrm{kW}]}{200[\mathrm{kV \cdot A}]} \times 100[\%] = 1.050[\%] \tag{1}$$

次に，Tr1の$\%Z_1$のインピーダンス角をθ_1として，次式で求めます。

$$\theta_1 = \cos^{-1}\frac{\%R_2}{\%Z_1} = \cos^{-1}\frac{1.05}{2.50} = +65.17[°]（正値は進み角） \tag{2}$$

このθ_1の値は，実務としては関数電卓のアーク・コサインの計算機能を使用して求めますが，電験の試験会場では与えられた簡易数表からθ_1を求めます。

200[kV・A]基準のTr1の$\%Z_1$値は，$2.50[\%]\varepsilon^{+j65.17[°]}$と求まりました。しかし，位相角の値を$\varepsilon$の指数で表すと判読しにくくなるため，これ以後は$2.50[\%]\angle+65.17[°]$と表示することにします。

次に，2号変圧器(以後Tr2で表す)の$\%R_2$の値を，次式で求めます。

$$\%R_2 = \frac{3.6[\mathrm{kW}]}{500[\mathrm{kV \cdot A}]} \times 100[\%] = 0.720[\%] \tag{3}$$

Tr2の$\%Z_2$のインピーダンス角をθ_2として，次式で求めます。

$$\theta_2 = \cos^{-1}\frac{\%R_2}{\%Z_2} = \cos^{-1}\frac{0.720}{4.30} = +80.36[°]（正値は進み角） \tag{4}$$

Tr2の$\%Z_2$の値は500[kV・A]基準で$4.30[\%]\angle+80.36[°]$と求まりましたから，200[kV・A]基準に換算して$1.720[\%]\angle+80.36[°]$と表します。

前述の Tr1 と Tr2 の %Z 値の計算結果を，次の図2のベクトル図で示します。

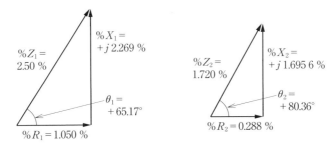

図2　Tr1 の %$\dot{Z}_1$ と Tr2 の %$\dot{Z}_2$ のベクトル図（200 kV·A 基準値）

ここで，並列運転中の2台の変圧器は，その電圧降下[%]の値が互いに等しいことを利用して，次式が成り立ちます。

$$\%\dot{Z}_1[\%]\cdot\dot{S}_1[\mathrm{pu}] = \%\dot{Z}_2[\%]\cdot\dot{S}_2[\mathrm{pu}] \tag{5}$$

Tr1 を通過する皮相電力 S_1 の大きさは題意により 1.0[pu]であり，その力率は題意により進み80％のため，皮相電力の位相角 θ_{S1} を，次式で求めます。

$$\theta_{S1} = \cos^{-1} 0.8 = +36.87[°] \tag{6}$$

$$\therefore \dot{S}_2 = \frac{\%\dot{Z}_1}{\%\dot{Z}_2} \times \dot{S}_1 = \frac{2.5\angle+65.17}{1.720\angle+80.36} \times (1.0\angle+36.87) \tag{7}$$

$$= (1.4535\angle-15.19) \times (1.0\angle+36.87) \tag{8}$$

$$= 1.4535[\mathrm{pu}]\angle+21.68[°]\ (\mathrm{at.}\ 200[\mathrm{kV\cdot A}]\text{基準}) \tag{9}$$

$$= 290.7[\mathrm{kV\cdot A}]\angle+21.68[°] \tag{10}$$

$$= 290.7 \times \cos(+21.68[°]) + j290.7 \times \sin(+21.68[°]) \tag{11}$$

$$\fallingdotseq 270[\mathrm{kW}] + j107[\mathrm{kvar}]\ (\text{虚数の正値は}\mathbf{進相}\text{無効電力である}) \tag{12}$$

この(12)式の解が，Tr2 を通過する電力の値です。

解説1　この設問に使用した定数は，筆者が所属する発電会社の変圧器設備の中から直接引用して問題を作成しました。Tr2 の自己容量基準の %Z 値を大きく選定した理由は，一次側（440 V 側）の3相短絡故障時，及び1線地絡故障時に，二次側の高圧系統から過大な電流を流入させないための配慮です。そのように %Z_T の値を選定した結果，Tr1 と Tr2 の自己容量基準の %Z_T 値に大きな差異を生じ，Tr1 が 100[%]負荷を負っているときに，Tr2 が分担する皮相電力値は定格容量 500[kV·A]のわずか 58[%]相当の小さな値になったのです。この定数の設備で並列運転を行うと，分担電力に大きな不均衡が生じますから，運用方針としては常時は並列運転をせずに，図1の CB を開いて単独運転で運用しています。

なお，図1の200 kV·AのTr1が故障した際には，Tr1の開閉器を開いて電路から切り離した後に，図1の並列運転用のCBを閉じて運用しますが，その際に500 kV·AのTr2が過負荷を生じないようにするため，パワー・コンディショナ・システム(PCS)に出力制限の設定を施し，安全に運用します。

解説2 ここで，[V][A][Ω]単位法に比べて，%Z法又はpu法が大変に優れていることを解説します。この設問のTr1の全負荷銅損の値から，%Rの値を[V][A][Ω]単位法により次式で求めてみます。

Tr1の定格容量200[kV·A]から，一次側の定格電流I_N[A]の値を求めます。

$$I_N = \frac{200\,000[\text{V}\cdot\text{A}]}{\sqrt{3} \times 440[\text{V}]} = 262.4[\text{A}] \tag{13}$$

変圧器の一次巻線の抵抗値と二次巻線の抵抗値を一次側に等価換算した値の合計値をR_1[Ω]として，3相分の全負荷銅損2 100[W]の値を次式で表します。

$$3 \times R_1 \times 262.4^2 = 2\,100[\text{W}] \tag{14}$$

$$R_1 = \frac{2\,100}{3 \times 262.4^2} = 10.166 \times 10^{-3}[\Omega] \tag{15}$$

ここで，この講義09の冒頭で再掲した(2·8)式の実用公式の中の変数Zを，(15)式で求まったR_1に置き換えて，次式により%R_1の値を求めます。

$$\%R_1[\%] = \frac{R_1[\Omega] \times S[\text{kV}\cdot\text{A}]}{10 \times V^2[\text{kV}^2]} = \frac{10.166 \times 10^{-3} \times 200}{10 \times 0.44^2} \fallingdotseq 1.05[\%] \tag{16}$$

以上の(13)式〜(16)式が[V][A][Ω]単位を利用した計算法ですが，これと同じ内容の数式を%Z法で表すと，この例題3の「解法」の冒頭に記した(1)式により，わずか1行で完結しています。

この例から分かるように，電力回路の技術計算を行う上で，%Z法の方が大変に優れています。ですから，この%Z法に習熟した後には，面倒な[V][A][Ω]単位を利用した数式に，再び戻る気持ちは全く起こりません。あなたが，そのような気持ちになったとき，実力は確実に1ランク上昇しています。

講義 10

変圧器の返還負荷法による循環電流の計算法

これまでは，電源電圧が公称電圧値と同じ1[pu]の場合を解説してきましたが，この講義では"目的の電流を流す電源の電圧値が1[pu]以外のケース"の一例として，被試験変圧器を返還負荷法で温度上昇試験を計画する際に事前に検討する"循環電流値の計算法"について解説します。

その温度上昇試験は，鉄損分と銅損分の損失[W]を同時に発生させる必要があります。そのうち，固定損である鉄損分は，被試験変圧器に定格電圧を印加することにより発生できます。一方の銅損分は，被試験変圧器の巻線電流の2乗に比例して発生しますから，大容量変圧器の試験実施時には，定格電圧を印加しつつ大電流を流すための試験装置の準備が大変に困難です。そこで，鉄損分を発生しつつ，定格電流に近い大電流を変圧器巻線に流して銅損分も同時に発生させる返還負荷法を適用し，温度上昇試験を行います。

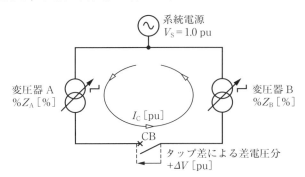

図 10·1 返還負荷法による温度上昇試験の回路構成図

上の**図 10·1**は，同じ定格容量の2台の被試験変圧器の温度上昇試験を，2台同時に行う"返還負荷法"の試験回路の構成図です。電気事業用の特別高圧電路に繋ぐ変圧器は，(発電機昇圧用を除く)負荷時タップ切換変圧器(LRT)を適用しています。それら変圧器の通常運転時は，並列運転の変圧器相互間に図 10·1 に示した無効横流 I_C[pu]が流れると，(後の例題2のように)無効電力の分担量に不均衡を生じるため，自動タップ調整装置によりタップを揃えて運転しています。

もしも，運転中にタップ差を生じて差電圧ΔVが現れたときは，（筆者が個人的に名付けた）"電力系統に関する**美空ひばりの定理**"に基づき，無効電力が流れます。その定理とは，美空ひばりが大ヒットさせた歌謡曲の歌詞にあるように，高い所から相対的に低い所に向かって"川は流れる"ことと同様に，"電力回路内の高電圧の地点から，相対的に低電圧の地点に向かって**遅相**無効電力が流れる"という電気現象を表しています。例えば，図10・1のCBを開いた状態のときに現れる差電圧ΔVが，変圧器B側に対して変圧器A側が高電圧であるとき，CBを閉じると美空ひばりが歌った**川の流れのように**，相対的に高電圧である変圧器Aの二次側から変圧器Bの二次側に向かって**遅相**無効電力が流れます。

　美空ひばりは，その歌謡曲が大ヒットしてハッピーでしたが，通常運転中の変圧器に図10・1の無効横流I_c[pu]が流れると，（後の例題2のように）変圧器の無効電力の分担量に不均衡を生じ，過負荷を生じる原因になりますから好ましくはありません。そのため，自動運転監視装置によりタップ差の発生を検出し，運転員に"タップずれ発生"の警報音の吹鳴と故障表示を行っています。

　さて本論に戻って，これから解説する返還負荷法は，図10・1に示した被試験変圧器の相互間にて，電圧調整用のタップ位置が異なるように故意に調整することにより，目標の大きさの差電圧ΔVを発生させ，循環電流I_c[pu]を流す試験方法であり，そのI_c[A]を"無効横流"とも言います。その電流I_c[pu]の大きさが，被試験変圧器の定格電流値の1倍以下で，かつ，1倍に近い値になるようにタップ位置の差分（タップ差）を算出し，試験計画書に反映しています。

　図10・1に示したタップ差により生じた差電圧をΔV[pu]，2台の被試験変圧器の%漏れZ値を%Z_A[%]，%Z_B[%]とします。図の循環電流I_c[pu]が流れる経路内に存在するZ要素は%Z_A[%]と%Z_B[%]のみであり，そのI_c[pu]の経路に沿って%Z_A[%]と%Z_B[%]の電気的位置を考えると，**直列接続**の状態です。

　ここで**注意**すべきは，通常運転時の負荷電流は2台の変圧器を並列に流れているため，合成%Z[%]は**並列接続**の式で算出します。しかし，図10・1の循環電流I_c[pu]は，ΔV[pu]を電源として%Z_A[%]と%Z_B[%]が**直列接続**の回路を流れます。この"通常の負荷電流は**並列接続**状態で，循環電流I_c[pu]は**直列接続**状態である"ことの**正しい使い分け**の判断力が，返還負荷法を理解する上で重要です。この種の模擬問題の採点を長年経験した結果，誤解答の原因の大半が，上述の"直列・並列の判断の誤り"にあり，ここが最大の注意すべきポイントなのです。

　さて，本論に戻って，図10・1にオームの法則を適用し，皆さんになじみ深い

[V][A][Ω]単位法により，電流 I_C[A] を次式で表します。

$$\dot{I}_C[\text{A}] = \frac{\Delta \dot{V}[\text{V}]}{\dot{Z}_A + \dot{Z}_B[\Omega]} \tag{10・1}$$

この式を単位法に変換する方法は，既に講義 04 で解説したように，[V][A][Ω]の単位をただ単に[pu]の単位に置き換えればよいので，次式で表せます。

$$\dot{I}_C[\text{pu}] = \frac{\Delta \dot{V}[\text{pu}]}{\dot{Z}_A + \dot{Z}_B[\text{pu}]} \tag{10・2}$$

この差電圧 ΔV[pu]は[%]単位の値を 100 で除したもので，Z_A[pu]，Z_B[pu]の値も %Z[%] 単位の値を 100 で除したものですから，次式に変換できます。

$$\dot{I}_C[\text{pu}] = \frac{\dfrac{\Delta \dot{V}[\%]}{100[\%]}}{\dfrac{\%\dot{Z}_A[\%]}{100[\%]} + \dfrac{\%\dot{Z}_B[\%]}{100[\%]}} = \frac{\Delta \dot{V}[\%]}{\%\dot{Z}_A[\%] + \%\dot{Z}_B[\%]} \tag{10・3}$$

この(10・3)式の電流 I_C[pu]の値が，定格電流の 1[倍]以下で，かつ，1[倍]に近い値で銅損を発生させるように，差電圧 ΔV[%] の値を次式で表します。

$$1.0[\text{pu}] \geq \frac{\Delta \dot{V}[\%]}{\%\dot{Z}_A[\%] + \%\dot{Z}_B[\%]} \tag{10・4}$$

$$\therefore \quad \Delta \dot{V}[\%] \leq \%\dot{Z}_A[\%] + \%\dot{Z}_B[\%] \tag{10・5}$$

(10・5)式で表した差電圧 ΔV[%]はきわめて簡単明瞭な式ですが，これが超重要式です。次に，超重要式である(10・5)式を応用して，次の例題を解きます。

例題 1

先に図 10・1 で示したように，定格容量が等しい 2 台の負荷時タップ切換変圧器があり，返還負荷法により全負荷時に近く，かつ過負荷ではない状態を模擬した温度上昇試験を計画する。変圧器 A の % 漏れ Z_T 値は，自己容量基準値で 7.5[%]であり，変圧器 B も同値で同角度である。また，相電圧のタップ調整幅は，定格相電圧に対して ±10[%]，すなわち全調整幅は 20[%]であり，21 タップで構成している。変圧器 A のタップ位置を "3" にした場合，変圧器 B の適切なタップ位置を答えなさい。

解法と解説 設問の変圧器に返還負荷法を適用する場合，必要な差電圧 ΔV[%] の値は，上記の(10・5)式を適用して，次式で求まります。

$$\Delta V[\%] \leq \%Z_A + \%Z_B[\%] = 7.5 + 7.5[\%] = 15.0[\%] \tag{1}$$

設問の変圧器の電圧調整用のタップ数は，1相当たり21個ですから，"タップの**間隔数は20間隔**"です(**21間隔ではないことに注意！**)。そして，昇圧側と降圧側を合わせた全調整幅は20[%]ですから，1間隔当たりの調整電圧値は1.0[%V/Tap間隔]です。(1)式で求めた差電圧を15.0[%]以下に調整するためには，タップ位置に15間隔分以下を設けます。題意により変圧器Aのタップ位置は"3"ですから，変圧器Bのタップ位置の限度を"18"に選定します。

試験を安全に実施するために，最初は両変圧器をタップ3に揃えておき，両変圧器の二次側の電流計にてI_C[A]の値を確認しつつ，変圧器Bのタップ位置を"3"から"18"に向けて慎重に，かつ徐々に操作していきます。

ここで余談話になりますが，前述の自動運転監視装置が，「タップ差を正しく検出し，"タップずれ"の警報音の吹鳴と故障表示が行われる」ことの試験も同時に実施し，その試験結果を温度上昇試験記録書の備考欄に記録しておきます。

例題 2

図1に示すように，定格容量が互いに等しい2台の負荷時タップ切換変圧器(LRT)があり，二次側の共通負荷へ$1.2 - j0.4$[pu]の遅れ力率の負荷へ電力を供給している。その状態で運用中に，タップ位置がLRT-Aは4に，LRT-Bは9になったとき，各LRTの二次側の点で分担する有効電力[pu]，並びに無効電力[pu]の値及び進相，遅相の別を答えなさい。ただし，両LRTのタップ調整幅は定格電圧の24[%]であり，13タップで構成している。また，LRTの自己容量基準の%漏れX値は共に6.0[%]で抵抗分は無視し，上記以外の定数も全て無視できるものとする。

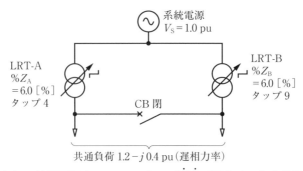

図1 並列運転中のLRTにタップずれが発生時の負荷分担

解法と解説 電験第二種級の難易度の問題ですが，電験第三種の受験者に理解

できるように解説します。前述のとおり[V][A][Ω]単位法の全ての法則や定理を，%Z法に適用可能なため，設問の図1に"**重ね合わせの定理**"を適用し，次の**図2**と**図3**に分けて解きます。図2は，タップずれによる**差電圧 ΔV を生じていないとき**の共通負荷の負荷分担の図です。題意により両LRTの%X値が等しいため，**平等に** $0.6-j0.2$[pu] **ずつ分担**し，"負の虚数"は**遅相**無効電力です。

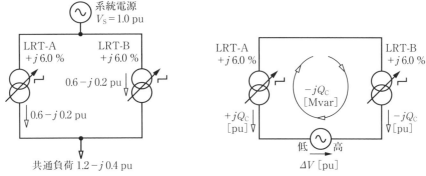

図2　$\Delta V=0$ のときの負荷分担　　図3　ΔV による無効横流分

次に，図3によりタップ差による差電圧 ΔV[pu]を電源として，両LRT間を循環する無効横流分を求めます。ここで，LRTのタップ位置を**若番側**に調整すると，その二次側電圧は**低く**なります。反対に，**老番側**に調整すると，二次側電圧は高くなります。タップ位置は，題意によりLRT-Aが4，LRT-Bが9ですから，図1のCBを開いた状態の二次側電圧は，LRT-Bの方が相対的に高電圧になります。その状態で図1のCBを閉じると，**美空ひばり**の定理に基づいて，(高所から低所に向かって**川が流れるように**)高電圧のLRT-B二次側から，低電圧のLRT-A二次側に向かって，**遅相**無効電力の $-jQ_C$ が循環します。この $-jQ_C$ を，LRT-Aの二次側の有効電力と同じ方向に等価変換して表すと，図3に示すように**進相**無効電力の $+jQ_C$[pu]で表せます。この無効電力の進相，遅相の表現は，有効電力と同じ向きに等価変換して表すことが，電気工学の原則です。

さて，本論に戻って，題意によりLRTの設備タップ数は13ですから，タップ間隔数は12間隔です(くれぐれも，13間隔と誤解しないように注意！)。その12間隔分の電圧調整タップにより，定格電圧値の24[%]を調整しますから，タップ1間隔当たりの電圧調整値は2[%V/Tap間隔]です。題意により5間隔分のタップ差がありますから，図3の差電圧 ΔV は $10[\%]=0.1$[pu]になります。以上の各数値を，次の再掲(10・3)式に適用して，図3の $-jQ_C$ の値を求めます。

$$\dot{I}_\mathrm{C}[\mathrm{pu}] = \frac{\dfrac{\Delta \dot{V}[\%]}{100[\%]}}{\dfrac{\%\dot{Z}_\mathrm{A}[\%]}{100[\%]} + \dfrac{\%\dot{Z}_\mathrm{B}[\%]}{100[\%]}} = \frac{\Delta \dot{V}[\%]}{\%\dot{Z}_\mathrm{A}[\%] + \%\dot{Z}_\mathrm{B}[\%]} \qquad \text{再掲}(10\cdot3)$$

この再掲(10·3)式は，循環電流 $I_\mathrm{C}[\mathrm{pu}]$ を表す式ですが，この値に電源電圧の $1[\mathrm{pu}]$ を乗算すると，無効横流 $Q_\mathrm{C}[\mathrm{pu}]$ を表す式になります。その結果，循環電流 $I_\mathrm{C}[\mathrm{pu}]$ と無効横流 $Q_\mathrm{C}[\mathrm{pu}]$ とを同じ式で求められるのです（これが $\%Z$ 法の特徴です！）。さて，本論に戻って，題意により再掲(10·3)式の $\%Z$ の抵抗分を無視して，$\%X$ 分のみとしますから，図3の無効横流 $Q_\mathrm{C}[\mathrm{pu}]$ は次式で求まります。

$$Q_\mathrm{C}[\mathrm{pu}] = \frac{\Delta V[\%]}{\%X_\mathrm{A}[\%] + \%X_\mathrm{B}[\%]} = \frac{10[\%]}{+j6+j6[\%]} = -j\,0.833\,3[\mathrm{pu}] \qquad (1)$$

この(1)式の解に付記した"**負の虚数符号**"は，遅相無効電力を意味しており，前述の**美空ひばりの定理**により，高電圧地点から低電圧地点に向かって流れる無効電力は，**遅相**であることの理論的根拠なのです！

LRT-A の二次側には，図2に示した $0.6-j\,0.2[\mathrm{pu}]$ が流れており，これに重なるようにして，図3のように"(1)式に示した逆符号の $+j\,0.833\,3[\mathrm{pu}]$"が加わるので，両者を合成した値は $0.6+j\,0.633\,3[\mathrm{pu}]$ になります。よって，設問の答は，有効電力が $0.6[\mathrm{pu}]$，無効電力は進相の $0.633[\mathrm{pu}]$ です。LRT-A の皮相電力値は，ピタゴラスの定理を応用して $0.872[\mathrm{pu}]$ と求まり，過負荷状態ではありません。

次に LRT-B の二次側には，図2に示した $0.6-j\,0.2[\mathrm{pu}]$ に重なるようにして，図3に示した $-j\,0.833\,3[\mathrm{pu}]$ が加わるため，両者の合成値は $0.6-j\,1.033\,3[\mathrm{pu}]$ となります。よって設問の答は，有効電力が $0.6[\mathrm{pu}]$，遅相無効電力が $1.033[\mathrm{pu}]$ と求まります。この LRT-B の二次側を通過する皮相電力値は，ピタゴラスの定理を応用して $1.195[\mathrm{pu}]$ となり，$19.5[\%]$ の過負荷状態です！

電気のおもしろ小話 循環電流 I_C を無効横流という理由

特別高圧の変圧器の漏れ $\%Z$ 値は，$\%R$ 分が小さいため，$+j\%X$ 分のみの計算で十分な実用精度が得られます。そのため，差電圧 ΔV を基準にして，循環電流 I_C はほぼ遅れ90度の位相で流れ，その I_C の正体は無効電力です。一般的な単線結線図は，上方に電源を，下方に負荷設備を，そして変圧器は紙面のほぼ中央に横に並べて描くことが多いため，"**横位置に描いた変圧器相互間に流れる無効電力**"という意味で"**無効横流**"と言うことがあります。図面の配置都合等により，変圧器を縦方向に並べて描くことが稀にありますが，その場合も慣例により"無効横流"と言います。

講義 11

実務的な 3 相短絡故障電流の計算法

1. 短絡故障と地絡故障の相違

図 11・1 に，三相 3 線式の電力回路の故障種別の概要を示します。

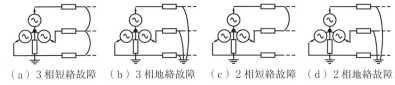

　(a) 3 相短絡故障　(b) 3 相地絡故障　(c) 2 相短絡故障　(d) 2 相地絡故障

図 11・1　三相 3 線式電力回路の故障種別

(a)図は 3 相短絡故障を示し，故障点は大地と電気的に絶縁された状態です。その一例として，台風襲来時に金属製トタンが架空送電線路の横方向から張り付き，3 相分(3 線分)の電力線が空中にて接触し，径間短絡故障を生じた場合が該当します。一方，(c)図に示すように，2 相分(2 線分)の電力線が大地と絶縁状態で短絡故障を生じた場合には "2 相短絡(又は 2 線短絡)" の故障と言います。

3 相地絡(又は 3 線地絡)の故障は，(b)図に示すように故障点が大地と電気的に繋がった状態の故障です。その一例として，架空地線に雷撃を受け，雷サージが架空地線上を鉄塔まで進行し，塔頂から鉄塔脚を経由して大地へ巨大な雷サージ電流が流れるとき，鉄塔電位が異常に上昇します。その際に，碍子の腕金側と電力線側の間に非常に大きな電位差が現れ，3 相分の碍子に逆閃絡を生じた故障が "3 相地絡故障" です。その碍子表面はアークで繋がっているため，電力線は腕金と鉄塔脚を経由して大地に繋がった状態です。また，(d)図に示すように，地絡故障の相数が 2 相の場合を 2 相地絡(又は 2 線地絡)の故障と言います。

電力系統の故障統計によりますと，3 相故障のうち約 90 ％以上は雷害による 3 相地絡故障であり，3 相短絡故障の発生はきわめて稀です。しかし，(保護継電器の専門技術者以外の)多くの人達は，従来の習慣により 3 相地絡故障と 3 相短絡故障とを総称して "3 相短絡故障" として表すことが多いため，本書もその習慣に合わせて "3 相短絡故障" と表記しました。

ただし，送電線路の故障巡視の際には，両者を区別しています。系統故障の自

動記録装置に，故障発生直後の零相分電圧 V_0，零相分電流 I_0 が記録されていれば地絡故障であるため，保守員へ"碍子部分を主体にした巡視"を指示します。一方，V_0, I_0 が全く現れていなければ，径間短絡故障であるため，"径間の電力線の素線切れの有無の巡視"を指示します。このケース以外は，3相地絡と3相短絡の故障電流の値に大差がないため，区別する必要性は少ないのです。

次の図 11·2 に示す平行2回線の架空送電線路において，電力線に地絡故障を生じた相名が，1号線はA相とB相，2号線はB相とC相の場合は，2回線を総合した故障相数は"3相"であり，故障した電力線の総数は"4線"ですから，保護継電器の専門技術者は"3相4線の地絡故障"と表現しています。

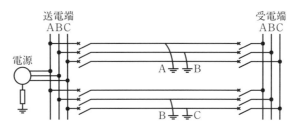

図 11·2　平行2回線送電線の3相4線地絡故障の例

しかし，この第1編は，基礎的な事項を主体にした内容ですから，上記のような厳密な区別はしていません。なお，本書籍の第2編の"対称座標法"は，故障様相がテーマですから，短絡故障と地絡故障を正確に区別し，かつ，3線故障，2線故障，1線故障を正確に区別して解説してあります。

2. 送電線路の抵抗分を考慮した技術計算法

前の講義までは，電力系統の送電線路の%インピーダンス(%Z)のうち，抵抗分(%R分)を無視し，作用リアクタンス分(%X分)のみの簡易計算方法を主に解説してきました。その計算方法でも，66 kV 以上の架空送電線路の場合は，%Zのうちの%R分が小さいため，多くの場合に実用精度の解を得られます。

しかし，この第2項で解説する 6.6～33 kV の架空送配電線路の%Z値は，%R分に対して%X分の値が約1～2倍の設備が多いです。そのような特性になる理由は，次のとおりです。6.6～33 kV の架空送配電線路は，電力線の導体断面積が小さいものが多く，1 km 当たりの%R値が大きいです。一方，電力線の導体相互間の離隔距離が小さいため，1 km 当たりの%X値が小さいです。その結果，6.6～33 kV の架空送配電線路の技術計算の解に実用精度を得るためには，

%R 分を無視した計算法は適切ではないことが多いのです。

この第2項では，上述の架空送配電線路の特性の実態に合わせて，%R 分も加味した"実務的な計算法"を解説します。ここで重要事項の確認をします。それは，交流回路を計算する際の4要素は，電圧，電流，皮相電力，Z ですが，**その全てがベクトル量**であるため，**ベクトル計算式**で表す必要があり，数式には"ドット記号"を付記して表し，関数電卓を使用して解を求めます。

例題1

図1に示す 33 kV の送電線路の F 点にて3相短絡故障を生じたとき，その F 点に流れる故障電流[A]の値と，相電圧を基準位相にした故障電流の位相角を答えなさい。ただし，発電機の定格電圧値は 11 kV，定格容量値は 10[MV·A]，自己容量基準の故障発生直後の %X_G の値は 20[%]である。また，発電所の変圧器の定格電圧値は，一次側が 11 kV，二次側が 33 kV，定格容量値は 10[MV·A]，自己容量基準の %漏れ X_T の値は 5[%]である。さらに，変圧器から F 点までの 10[MV·A]基準の %Z_L の値は，抵抗分の %R_L が 50[%]で，作用リアクタンス分の %X_L は 50[%]である。そして，発電機及び変圧器の抵抗分は無視して %X 分のみを考慮し，その他の定数も全て無視できるものとする。

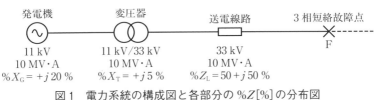

図1 電力系統の構成図と各部分の %Z[%] の分布図

解法と解説　%Z 法により技術計算を行う際には，まず初めに"解答者が，**統一基準容量値**を任意に定めて，全ての %Z[%] 値をその統一基準容量値に**換算**する"ことが必要です。しかし，この設問は全ての %Z[%] 値が 10[MV·A] を基準にした値であるため，統一基準容量への換算は不要です。この設問で，3相短絡電流 I_{3S}[A] の値を求めるように指定された故障点 F の公称電圧値は 33 kV ですから，基準電圧値も 33[kV]に定めます。送電線の %Z のうち"作用リアクタンス分"とは，設問の3線短絡故障時に"電気回路に作用するリアクタンス分"の意味です。この問題を解く手順は次のとおりです。

手順1　基準容量値が 10[MV·A]，基準電圧値が 33 kV ですから，基準電流

$I_n[\text{A}]$ の値は次式で求まります。

$$I_n[\text{A}] = \frac{10[\text{MV}\cdot\text{A}]}{\sqrt{3}\times 33[\text{kV}]} = 174.96[\text{A}] \tag{1}$$

手順2 発電機からF点までの直列合成の $\Sigma\%Z[\%]$ 値を，次式で求めます。

$$\Sigma\%\dot{Z} = 50 + j(20+5+50) = 50 + j\,75[\%] \tag{2}$$

ここで，ベクトル量の乗除算を能率的に行うために**オイラーの定理**を応用して，**図2**の左側の**直交座標表示**の値を，右側の**極座標表示**の値に変換します。

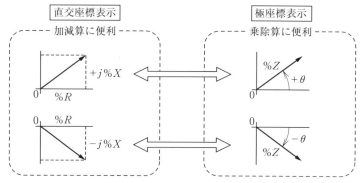

図2　直交座標表示と極座標表示の相互変換

オイラーの定理 $\begin{cases} R \pm jX = \dot{Z} \angle \pm\theta & (3) \\ |Z| = \sqrt{R^2+X^2},\quad \pm\theta = \tan^{-1}\dfrac{\pm X}{R} & (4) \\ R = |Z|\cos(\pm\theta),\quad X = |Z|\sin(\pm\theta) & (5) \end{cases}$

$$\Sigma\%\dot{Z} = \sqrt{50^2+75^2}[\%] \angle \tan^{-1}\frac{+75}{50} = 90.14[\%] \angle +56.31[°] \tag{6}$$

(6)式の解の**正値**の位相角は**進み角**ですから，図2の上側のベクトルに相当します。皆さんも，進み角を表す+符号を省略せずに必ず付記してください。

手順3 基準電流値 $I_n[\text{A}]$ に対して，3相短絡故障電流 $I_{3S}[\text{pu}]$ の値が何倍の大きさかを，次のベクトル計算式で求めます。

$$\dot{I}_{3S} = \frac{100[\%]}{\%\dot{Z}_S[\%]} = \frac{100[\%]}{90.14[\%] \angle +56.31[°]}[\text{pu}] \tag{7}$$

ここで，(7)式の分母の位相角を分子へ移項するときに，その±符号を反転させて，次式のように展開します。

$$\dot{I}_{3S} = \frac{100}{90.14}[\text{pu}] \angle -(+56.31)[°] = 1.1094[\text{pu}] \angle -56.31[°] \tag{8}$$

(8)式の解の"**負値の位相角**"の意味は,"I_{3S}[pu]は電源の相電圧に対して**遅れ** 56.31[°]の位相角で流れる"ことを表しています。この場合の負符号も省略せずに,必ず付記しなければなりません。

手順4 (8)式の解の1.109 4[pu]の意味は,3相短絡故障電流I_{3S}の値が"基準電流I_nの1.109 4[倍]の大きさ"であることを表しています。このI_{3S}の[pu]単位を,次式により[A]単位に変換します。

$$\dot{I}_{3S}[A] = I_n[A] \times \dot{I}_{3S}[pu] = (174.96) \times (1.109\,4\angle -56.31) \tag{9}$$

$$= (174.96 \times 1.109\,4)[A] \angle -56.31 \fallingdotseq 194.1[A] \angle -56.3[°] \tag{10}$$

(10)式の解の"位相角の**負値**"は,"相電圧を基準位相にして,56.3[°]の**遅れ角の電流**"を表しています。

先に講義06の例題1で解いた"抵抗分を無視した**簡易計算法**"による解答のベクトル図を,次の**再掲図6·2**に示します。また,この例題1の"抵抗分を考慮した**実務計算法**"による解答のベクトル図を,次の**図3**に示します。この二つのベクトル図の中の"電流の位相角"を相互に見比べてください。

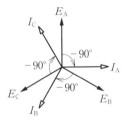

再掲図6·2　90[°]遅れ位相の3相短絡電流のベクトル図

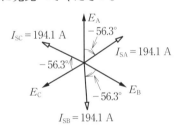

図3　実務計算法の解答

電気のおもしろ小話　**無効電力の方向は,美空ひばりの定理で考える**

筆者が個人的に名付けたこの定理は,電圧・無効電力の重要現象を表しています。高所から低所に向かって,美空ひばりの歌詞のように川は流れます。同様に,**図1**の高電圧側から低電圧側へ,川が流れるように**遅相無効電力**$-jQ$が流れます。ここで,力率の進相・遅相は有効電力Pと同方向の無効電力の種別で表現します。そのため,図1のQの方向と±符号を逆にして,**図2**の進相無効電力で表し,これはヘリウムガスのように低電圧側から高電圧側へ移動します。

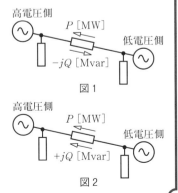

─例題2─

図1に示す系統図の連絡用遮断器(CB)を閉じて地中送電線と架空送電線とをループ状にして運用したとき,それぞれの送電線の受電端における皮相電力 S_A,及び S_B の中の<u>無効電力[kvar]の値</u>を,<u>進み,遅れの別</u>を付記して小数点以下1位までの値で答えなさい。ただし,受電端の需要電力値は $1.0[\text{MW}]+j0[\text{Mvar}]$ であり,図の $\%\dot{Z}_A$,及び $\%\dot{Z}_B$ は,全て同じ基準容量値[MV·A]で表しており,その他の定数は全て無視できるものとする。

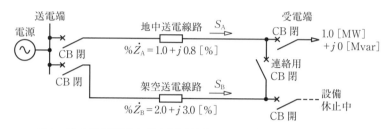

図1 地中送電線路と架空送電線路をループ状で運用した系統図

解法と解説 この例題2と同じ現象は,一般送配電会社の系統内に発生しています。また,需要家の構内に施設する配電設備にも発生しています。そのため,「需要設備の総合力率を<u>100[%]</u>に自動調整しているのに,なぜ二つのルートの受電端のそれぞれに<u>無効電力が流れる</u>のですか?」という質問を,筆者は数多く受けてきました。また,系統技術基礎講習会の受講生達に,この種の問題を出題した際にも,「受電端で消費する無効電力が0[Mvar]ですから,計算するまでもなく,二つのルートは共に0[kvar]です。」と,多くの受講生が誤って解答していました。皆さんは,以下の解説をよく理解し,正しい解法を習得してください。

さて,話を戻して,この問題は先の"講義09"の"例題3"にて,<u>%Rと%Xの比率が異なる2台の変圧器の並列運転時の負荷分担の計算法</u>を解説しましたが,その変圧器の%Zを送電線の%Zに代えて,<u>同じ方法で解くことができま</u>す。この例題2も,"二つの送電ルートの電圧降下値が互いに等しい"ことを応用して,**ベクトル計算式**により解くことができます。これ以後の数式は,大変に長く見にくいため,%Zの[%]単位と[°]単位の記入を省略して表します。

初めに,送電線路の $\%\dot{Z}_A$,及び $\%\dot{Z}_B$ の値を,<u>ベクトルの乗除算を能率的に行うため</u>,オイラーの定理を応用し,次式にて絶対値と位相角で表す<u>極座標表示の値</u>に変換しておきます。

$$\%\dot{Z}_A = 1.0 + j\,0.8 = \sqrt{1.0^2 + 0.8^2} \angle \tan^{-1}\frac{+0.8}{1.0} = 1.280\,62\angle +38.660 \tag{1}$$

$$\%\dot{Z}_B = 2.0 + j\,3.0 = \sqrt{2.0^2 + 3.0^2} \angle \tan^{-1}\frac{+3.0}{2.0} = 3.605\,6\angle +56.310 \tag{2}$$

この$\%\dot{Z}_A$と$\%\dot{Z}_B$の並列合成値を$\Sigma\%\dot{Z}$で表し，次式で求めます。

$$\Sigma\%\dot{Z} = \frac{\%\dot{Z}_A \times \%\dot{Z}_B}{\%\dot{Z}_A + \%\dot{Z}_B} = \frac{(1.280\,62\angle +38.660) \times (3.605\,6\angle +56.310)}{(1.0 + j\,0.8) + (2.0 + j\,3.0)} \tag{3}$$

(3)式の分子の乗除算は<u>極座標表示値</u>で，分母の加減算は<u>直交座標表示値</u>で表すことが要領よく計算するコツです。以下，$\Sigma\%\dot{Z}$の計算を続けます。

$$\Sigma\%\dot{Z} = \frac{(1.280\,62 \times 3.605\,6) \times \angle(+38.660 + 56.310)}{(1.0 + 2.0) + j(0.8 + j\,3.0)} \tag{4}$$

$$= \frac{4.617\,4\angle +94.970}{3.0 + j\,3.8} = \frac{4.617\,4\angle +94.970}{\sqrt{3.0^2 + 3.8^2} \angle \tan^{-1}\frac{+3.8}{3.0}} \tag{5}$$

$$= \frac{4.617\,4\angle +94.970}{4.841\,5\angle +51.710} = \frac{4.617\,4}{4.841\,5}\angle(+94.970 - 51.710) \tag{6}$$

$$= 0.953\,71\angle +43.260 \tag{7}$$

次に，地中送電線ルートの電圧降下値と，2ルート合成分の電圧降下値とが互いに等しいことを，次式で表し，その式を展開します。

$$\%\dot{Z}_A \times \dot{S}_A = \Sigma\%\dot{Z} \times (\dot{S}_A + \dot{S}_B) \tag{8}$$

$$\therefore \dot{S}_A = \frac{\Sigma\%\dot{Z}}{\%\dot{Z}_A} \times (\dot{S}_A + \dot{S}_B) = \frac{0.953\,71\angle +43.260}{1.280\,62\angle +38.660} \times (1.0 + j\,0) \tag{9}$$

$$= \frac{0.953\,71}{1.280\,62}\angle(+43.260 - 38.660) = 0.744\,73\angle +4.600 \tag{10}$$

$$= (0.744\,73 \times \cos(+4.600)) + j(0.744\,73 \times \sin(+4.600)) \tag{11}$$

$$= 0.742\,33[\mathrm{MW}] + j\,0.059\,73[\mathrm{Mvar}] \tag{12}$$

$$\fallingdotseq 742.3[\mathrm{kW}] + j\,59.7[\mathrm{kvar}] \tag{13}$$

次に，架空送電線ルートの皮相電力S_Bの値を，次式で求めます。

$$\dot{S}_B = (\dot{S}_A + \dot{S}_B) - \dot{S}_A \tag{14}$$

$$= (1\,000 - j\,0) - (742.3 + j\,59.7) = 257.7[\mathrm{kW}] - j\,59.7[\mathrm{kvar}] \tag{15}$$

以上の計算の結果，<u>地中送電線路に進相の59.7[kvar]</u>が流れ，同時に<u>架空送電線路に遅相の59.7[kvar]</u>が流れる，が正解です。

この現象は，<u>$\%R$と$\%X$の比率が異なる</u>二つの送電線路により**ループ状**を構成

して運用するときに,受電端に**有効電力**のみを消費する需要設備を接続すると,ループ状の中を**無効電力**が**環流**して現れることを示しています。

このようなループ状の構成にて,例題2の受電端の有効電力需要を,図2の電力用コンデンサ(SC)が消費する進相無効電力の$+jQ_{SC}$[Mvar]に置き代えてみます。その結果,図3に示すS_Aの実軸分の$-P_C$は,図2のS_Aの矢印の反対方向に流れます。また,図3に示すS_Bの実軸分の$+P_C$は,図2のS_Bの矢印と同方向に流れ,$-P_C$と$+P_C$の和は0[MW]ですから,ループ状に環流しています。

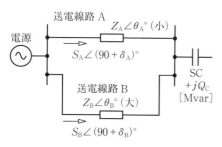
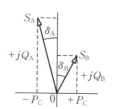

図2 電力用コンデンサの供給ルート図

図3 ループ間を環流する有効電力P_C

特別高圧受電の需要家の構内に,図2に示す構成の負荷端に進相無効電力の消費設備であるSCのみを接続すると,(SCの誘電体損は小さく,無視が可能として)有効電力[kW]は2ルート分の合計値で相殺されますが,それぞれのルートごとに送・受電の電力値をデータロガーで記録すると,負荷端には発電設備がないのに,電源側に向けて有効電力を送電する記録が,片側ルートに現れます。

3. 複数の電源が存在する系統の3相短絡故障電流の計算法

これまでに述べてきた電力系統の電源は,"1箇所に集約して表した単純な構成"でしたが,この第3項では実際の系統構成を反映して,複数電源で構成した系統の平行2回線構成の送電線路の3相短絡故障電流の計算法を解説します。

例題3

次の図1は,ある系統の%Z[%]の分布状況を示し,図中の各%Z[%]の値は,全て次のように表示してある。

(1) %Z[%]値は,全て10[MV·A]を基準容量にして表した値である。

(2) %Z[%]の抵抗分は全て無視が可能であり,リアクタンス分のみを考慮し,$+j$の虚数記号はスペースの都合によりその記入を省略してある。

(3) D発電所以外のA～Cの各発電所の発電機Ⓖの$\%Z_G[\%]$は，1台の発電機と1台の昇圧用変圧器を直列に合成した$\%Z$値を示す。
(4) 発電所，及び変電所の各変圧器の漏れ$\%Z_T[\%]$値は，1台分を示す。
(5) 送電線路の$\%Z_L[\%]$の値は，全て1回線分の値を示す。

図1のG変電所とH変電所の間を連繋する2回線送電線路の2号線のF点で3相短絡故障が発生したとき，G変電所の1号線及び2号線の引出口から送電線側に向けて供給する故障電流[kA]の値，並びにH変電所の1号線及び2号線の引出口から送電線側に向けて供給する故障電流[kA]の値，さらに故障点の故障電流[kA]の値を求めなさい。

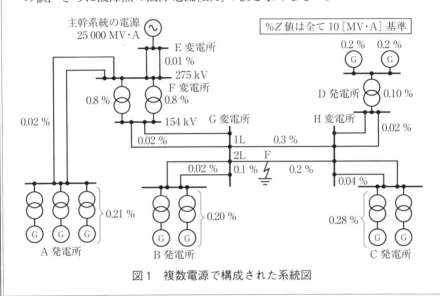

図1　複数電源で構成された系統図

解法と解説　この種の計算は，G変電所の背後電源(図の左側電源)の合成$\%Z[\%]$値と，H変電所の背後電源(図の右側電源)の合成$\%Z[\%]$値を求めることから始めます。その手順は，"故障点Fから**電気的に遠い箇所から，順次F点に向かって，直・並列計算により合成値を求める**"という方法が定石です。

次ページの**図2**は，その定石に従って，故障点Fから電気的に遠い箇所の○印の位置から矢印の方向の合成$\%Z[\%]$値を求め，図中に記入したものです。さらに，その途中の合成値を使用して，順次F点の方に向かって移動しながら，○印の矢印方向の合成$\%Z[\%]$値を求めます。その計算結果を，**図3**の中に書き入れましたから，皆さんも電卓にて確認してください。

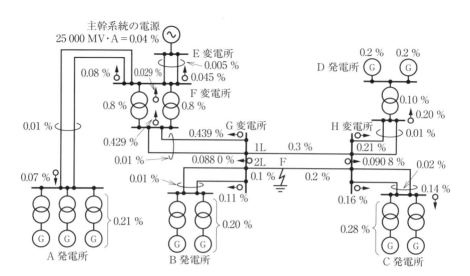

図2　F点から遠い箇所から順次，合成%Z値を求めて⚑の近傍に記入した図

図2のG変電所，及びH変電所のそれぞれの背後電源の合成%Z[%]値，並びに両変電所間の平行2回線送電線路の%Z_L[%]の構成を，次の図3に示します。

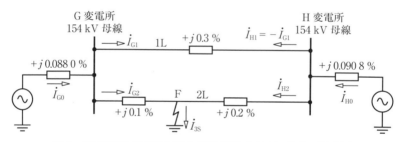

図3　両変電所の背後電源と送電線路の各%Z[%]の構成図

この図3に，"**重ね合わせの理**"を適用して解きます。もしも，故障点Fに流れる電流値のみを求める問題ならば，送電線2回線部分の%Z_Lを"△⇒Y変換"して解いた方が，簡単で早く解が求まります。

しかし，故障計算の主目的は"送電線保護継電器の入力電圧，電流のベクトルを求め，継電器の応動を検討すること"が大半ですから，この設問のように送電線路引出口の1Lと2Lの各電流ベクトルが必要です。それらの解を得るためには"△⇒Y変換法"では不可能であり，"重ね合わせの理"を適用します。

図3のG変電所の背後電源の$+j0.0880$[%]，及びH変電所の背後電源の$+j0.0908$[%]は，それぞれの母線から末端の発電機までの合成%Zの値です。

電源が複数個ある電力回路の故障計算は大変に複雑ですが，電源が一つのみならば簡単に解けます。そのため，図3に示した2電源回路に"重ね合わせの理"を適用して，次の**図4**に示す"G変電所の背後電源のみの電力回路"と，後に**図5**で示す"H変電所の背後電源のみの電力回路"の二つに分割します。そして，母線から送電線路に向かって流出する電流を I_{G1}, I_{G2}, I_{H1}, I_{H2} とし，図4にはワン・ダッシュを付記し，図5にはツー・ダッシュを付記してそれらの電流値を算出します。

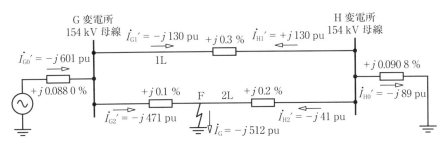

図4　図3を基に，G変電所の**背後電源のみ**の故障電流の分布図

　この図4を描くときに，次の**注意**が必要です。それは，G変電所の背後電源の一つのみを残し，その他の電源(図4の場合はH変電所の背後電源)は電源記号をインピーダンス記号に置き換え，かつ，元の背後電源の%Z値を付記しておくことです。この処理を忘れて，背後電源の全部を消去したままにしておくと，確実に誤答になってしまいます。図4の各電流値の解を，図中に記入しましたので，皆さんも各電流値を確認してください。その解を求めるヒントをp.75に示します。同様に，次の図5もH変電所の背後電源のみの1電源回路にして，4つの電流解の値を記入しました。

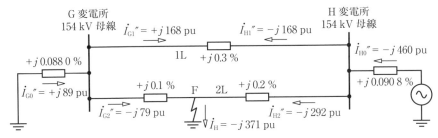

図5　図3を基に，H変電所の**背後電源のみ**の故障電流の分布図

図4と図5に示した各電流値の解を，電流方向も加味して重ね合わせた結果を，次の図6に示しました。

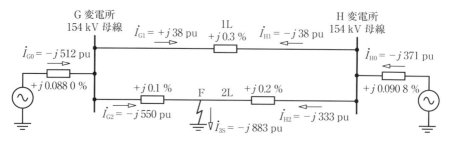

図6　図4と図5の電流値を重ね合わせた結果を表す電流分布図

以上の計算は，基準容量値が10[MV・A]，基準電圧値が154[kV]ですから，基準電流値I_n[kA]の値は次式で求まります。

$$I_n = \frac{10[\text{MV·A}]}{\sqrt{3} \times 154[\text{kV}]} = 0.0375[\text{kA}] \tag{1}$$

両変電所から各送電線路に向かって流出する[kA]単位の電流値は，それぞれ次のように求まります。

G 変電所の 1 L	$\dot{I}_{G1} = 0.0375 \times (+j38) = +j1.43[\text{kA}]$	(2)
G 変電所の 2 L	$\dot{I}_{G2} = 0.0375 \times (-j550) = -j20.63[\text{kA}]$	(3)
H 変電所の 1 L	$\dot{I}_{H1} = 0.0375 \times (-j38) = -j1.43[\text{kA}]$	(4)
H 変電所の 2 L	$\dot{I}_{H2} = 0.0375 \times (-j333) = -j12.49[\text{kA}]$	(5)
故障点 F の電流	$\dot{I}_{3S} = 0.0375 \times (-j883) = -j33.11[\text{kA}]$	(6)

以上で，各故障電流値が全て求まりました。

次に参考として，線路保護用の短絡方向距離継電器（DZリレー）の応動を検討するため，母線に現れる線間電圧値を求めてみましょう。その電圧情報は，変電所の母線に施設した計器用変圧器（VT）から供給されます。

先の図6に示したG変電所の背後電源の%Z値は$+j0.0880$[%]であり，そこに$-j512$[pu]の故障電流が流れるため，"両者の積"はその背後電源の%Zによる**電圧降下値**を表します。DZリレーの電圧入力は，G変電所の母線電圧値V_Bであり，次式にて求まります。

$$V_B = 1.0[\text{pu}] - \frac{+j0.0880[\%]}{100[\%]} \times (-j512[\text{pu}]) = 0.549[\text{pu}] = 84.6[\text{kV}] \tag{7}$$

同様に，H変電所の母線の線間電圧値V_Hは，次のように求まります。

$$V_H = 1.0[\text{pu}] - \frac{+j\,0.090\,8[\%]}{100[\%]} \times (-j\,371[\text{pu}]) = 0.663[\text{pu}] = 102.1[\text{kV}] \quad (8)$$

この例題も各部の%Z値の抵抗分を無視して計算したため，(7)式，(8)式で求めた電圧を基準位相にして，**短絡電流は90[°]の遅れ位相**で流れます。そのため，変電所に施設したDZリレーは，母線からF点までの距離を90[°]進み位相の**誘導性リアクタンス**と判定します。そして，DZリレーの保護範囲を定める整定値は，次の**図7**のX1とX2で表す誘導性リアクタンス値で決めています。そのうち，X1は第1段リアクタンス要素と言い，相手変電所の母線までの線路X値の約0.85倍に整定します。X2は第2段リアクタンス要素と言い，線路X値の約1.3倍の長さに整定し，かつ，時限要素と組み合わせて使用します。X1及びX2の要素は，図7に示した水平線から下側が動作領域のため，後方故障にも応動します。そのため，前方故障のみに応動するD要素（方向要素）をAND条件にして，遮断器へ引き外し指令を送出します。図7のD要素をモー特性と言い円形で表しますが，平行四辺形で表す特性のDZリレーも使用されています。

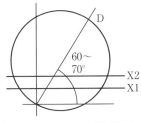

図7　DZリレーの構成要素

── **図4の各電流値を求めるヒント** ──

p.72の図3に"重ね合わせの理"を適用し，二分割した1電源の図のうち，G変電所の背後電源のみの図は，下図のように各%Z要素を並べ換え，①から④の順に%Zの直並列計算を行うと，容易に電流解が求まります。H変電所の背後電源のみの電流解も，同様の方法で容易に求まります。

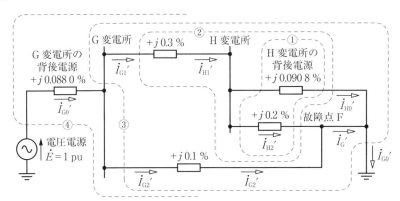

解法の解説図　p.73の図4を基にしてG変電所の背後電源のみとした回路図

講義 12

実務的な電圧降下率と電圧変化率の計算法

 この講義では，系統の電圧運用面で特に重要な"電圧降下率"，及び調相設備の開閉操作に伴う"瞬時電圧変化率"の計算法を解説します。

1. 電力系統の構成と系統電圧の調整概要

 次の図 12・1 にて一般的な電力系統の構成と電圧調整の方法を説明します。

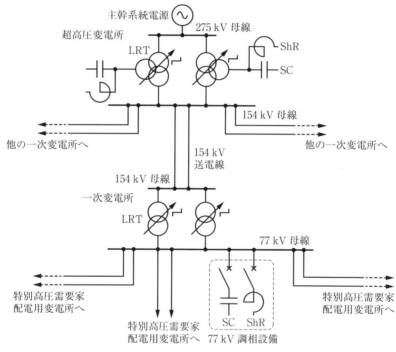

図 12・1　系統構成と電圧調整設備（一例）

 この図の変圧器や送電線に流れる電力潮流は，図 12・2 に示す日負荷曲線に沿って時々刻々と変化するため，変圧器や送電線部分の電圧降下値も時々刻々と変化しています。しかし，交流系統は一定電圧値で運用することが好ましいため，系統電圧，及び系統電圧と密接な関係がある調相設備の自動調整を行っています。

図中の超高圧変電所に負荷時タップ切換変圧器(LRT)を施設し，二次側の154 kV母線(154 kV送電線路の送電端)の電圧が制御目標値の範囲以内に収まるように，自動電圧調整継電器によりLRTのタップ位置を自動調整しています。そのタップ位置が，調整幅の上限，又は下限でない限り，二次側154 kV母線の電圧値は，制御目標電圧値の範囲以内に収まっています。

その154 kV母線から図の一次変電所に向けて，154 kVの2回線送電線で電力を供給しており，その一次変電所にもLRTを施設してあります。そして，その二次側77 kV母線(すなわち77 kV送電線の送電端)の電圧値が，制御目標電圧の範囲以内に収まるように，この一次変電所においても同様に自動電圧調整継電器によりLRTのタップ位置を自動調整しています。

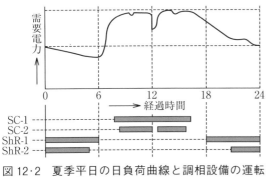

図12·2　夏季平日の日負荷曲線と調相設備の運転時間帯(一例)

さらに，図12·2に示した日負荷曲線の"大きな変化分"に合わせ，一次変電所の二次側77 kV母線に施設した電力用コンデンサ(SC)，及び分路リアクトル(ShR)の開閉器を，無効電力調整継電器又は24時間タイマにより自動的に開閉制御をしています。

その自動制御により，電源側ルートに流れる電力潮流の力率角(無効電力潮流の大きさ)を段階的に疎調整し，77 kV母線の電圧値を制御目標の範囲以内に収めています。つまり，SCやShRの**調相設備**は無効電力の**疎調整用**として運用し，**LRTタップ位置の自動制御は電圧の微調整用**として運用しています。

ここで，77 kVで受電する需要家の受電点電圧に直接影響を与える"一次変電所二次側の77 kV母線の電圧"について，次のことを考えてみます。常時は2回線で運用している154 kV送電線の1回線を，定期点検などにより計画的に運用停止する際には，"77 kV母線から電源側ルートの合成%Z[%]値が増加"します。また，常時は2～4台を並列運転している一次変電所の変圧器1台を計画停止する場合も，"77 kV母線から電源側ルートの合成%Z[%]値が増加"します。

そのように"電源側ルートの合成%Z[%]値の増加"により，"一次変電所二次側の77 kV母線の電圧"は，**重負荷時**には**電圧降下値**が大きくなり，**軽負荷**

時にはフェランチ現象による負の電圧降下，すなわち**電圧上昇**が大きく現れます。そのため，電力設備の一部停止に伴う事前検討として，"77 kV 母線の電圧値を制御目標の範囲以内に収めることが可能か否か" を確認しますが，そのときに "電圧降下値と電圧上昇値の計算" が必要になります。

その電圧検討の際の "電源側ルートの**合成 %Z[%] として扱う範囲**" の考え方が重要です。その理由は，前講義の3相短絡電流値を求める場合の "電源側ルートの %Z[%] の範囲" は，超高圧変電所の LRT 設置点からさらに電源側に存在する %Z[%] 値も含めていました。しかし，電圧降下率の計算を行う場合には，超高圧変電所の LRT タップが上・下限の位置にならない限り，二次側の 154 kV 母線の電圧値は制御目標の範囲以内に収まっていますから，<u>一定電圧値の 154 kV 母線からさらに電源側に存在する %Z[%] 値は考慮する必要がない</u>のです。そのように，"短絡故障時の計算法" と "電圧降下率の計算法" では，**電源側ルートの %Z[%] として考慮すべき範囲が異なる**ため，その使い分けが重要です。

2. 送電線路と変圧器の %Z による電圧降下率，上昇率の計算法

系統運用における実務的な電圧検討の方法は，これから解説する電圧降下率を求める公式の中に，**重負荷時**の想定最大潮流値を代入して**最大電圧降下率**[%]の値を求めます。その算出値を基にして，受電端の LRT タップが**下限位置**にならないことを確認します。次に，同じ電圧降下率の公式に**軽負荷時**の想定最小潮流値を代入し，フェランチ現象による受電端の**最大電圧上昇率**[%]を求め，受電端の LRT タップが**上限位置**にならないことを確認します。

以上に述べた両ケースにて，LRT のタップが上・下限の位置にならないことを確認できれば，"系統運用上の電圧に関して設備の一部停止は可能" と判断できます。実際の事前検討項目としては，上記の電圧の外（ほか）に，系統故障時に保護継電器が応動可能か，さらに1設備故障時に応援送電が可能かなど，総合的な検討を行っていますが，この講義では電圧の検討方法に焦点を当てて解説します。

次の**図 12·3** は，先に図 12·1 で示した系統図を基にして，電圧降下率の計算に必要な部分を抽出し，検討対象である一次変電所の 77 kV 母線から電源側に分布する各 Z[pu] を簡略化して表した系統図です。この図の中で，単位法による想定電流値 I[pu] に，基準位相の受電端電圧値 V_R[pu] を乗算した値が，受電端の皮相電力値 S[pu] です。先にも述べたとおり，交流系統は常時二次側の母線電圧 V_R を 1[pu] で運用しているため，単位法表示値の電流 I[pu] と皮相電力

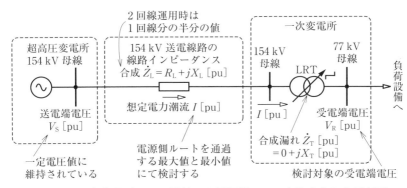

図12·3　一次変電所77 kV母線から電源側ルートを簡素化した系統図

S[pu]は同じ値です。そして，S[pu]はベクトル量ですから，基準位相の受電端電圧 V_R[pu]と同位相の成分を有効電力 P[pu]で表し，V_R[pu]と直交する成分を無効電力値として，進相を $+jQ$[pu]，遅相を $-jQ$[pu]で表します。

最大電圧降下率が発生する時間帯は，想定潮流値が最大の時間帯であり，それは**平日の昼間帯**に現れています。そのとき，図12·3の154 kV送電線路に流れる予測値の P[pu]，Q[pu]は，二次側77 kV母線に施設した電力用コンデンサ（SC）の使用状態を考慮した値を適用します。そのため，**SCを計画停止**する場合には，遅相 Q[pu]の増加による**電圧降下値過大の有無**の検討が必要です。

一方，負の電圧降下率，すなわち**電圧上昇率**が発生する時間帯は，想定潮流値が最小の**深夜早朝帯**に現れます。そのとき，図12·3の154 kV送電線潮流の予測値 P[pu]，Q[pu]は，二次側77 kV母線に施設した分路リアクトル（ShR）の使用状態を考慮した値を適用します。そのため，**ShRを計画停止**する場合には，進相 Q[pu]の増加による**電圧上昇値過大の有無**の検討が必要です。

ここで，1ルートの154 kV送電線にて，複数の一次変電所へ電力供給する場合には，送電線部分と系統変圧器部分とで異なる大きさの電力潮流が流れます。その場合の電圧降下値の計算方法は，送電線部分と系統変圧器部分を個別に求め，その両者を合成した総合の電圧降下率で評価します。

しかし，上の図12·3に示した系統構成の場合は，一次変電所へ専用の154 kV送電線で供給しているため，両者に同一の電力潮流が流れます。そのため，電源側ルート全体の合成抵抗値を R[pu]，全体の合成リアクタンス値を X[pu]として表し，次の**図12·4**に示す電圧降下のベクトル図を描くことができます。

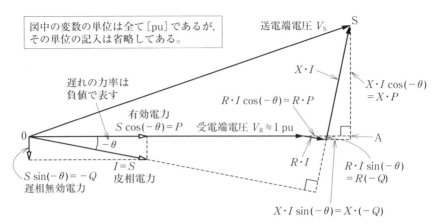

図12·4 単位法で表した電圧ベクトル図（受電端が遅相力率の場合）

これから図12·4を使用して，電圧降下率を求める公式を解説します。その公式を正しく理解していただくために，この図に示した送電端電圧 V_S と受電端電圧 V_R の関係や想定した電力潮流について，次に要点を整理しておきます。

(1) 図12·4は重潮流を想定し，電源側ルートに遅相力率の電力潮流が流れている場合を描いてあります。そのため，負荷電流 I，皮相電力 S のベクトルは，受電端電圧 V_R に対して時計方向に遅れの力率角 θ だけ回転させて描きます。その力率角は，電気工学の基本どおり，進み角は反時計方向に描き，正値の角度で表します。一方，遅れ角は時計方向に描き，負値の角度で表します。

(2) 電圧降下値の定義は，送・受電端の**電圧計の読みの差**で表します。その電圧計の読みは，ベクトル量ではなく，**スカラー量**です。したがって，電圧降下値の定義は，図12·4の送電端電圧 V_S と，受電端電圧 V_R の間の"電圧ベクトル同士の差"ではなく，"**電圧の絶対値同士の差**"で表します。

(3) "絶対値同士の電圧差"を求めるために，図12·4の V_S を斜線とする大きな直角三角形△SOAに，**ピタゴラスの定理**を適用して計算します。そのとき，系統運用の実情を踏まえ，送電端電圧 V_S の値は一定値，受電端電圧 V_R の値は電圧降下により変化すると考え，その V_S と V_R の関係式を表します。ここで，実際の受電端電圧値は一次変電所の二次側77 kV母線に施設した計器用変圧器の二次側回路に接続した電圧計で計測し，電圧監視を行っています。その一次変電所の二次側母線電圧も，

LRTタップによる電圧一定制御を行っていますから，タップが上・下限位置にならない限り，制御目標値の範囲以内に収まっています。そこで，電圧降下率の値を求めるときの"受電端電圧を考える仮想的な位置"として，一次変電所のLRTを二つの要素に分割し，電源側に変圧器本体を，負荷側にタップ切換機構を配置して考え，その両者の中間地点を仮想の受電端として電圧値を求めます。以上の仮想方法は，"もしも，受電端の変圧器にタップ切換機構がなかったならば，二次側77kVの母線電圧値は公称電圧値の何%になるか"と考えることと同じです。

(4) 図12·4に示した皮相電力S[pu]のベクトルを，受電端電圧V_R[pu]と同位相成分の有効電力P[pu]と，V_Rと直交成分の遅相無効電力$(-jQ)$[pu]の二つに分割して表示します。ここでも，電気工学のベクトル表示法に基づき，**進相無効電力は反時計方向**に90[°]回転させ，**正値**で表します。一方，**遅相無効電力は時計方向**に90[°]回転させ，**負値**で表します(市販の参考書の一部に，この無効電力の正負符号を逆に定義したものがありますから，この無効電力の符号に注意してください)。

(5) 電源側ルートの合成Z[pu]のうち，合成抵抗R[pu]による電圧ベクトルの成分は$R·I$[pu]です。そして，通常の系統電圧は約1[pu]で運用していますから，I[pu]≒S[pu]となり，$R·I$[pu]は$R·S$[pu]とほぼ同じですから，$R·S$[pu]の皮相電力Sのベクトルを，V_Rと同位相の成分と，直交する成分に分けて表します。

(6) V_Rと同位相の成分は$R·I\cos(-\theta) = R·P$[pu]ですから，これは"抵抗値R[pu]と有効電力値P[pu]との積"で表します。

(7) 一方，V_Rと直交する成分は$R·I\sin(-\theta) = R·(-Q)$[pu]で表され，これは"抵抗値$R$[pu]と遅相無効電力値$(-Q)$[pu]との積"で表します。一方，深夜早朝帯の進相無効電力値は$(+Q)$[pu]を代入します。

(8) 電源側ルートの合成Z値[pu]のうち，合成リアクタンス値X[pu]による電圧ベクトル成分は$X·I$[pu]で表され，この成分も同様に，V_Rと同位相の成分と，V_Rと直交する成分に分けて表します。

(9) V_Rと同位相の成分は$X·I\sin(-\theta) = X·(-Q)$[pu]で表され，"合成リアクタンス値$X$[pu]と遅相無効電力値$(-Q)$[pu]との積"で表されます。

(10) 一方，V_Rに直交する成分は，$X·I\cos(-\theta) = X·P$[pu]で表され，"合成リアクタンス値X[pu]と有効電力値P[pu]との積"で表されます。

前ページの(1)から(10)までに記したことを踏まえて，図12・4のV_Sを斜線とする大きな直角三角形△SOAに，ピタゴラスの定理を適用し，V_Rを用いてV_Sを次式で表します。

　　　水平線分OAの長さ $= V_R[\text{pu}] + R[\text{pu}] \cdot P[\text{pu}] + X[\text{pu}] \cdot (-Q[\text{pu}])$　(12・1)

この(12・1)式の<u>進相と遅相についての誤解が多く</u>，かつ，きわめて重要なことですから，ここで再度その要点を説明します。電源側ルートを流れる電力潮流に**"遅相無効電力"**を含む場合には，電気工学の基本ルールに従って，上の(12・1)式の中の"Qの値に**負値を代入**"しなければなりません。その結果，(12・1)式の末尾の($-Q$)の(　)内は正値になり，送電端電圧V_Sがより大きくなることを表し，結局は**電圧降下率が大きく現れる要因**になるのです。

一方，電源側ルートを流れる電力潮流に**"進相無効電力"**を含む場合には，上の(12・1)式の"Qに正値を代入"し，($-Q$)の(　)内は負値になり，それは送電端電圧V_Sがより小さくなることを表し，**電圧降下率は小さくなります**。その電圧降下率が負値で現れるケースが**フェランチ現象**であり，送電端電圧V_Sの絶対値よりも受電端電圧V_Rの絶対値の方が大きくなります。

上の(12・1)式の無効電力Qの符号は，電気工学の基本どおり**"進相は正値，遅相は負値"**で表していますが，他書の一部にQ符号を逆に定義して(12・1)式のQを正値で表したものがありますから，<u>Qの正負符号の定義に注意してください</u>。

話を本論に戻して，図12・4の中の直角三角形△SOAの垂直線成分の長さは，次式で表せます。

　　　垂直線分SAの長さ $= X[\text{pu}] \cdot P[\text{pu}] - R[\text{pu}] \cdot (-Q[\text{pu}])$　　　(12・2)

ここで，図12・4の直角三角形△SOAにピタゴラスの定理を適用し，受電端電圧V_Rの絶対値を使用して，送電端電圧V_Sの絶対値を次式で表すことができます。

　　　(斜線部分OSの長さ)^2 = (水平線分OAの長さ)^2 + (垂直線分SAの長さ)^2

(12・3)

(12・3)式の中に，上の(12・1)式の右辺と，(12・2)式の右辺を代入しますが，ここではスペースの都合により個々の変数に[pu]記号の付記を省略します。

$$(V_S)^2 = \{V_R + R \cdot P + X \cdot (-Q)\}^2 + \{X \cdot P - R \cdot (-Q)\}^2\,[\text{pu}^2] \quad (12 \cdot 4)$$

$$|V_S| = \sqrt{(V_R + R \cdot P - X \cdot Q)^2 + (X \cdot P + R \cdot Q)^2}\,[\text{pu}] \quad (12 \cdot 5)$$

先にも述べたとおり，電圧降下$\Delta v[\text{pu}]$の定義は"送電端電圧の絶対値と受電端電圧の絶対値の差分"ですから，$\Delta v[\text{pu}]$の値は次式で表せます。

$$\Delta v = |V_S| - |V_R|\,[\text{pu}] \quad (12 \cdot 6)$$

ここで，単位法で表した(12·5)式を，より実用的な式にするため，次の換算を行います。電力潮流値を表す際の基準容量として，一般送配電会社で標準的に適用している 10[MV·A]を採用し，電源側ルートに流れる有効電力値 P[pu]を P[MW]に，無効電力値 Q[pu]を Q[Mvar]に置き換えて，次の換算を行います。

$$P[\text{pu}] = \frac{P[\text{MW}]}{10[\text{MV·A}]}, \quad Q[\text{pu}] = \frac{Q[\text{Mvar}]}{10[\text{MV·A}]} \tag{12·7}$$

さらに，電源側ルートのインピーダンス Z[pu]のうち抵抗分 R[pu]を %R[%]に，リアクタンス分 X[pu]を %X[%]に置き換えるため，次の換算を行います。

$$R[\text{pu}] = \frac{\%R[\%]}{100[\%]}, \quad X[\text{pu}] = \frac{\%X[\%]}{100[\%]} \tag{12·8}$$

上の(12·7)式と(12·8)式の右辺を(12·5)式に代入し，次式に変換します。

スペースの都合で，次の(12·9)式も P[MW]，Q[Mvar]，%R[%]，%X[%]の変数の単位を省略して表します。

$$|V_\text{S}| = \sqrt{\left(V_\text{R} + \frac{\%R}{100} \times \frac{P}{10} - \frac{\%X}{100} \times \frac{Q}{10}\right)^2 + \left(\frac{\%X}{100} \times \frac{P}{10} + \frac{\%R}{100} \times \frac{Q}{10}\right)^2} \text{[pu]} \tag{12·9}$$

この(12·9)式の中の送電端電圧 V_S と，受電端電圧 V_R の単位はまだ[pu]のままです。その単位を実用的な[%]に代えるため，(12·9)式の右辺を 100 倍します。例えば，電圧降下率値が 0.05[pu]を一般的な 5[%]の表示にします。その表示値の変換の結果，上の(12·9)式は，次式で表されます。

$$|V_\text{S}| = \sqrt{\left(V_\text{R}[\%] + \frac{\%R \cdot P - \%X \cdot Q}{10}\right)^2 + \left(\frac{\%X \cdot P + \%R \cdot Q}{10}\right)^2} \text{[\%]} \quad (12·10)$$

この(12·10)式の中の受電端の有効電力値 P[MW]と無効電力値 Q[Mvar]は，前に図 12·4 の解説文の中の第(5)項で，次のように解説しました。"…通常の系統電圧は，受電端電圧 V_R を約 1[pu]で運用していますから，電流 I[pu]と皮相電力 S[pu]はほぼ同じ値です。ですから，$R \cdot I$[pu]は $R \cdot S$[pu]とほぼ同じ値になります。そして，$R \cdot S$[pu]を，V_R と同位の相成分と，直交する成分に分けて表します。"

このように，電力潮流 P[MW]，Q[Mvar]の要素は，**元々は線路電流 I の**ベクトルなのです。そして，66～77 kV の系統から受電する配電用変電所の変圧器の全てが LRT であり，特別高圧受電の多くの需要家が LRT の設備ですから，受電点の電圧が低下しても，受電用主変圧器の二次側電圧値はあまり変化せず，したがって需要電力の P[MW]，Q[Mvar]の値もほとんど変化しません。その

ため，線路電流Iの大きさはV_R[pu]にほぼ反比例して変化します。この実態を考慮し，より高精度な電圧降下値を求めるための送電端電圧V_Sと受電端電圧V_Rの関係式に改良したものが次式です。

$$|V_S|[\%] = \sqrt{\left(V_R[\%] + \frac{\%R \cdot P - \%X \cdot Q}{10 \times V_R[\text{pu}]}\right)^2 + \left(\frac{\%X \cdot P + \%R \cdot Q}{10 \times V_R[\text{pu}]}\right)^2} \quad (12 \cdot 11)$$

この(12・11)式を，より実用的にするため，この式の平方根の中の第1項のV_Rの単位は[％]であり，第2項と第3項の分母のV_Rの単位は[pu]で表示してあります。しかし，計算開始の時点では，上の(12・11)式の中の受電端電圧V_Rの値は未知数です。通常の数式は，未知数のV_Rを左辺に移項し，既知数のV_Sを右辺に移項して表しますが，そのようにこの式を展開すると，V_SとV_Rの関係が大変に見にくく，複雑になってしまいます。

そこで，演算プログラム付きの電卓などを使用して実務的に解く例として，次の方法があります。まず初めに，V_Rの初期値として1.0[pu]を仮定し，上の(12・11)式を使用して1回目のV_Sの演算結果を試算します。そこで，既知数である"V_Sとの差の値"を使用して，初期値のV_Rを補正し，2回目以降のV_Sを求めるためのV_Rの値に適用します。FOR NEXT 文などにより，上の(12・11)式による繰返し演算を5～6回行うことにより，十分な実用精度の受電端電圧値V_R，電圧降下率値Δvが求まります。その演算結果を基にして，LRT のタップが上・下限の位置になるか否かの検討を行います。

次に，上の(12・11)式を利用して次の例題を解いてみましょう。この例題の解法は，FOR NEXT 文による繰返し演算は行わず，簡易電卓で解く方法です。その解法は，上の(12・11)式を応用して1回目の演算を行うときに電圧降下率値Δvを仮に5.0[％]とし，V_Rの初期値を0.950[pu] = 95.0[％]とし，V_Sの値を試算します。その試算結果のV_S値と，設問で与えられたV_S値とを比較し，"両V_Sの差の値が小さく"Δvの値が5.0±1.0[％]の範囲以内にあれば，既知数のV_Sから演算結果のΔvの値を差し引き，その値をV_Rの解とする方法です。

一方，1回目の試算結果のΔvの値が，5.0±1.0[％]の範囲を超えるときは，1回目の試算で得られたV_SからΔvの値を求め，その値からV_Rを求め，その値を上の(12・11)式に代入して，2回目のV_Sの演算を行います。その2回目の演算結果によるΔvの値から，受電端電圧V_Rの値を求め，それを解とする"簡略計算法"で，次の例題を解いてみましょう。以上の計算方法を文章で表現すると，少々複雑そうに感じられるでしょうが，実際には単純な計算方法なのです。

例題

次の図に示す系統において，超高圧変電所の 154 kV 母線の電圧値が公称電圧の 1[pu]に維持されている。その母線から一次変電所の 77 kV 母線までのパーセント・インピーダンス値が，10[MV·A]基準値で表した合成 %R 値が 0.03[%]，合成 %X 値が 0.60[%]であるとき，昼間帯，及び早朝帯における受電端電圧 V_R[%]の値，及び電圧降下率 Δv[%]の値を，小数点以下 1 位まで求めなさい。ただし，図の 154 kV 送電線路と一次変電所の LRT までに流れる電力潮流は，昼間帯の有効電力値は 400[MW]，無効電力値は遅相 20[Mvar]であり，早朝帯の有効電力値は 60[MW]，無効電力値は進相 80[Mvar]であり，その他の定数は無視できるものとする。

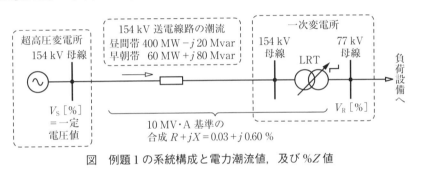

図 例題1の系統構成と電力潮流値，及び %Z 値

解法と解説 送電端電圧 V_S と受電端電圧 V_R との関係を表す(12·11)式の中に，題意の昼間帯の電力潮流 P, Q の値を代入し，V_R の初期値として 0.950[pu]=95.0[%]を代入して，1 回目の V_S の試算を次式で行います。最終解は小数点以下 1 位まで答えるため，途中は小数点以下 2 位まで求めます。

$$|V_S| = \sqrt{\left(V_R[\%] + \frac{\%R \cdot P - \%X \cdot Q}{10 \times V_R[\mathrm{pu}]}\right)^2 + \left(\frac{\%X \cdot P + \%R \cdot Q}{10 \times V_R[\mathrm{pu}]}\right)^2} [\%] \quad (1)$$

$$= \sqrt{\left(95.0 + \frac{0.03 \times 400 - 0.60 \times (-20)}{10 \times 0.95}\right)^2 + \left(\frac{0.60 \times 400 + 0.03 \times (-20)}{10 \times 0.95}\right)^2} [\%] \quad (2)$$

$$= \sqrt{\left(95.0 + \frac{12 + 12}{10 \times 0.95}\right)^2 + \left(\frac{240 - 0.6}{10 \times 0.95}\right)^2} [\%] \quad (3)$$

$$= \sqrt{(95.0 + 2.53)^2 + (25.20)^2} = 100.73 [\%] \quad (4)$$

この試算結果から，昼間帯の電圧降下率 Δv の値は，次のように求まります。

$$\Delta v = |V_S| - |V_R| = 100.73 - 95.0 = 5.73 [\%] \quad (5)$$

ここで，設問で与えられた送電端電圧値 V_S は公称電圧値と同値の 1[pu] すなわち 100.0[%]であり，受電端電圧値 V_R を次式にて補正します。

$$|V_R| = |V_S| - \Delta v = 100.0 - 5.73[\%] = 94.27[\%] \tag{6}$$

当初の V_R の仮数は，95.0[%]でしたから，(6)式の演算結果との差異は，わずかに 0.73[%]です。そのため，1 回目の演算で求まった(5)式の Δv の値の<u>小数点以下 2 位を切り上げて電圧降下率は 5.8[%]</u>とし，(6)式の V_R の値の<u>小数点以下 2 位を切り捨てて 94.2[%]</u>とし，これを昼間帯の解答とします。

系統運上の実務としては，次のことも考えます。先の(1)式に代入した潮流値は実測値ではなく，予測値であるため，ある程度の誤差を含んでいます。さらに，電源変電所の LRT タップ制御による送電端電圧 V_S の電圧調整方法が，連続的調整ではなく<u>段階的調整</u>であるため，V_S の値を完璧な 100[%]の一定値に維持することはできず，一般的には 100.0±1.0[%]ですから，(6)式で得られた V_R の値は 93～94[%]程度と扱うことが安全です。つまり，演算式には可能な限り正確な値を代入し，最後の解には余裕分を含めた値で，運用業務に適用します。

なお，この例題では，LRT のタップが下限位置に到達するか否かの判断を求めていませんが，通常の LRT の電圧調整幅は昇圧側，降圧側ともに 10[%]程度あるため，この設問の昼間帯の電力潮流にてタップ下限は発生せず，一次変電所の二次側 77 kV の母線電圧は，<u>運用目標値の維持が可能と判断</u>できます。

次に，先の(1)式に，早朝帯の有効電力値 60[MW]と，進相無効電力値の 80[Mvar]を代入して，1 回目の試算を行います。ここで，先の計算で適用した昼間帯の無効電力 Q は**遅相**でしたから"**負の値**"を代入しましたが，この早朝帯の無効電力 Q は**進相**ですから"**正の値**"を代入することに注意してください。

さらに，1 回目の試算の受電端電圧 V_R の初期値として，昼間帯は受電端電圧が低下傾向ですから 95.0[%]を適用しましたが，早朝帯はフェランチ現象により受電端電圧が上昇するため，1 回目の V_R には 105.0[%]＝1.050[pu]を適用します。

$$|V_S| = \sqrt{\left(V_R[\%] + \frac{\%R \cdot P - \%X \cdot Q}{10 \times V_R[\text{pu}]}\right)^2 + \left(\frac{\%X \cdot P + \%R \cdot Q}{10 \times V_R[\text{pu}]}\right)^2}[\%] \tag{7}$$

$$= \sqrt{\left(105.0 + \frac{0.03 \times 60 - 0.60 \times (+80)}{10 \times 1.05}\right)^2 + \left(\frac{0.60 \times 60 + 0.03 \times (+80)}{10 \times 1.05}\right)^2}[\%] \tag{8}$$

$$= \sqrt{\left(105.0 + \frac{1.8 - 48}{10 \times 1.05}\right)^2 + \left(\frac{36 + 2.4}{10 \times 1.05}\right)^2}[\%] \tag{9}$$

$$= \sqrt{(105.0 - 4.40)^2 + (3.66)^2} = 100.67[\%] \tag{10}$$

この1回目の試算結果から，電圧降下率 Δv の値を，次式で求めます．
$$\Delta v = |V_S| - |V_R| = 100.67 - 105.0 = -4.33[\%] \tag{11}$$
この負値の電圧降下率は，フェランチ現象を表しています．

設問で与えられた V_S の値が 100.0[%]であり，上の(11)式で求まった Δv の値から，受電端電圧 V_R の値を次式で求めます．
$$|V_R| = |V_S| - \Delta v = 100.0 - (-4.33)[\%] = 104.33[\%] \tag{12}$$
この V_R の試算結果と，初期値の 105.0[%]との差異はわずかに 0.67[%]ですから，V_R を 104.33[%]に置き換えての2回目の演算は不要と判断します．

例題の早朝帯の解答値は，電圧降下率 Δv は(11)式の解の小数点以下2位を切り上げて-4.4[%]（又は電圧上昇率 4.4[%]）と解答し，受電端電圧 V_R は(12)式の解の小数点以下2位を切り上げて 104.4[%]と解答します．

系統運用上の実務としての V_R は，運用に余裕を見込んで 104～105[%]程度として扱うことが，より安全です．なお，この早朝帯における受電端電圧の上昇時にも，LRT タップの運転位置は上限には到達しませんから，二次側の 77 kV 母線電圧は，制御目標値の範囲以内に維持することが可能と判断できます．

3. 調相設備用遮断器の開閉による瞬時電圧変化率の計算法

一次変電所の二次側母線に施設した SC，ShR の開閉器を操作したとき，図 12・5 の横軸に示す電源側ルートの無効電力が変化し，縦軸に示す母線電圧が変化します．例えば，SC の接続，又は ShR の切開きにより，横軸の無効電力は進相側に変化し，縦軸の 77 kV 母線電圧は上昇の変化が現れます．このときの母線の瞬時電圧変化率の値，つまりこの図の縦軸分の変化率[%]の求め方を解説します．

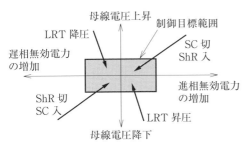

図 12・5　LRT タップ調整と調相設備の操作時の母線電圧変化と電源ルートの無効電力の変化

前述の"電圧降下率 Δv の計算法の解説"の中で，"電源側ルートの合成 %Z[%]として扱う範囲"の考え方を，次のように説明しました．それは，"超高圧変電所の LRT タップにより，二次側 154 kV 母線の電圧値を制御目標の一定電圧値に自動調整しているので，その一定電圧値の母線から

さらに電源側に存在する%Z[%]値は，電圧降下率Δvの計算としては考慮する必要がない"という趣旨です。しかし，これから述べる瞬時電圧変化値の場合は，変電所のLRTのタップ制御に使用している電圧調整用継電器には時限要素が必要なため，瞬時に変化する電圧には応動しません。そのため，瞬時電圧変化値の計算の場合に，超高圧変電所の二次側154 kV母線の電圧は一定値ではなく，変化をするものとして扱いますから，その母線からさらに電源側に存在する%Z[%]も，"電源側ルートの合成%Z[%]として扱う範囲"に含めなければなりません。

つまり，"瞬時電圧変化率を求める場合"と，講義11の"3相短絡電流値を求める場合"は，"電源側ルートの合成%Z[%]として扱う範囲"が同じです。

さて，調相設備用の開閉器を操作すると，その調相設備の設置点の母線電圧値が数[%]ほど変化しますから，負荷側に供給していた需要電力値もわずかに変化します。しかし，その電力変化量は少なく，実用精度上は無視できます。一方，その調相設備の設置点から"電源側ルートに流れる無効電力潮流値"は，開閉操作した調相設備の容量分だけ瞬時に変化し，その変化分が，受電端変電所付近に瞬時電圧変化として現れます。

例えば，電力用コンデンサ(SC)用の開閉器を閉じたときには，電源側ルートに流れる無効電力の変化分ΔQは，そのSC容量分だけ進相側に瞬時に変化します。また，SC用の開閉器を開いたときの変化分ΔQは，そのSC容量分だけ遅相側に瞬時に変化します。

以上のことから，この講義の中で既に解説した送電端電圧と受電端電圧との関係式を表した再掲(12·11)式と，電圧降下率Δv[%]の再掲(12·6)式を基にして，次に述べる(1)から(7)までの事項を反映し，母線の瞬時電圧変化率V_BUS[%]の値を求める公式を導出します。

$$|V_\text{S}| = \sqrt{\left(V_\text{R}[\%] + \frac{\%R \cdot P - \%X \cdot Q}{10 \times V_\text{R}[\text{pu}]}\right)^2 + \left(\frac{\%X \cdot P + \%R \cdot Q}{10 \times V_\text{R}[\text{pu}]}\right)^2} [\%] \qquad 再掲(12·11)$$

電圧降下率　$\Delta v = |V_\text{S}| - |V_\text{R}| [\text{pu}]$ 　　　　　　　　　　　再掲(12·6)

瞬時電圧変化率の公式を導き出す方法

(1) 再掲(12·11)式に代入する電源側の%Z[%]の値は，超高圧変電所の二次側154 kV母線からさらに電源側に存在する%Z[%]も考慮します。その値は，調相設備の設置点から電源側を見る三相短絡容量P_3S[MV·A]値を基に，次の再

掲(6·12)式により，10[MV·A]基準の電源側 $\%Z_\mathrm{S}[\%]$ を表せます。

$$\%Z_\mathrm{S}[\%] = \frac{10[\mathrm{MV·A}] \times 100[\%]}{\text{三相短絡容量}\,[\mathrm{MV·A}]} = \frac{1\,000[\mathrm{MV·A}]}{\text{三相短絡容量}\,[\mathrm{MV·A}]}[\%] \quad 再掲(6·12)$$

(2) 再掲(6·12)式に代入する三相短絡容量の値は，通常の電源系統ではその実数部(抵抗分)が十分に小さく無視できるため，$\%Z_\mathrm{S}[\%]$ は誘導性リアクタンス $+jX[\%]$ で表します。

(3) 電圧降下率を求める公式を基にして，調相設備用の開閉器を操作したときに，電源側ルートに現れる無効電力の瞬時変化分を代入して，瞬時電圧変化率を求める公式にします。

(4) 調相設備用の開閉器を操作しても，電源側ルートに流れる有効電力はほとんど変化しないため，再掲(12·11)式を基にして表した瞬時電圧変化率の公式の中の有効電力変化分 ΔP の値をゼロとします。

(5) 調相設備のうち分路リアクトル(ShR)用の開閉器を操作したとき，そのShRを設置した母線から電源側ルートに現れる無効電力の変化量 ΔQ_ShR は，そのShRの定格容量を適用できます。

(6) 特別高圧用の電力用コンデンサ(SC)の全てに，標準的に 6[%] の直列リアクトルが接続してあるため，SC の実効容量は次の(12·12)式，(12·13)式に示すように，コンデンサ本体の定格容量 Q_SC の 1.064 倍になります。

$$\Delta Q_\mathrm{SC}[\mathrm{pu}] = I_\mathrm{SC}[\mathrm{pu}] \cdot V_\mathrm{SC}[\mathrm{pu}] = \frac{V_\mathrm{SC}[\mathrm{pu}]}{Z_\mathrm{SC}[\mathrm{pu}]} \times V_\mathrm{SC}[\mathrm{pu}] \qquad (12·12)$$

$$= \frac{1.0[\mathrm{pu}]}{-j\,1.0 + j\,0.06[\mathrm{pu}]} \times 1.0[\mathrm{pu}] = +j\,1.064[\mathrm{pu}] \qquad (12·13)$$

(7) 上記の(5)項と(6)項で述べた，無効電力変化量 ΔQ_ShR，ΔQ_SC は，その調相設備を接続した母線電圧値が，調相設備の定格電圧値に近似の場合に適用できます。しかし，系統の電圧が著しく低下したときには，是非ともSCを接続し，系統電圧を上昇させ，適正な電圧値に戻さなければなりません。一方，系統電圧が著しく上昇したときには，是非ともShRを接続して電圧を降下させなければなりません。ShRとSCはその Z が一定値のため，実効容量は印加電圧値(母線電圧値 V_BUS)の2乗に比例します。そのため，次のように調相設備を接続する母線の電圧値 $V_\mathrm{BUS}[\mathrm{pu}]$ の2乗により補正した実効的な無効電力変化分 ΔQ_ShR，ΔQ_SC を公式に適用します。

$$\Delta Q_\mathrm{ShR} = (\text{ShR 定格容量}) \times (V_\mathrm{BUS}[\mathrm{pu}])^2 \qquad (12·14)$$

$$\Delta Q_{SC} = (\text{SC のコンデンサ本体容量}) \times 1.064 \times (V_{BUS}[\text{pu}])^2 \quad (12 \cdot 15)$$

前述の(1)~(7)項を，再掲(12·11)式に反映し，調相設備を設置した母線の瞬時電圧変化率 $\Delta V_{BUS}[\%]$ の値を，次の式で表すことができます。

$$\Delta V_{BUS}[\%] = \frac{\%X_S[\%] \cdot \Delta Q[\text{Mvar}]}{10[\text{MV·A}] \times V_R[\text{pu}]} \quad (12 \cdot 16)$$

(12·16)式の ΔQ は，(12·14)式，(12·15)式で示した"実効的な無効電力の変化分"の値であり，$\Delta Q[\text{Mvar}]$ は $\Delta Q[\text{MV·A}]$ とほぼ同じ値です。その調相設備を操作した母線から電源側を見る $\%X_S[\%]$ の値は，その母線の三相短絡容量値 $P_{3S}[\text{MV·A}]$ を使用して，次のように表されます。

$$\%X_S[\%] = \frac{10[\text{MV·A}] \times 100[\%]}{P_{3S}[\text{MV·A}]} \quad (12 \cdot 17)$$

(12·17)式の右辺を，上の(12·16)式の $\%X_S[\%]$ に代入し，V_R を 1[pu]として，調相設備を操作時の母線の瞬時電圧変化率 $\Delta V_{BUS}[\%]$ の値は，次式で表せます。

$$\Delta V_{BUS}[\%] = \frac{10[\text{MV·A}] \times 100[\%]}{P_{3S}[\text{MV·A}]} \times \frac{\Delta Q[\text{Mvar}]}{10[\text{MV·A}]} \quad (12 \cdot 18)$$

$$= \frac{\Delta Q[\text{Mvar}]}{P_{3S}[\text{MV·A}]} \times 100[\%] \quad (12 \cdot 19)$$

(12·19)式の意味は，"調相設備を操作時の瞬時電圧変化率値は，無効電力の実効的な変化分 $\Delta Q[\text{Mvar}] \fallingdotseq \Delta Q[\text{MV·A}]$ の値を，三相短絡容量 $P_{3S}[\text{MV·A}]$ の値で除して求められる"ということです。

次に，(12·14)式，(12·15)式，(12·19)式を利用して，次の例題を解いてみましょう。

例題

ある変電所の二次側母線の三相短絡容量値が 1 200[MV·A]であるとき，その母線に次の(1)及び(2)に示す調相設備用の開閉器を操作した場合，その二次側母線に現れる瞬時電圧変化率[%]の値を求めなさい。ただし，その変電所の一次側母線の電圧値((12·16)式の V_R に相当する値)は公称電圧値と同じ 1[pu]とし，調相設備の開閉器の開閉操作に伴う有効電力の変化分 ΔP[MW]は無視できるものとする。

(1) 二次側母線の電圧値が公称電圧の 108[%]に上昇しているとき，定格容量値が 40[Mvar]の分路リアクトル(ShR)をその二次側母線に接続した場合の瞬時電圧変化率[%]の値，及びその二次側母線電圧の上昇，降下の

別を答えなさい。

(2) 二次側母線電圧値が公称電圧の92[%]に降下しているとき，6[%]の直列リアクトルを付属した電力用コンデンサ(SC)の設備をその二次側母線に接続した場合の瞬時電圧変化率[%]の値，及び二次側母線電圧の上昇，降下の別を答えなさい。ただし，そのSC設備のコンデンサ本体の定格容量値は40[Mvar]である。

解法と解説 題意の電圧値を使用して，(12・14)式，(12・15)式で示した"電圧補正をした実効的な無効電力変化分のΔQ[Mvar]"を適用します。また，題意の三相短絡容量値を(12・19)式に適用して，瞬時電圧変化率値を求めます。

(1) 定格容量値が40[Mvar]のShRの印加電圧値が108[%]＝1.08[pu]のとき，実効的な無効電力の変化量ΔQ_{ShR}[Mvar]を，次式で求めます。

$$\Delta Q_{\mathrm{ShR}} = 40[\mathrm{Mvar}] \times 1.08^2 = 46.66[\mathrm{Mvar}] \tag{1}$$

このΔQ_{ShR}[Mvar]の値を(12・19)式のΔQに代入し，二次側母線の瞬時電圧変化率ΔV_{BUS}[%]の値を，次式で求めます。

$$\Delta V_{\mathrm{BUS}} = \frac{\Delta Q[\mathrm{Mvar}]}{P_{3\mathrm{S}}[\mathrm{MV\cdot A}]} \times 100[\%] = \frac{46.66}{1\,200} \times 100 = 3.888 \fallingdotseq 3.89[\%] \tag{2}$$

ShRを接続した地点から電源側ルートには，遅相無効電力が増加して流れますから，ShRを接続した二次側母線の電圧は**降下の変化**を生じます。

(2) SC設備のコンデンサ本体の定格容量値が40[Mvar]で，6[%]の直列リアクトルを付属している設備に92[%]の電圧を印加したとき，電源側ルートに現れる実効的な無効電力の変化分ΔQ_{SC}[Mvar]の値を，次式で求めます。

$$\Delta Q_{\mathrm{SC}} = 40[\mathrm{Mvar}] \times 1.064 \times 0.92^2 = 36.02[\mathrm{Mvar}] \tag{3}$$

このΔQ_{SC}[Mvar]を(12・19)式のΔQに代入し，二次側母線の瞬時電圧変化率値ΔV_{BUS}[%]の値を，次式で求めます。

$$\Delta V_{\mathrm{BUS}} = \frac{\Delta Q[\mathrm{Mvar}]}{P_{3\mathrm{S}}[\mathrm{MV\cdot A}]} \times 100[\%] = \frac{36.02}{1\,200} \times 100 = 3.002 \fallingdotseq 3.00[\%] \tag{4}$$

SCを接続した地点から電源側ルートには，進相無効電力が増加して流れますから，SCを接続した二次側母線の電圧は**上昇の変化**を生じます。

パーセント・インピーダンス法

講義 13

小出力太陽電池発電所の交流過電圧の予測計算法とその対策方法

　最近盛んに建設されている小出力の太陽電池発電所の交流回路に過電圧が生じ，パワー・コンディショナ・システム（以後「PCS」と略記する）の制御・保護機能により有効電力の出力制限が発生しています。この講義13では**"低圧配電線路に並列する50 kW未満の施設"** を対象に[V][A][Ω]単位法で，また次の講義14では**"高圧配電線路に並列する数100 kW規模の施設"** を対象に%Z法で，交流過電圧現象を設計段階で予測計算する方法，及びその対策方法について解説します。

1. 低圧並列の発電設備に交流過電圧を生じる背景とその規制値

　50 kW未満の太陽電池発電設備は，電気事業法により一般用電気工作物の中の"小出力発電設備"に区分され，保安規程の作成・届出や主任技術者の選任・届出の義務の対象外設備です。さらに，固定価格買取制度により長期的な投資メリットが得られるため，盛んに建設されてきました。そのうち，住宅の屋根上の設備は，10 kW未満の小規模のものが多く，近くに電力需要があるため，電圧過昇の問題はあまり生じていません。一方，20数kW〜50 kW未満の設備は，モジュール枚数が約100〜200枚となり，広い敷地が必要なため，需要地点から離れた郡部に施設される例が多いです。特に，この講義13で採りあげるように発電設備から柱上変圧器までの低圧回路が長い場合には，電源側の合計インピーダンス（以後「電源Z」と略記する）が大きいため，運転目標力率が100[%]一定で運転するPCSでは，電圧過昇の問題を生じやすいのが実情です。

　低圧回路の電圧規制値は，電気事業法施行規則第38条により，電気を供給する場所を電圧管理点に指定し，その点で101 ± 6[V]の範囲を超えないように定められています。その電圧管理点から発電設備までの低圧105 V回路の電圧上昇分を約1[V]として，PCSの210 V出力電圧を105 V回路に換算した値で108[V]に上昇したときに，PCSは次の電圧抑制の制御を行っています。PCSの定格出力電圧の大半が210 Vですが，50 kW未満の発電設備は単相器が多いた

め，電圧上限値としては(202+20)+2[V]ではなく，前記の108[V]を210V電路に換算した216[V]を，電圧の上限値とする例が多いです。

その"電圧抑制のための自動制御"は，発電力率を常時100[%]固定で運転するPCSは，有効電力出力を定格値の50[%]に抑制するか，又は発電停止を行っています。一方，最近販売されているPCSは，交流出力電圧が上限値の216[V]になる前の210～214[V]の時点で，運転力率を平常時の100[%]から自動的に**進み力率85～80[%]** に移行し，発電設備付近の電圧上昇を抑制しています。

2. 電力系統内の電圧差と無効電力の流れ

次の**図13・1**の図(a)に示すように，電源から負荷へ有効電力を送電しているとき，負荷設備の中の電力用コンデンサ(SC)を多く接続すると，総合力率は**進み**になって**フェランチ現象**を生じ，電源電圧値よりも負荷の電圧値の方が相対的に**高電圧**になります。図(b)は，図(a)の無効電力の進相を遅相に変え，かつ，無効電力の向きを逆方向に変えた等価図です。この両図は，同じ電圧・無効電力現象を表しています。ここで，「電力の力率は，**有効電力と同じ方向**に流れる**無効電力の種別で表す**」という電気工学の決まりにより図(a)に着目して，負荷の総合力率は**進み力率**である，と判断できます。図13・1は，（筆者が個人的に名付けた）**美空ひばりの定理**により，"電力系統内の2地点間に**電圧差**があるとき，川の流れのように，高電圧地点から低電圧地点に向かって**遅相**無効電力が流れる"という電圧・無効電力の重要な現象を表しています。

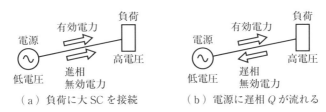

図13・1　電圧の高低差による無効電力の流れ

次の**図13・2**の図(a)に示すように，系統電源よりも発電設備の方が相対的に高電圧のとき，美空ひばりの定理により，川の流れのように**遅相**無効電力が発電設備から系統電源へ流れます。これから解説する「発電端の電圧過昇問題の解消」のためには，図(b)のように**遅相**無効電力の流れを，系統側を川上側に，発電設備側を川下側になるように，発電力率を決めればよいのです。しかし，図(b)は有効電力と無効電力の方向が互いに**逆向き**ですから，図(b)の無効電力が流れる

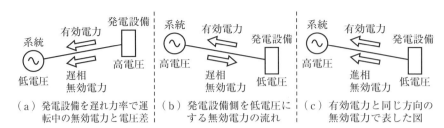

図13·2 発電設備の運転力率と電圧の高低現象

方向を図(c)のように逆方向に変え，かつ，無効電力の種別の遅相を進相に変えて，同じ電圧・無効電力の現象を表します。この図(c)に示すように，進み力率で発電すれば，発電端電圧の上昇を抑制でき，有効電力の出力制限を回避できるのです。

先の図13·1の負荷設備は進み力率で電圧上昇でしたが，図13·2の発電設備は進み力率で電圧降下となることを正しく理解することが大変に重要です。

つまり，**遅相**無効電力は，美空ひばりが歌った歌詞の**川の流れ**のように，高電圧地点から低電圧地点へ流れ下ります。一方，**進相**無効電力は，**ヘリウムガス**のように，低電圧地点から高電圧地点へ浮上するように移動するのです。

3. 検討対象の系統構成

次の図13·3に示す代表的な単相系統は，柱上単相変圧器，低圧単相電線路，単相発電設備など単相の構成であり，%Z法を適用する利点が少ないため，[V][A][Ω]単位法にて電圧上昇値の計算法を説明します。図中の変圧器の$\dot{Z}_\mathrm{T}[\Omega]$や低圧電路の$\dot{Z}_\mathrm{L}[\Omega]$には，発電電流$\dot{I}_\mathrm{G}[\mathrm{A}]$と負荷電流が重畳していますが，発電潮流による**電圧変化分**を考える際に，**鳳・テブナンの定理**を適用して，発電電流値を$0[\mathrm{A}]$から$\dot{I}_\mathrm{G}[\mathrm{A}]$に増加したときの点S〜点Gの間の**電圧変化分**の値が電圧上昇値です。

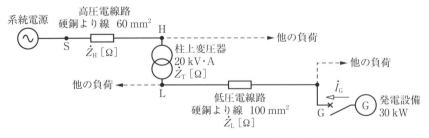

図13·3 電圧上昇値を検討する代表的な単相構成の系統図

図 13・3 に示した各定数について，以下に補足説明をします。

(1) 発電設備の規模と運転力率

検討対象の発電設備の定格出力は単相 30[kW]，PCS も単相器であり，運転力率として，100[%]，進み 98[%]，及び電圧上昇値が 0[V] となる進み力率の 3 ケースについて，具体的な数値により電圧上昇値の求め方を解説します。

(2) 高圧電線路の $\dot{Z}_H$ の扱い

高圧電線路の $\dot{Z}_H[\Omega]$ の値は，柱上変圧器の巻数比の 2 乗で除算して，低圧電線路側に等価換算します。その変圧比を一般的な 6 600 V/210 V とすると，巻数比の 2 乗は 987.8 です。一例として，60 Hz 系の高圧配電線路に 60 mm² 硬銅より線を適用した場合の $\dot{Z}_H$ の値は約 $0.37 + j0.41[\Omega/km]$ ですから，その亘長を平均的な 5[km] とし，210 V 電線路側の換算値は $0.001\,87 + j0.002\,08[\Omega]$ となります。この値は，後に求める電源側の総合 $\Sigma\dot{Z}[\Omega]$ 値の約 1/100 であるため，この検討では無視します。

(3) 柱上変圧器の漏れ Z_T の概数値

先の図 13・3 に示したように，柱上変圧器の低圧電線路には発電設備と負荷設備を接続していますから，柱上変圧器の定格容量値は発電設備の定格出力値より小さな 20[kV·A] を想定し，その漏れ Z 値は自己容量基準で $0.7 + j3.3[\%]$ とします。この値を 210 V 電線路側へ換算した値の $\dot{Z}_T$ は $0.015\,44 + j0.072\,77[\Omega]$ です。

(4) 低圧配電線路の Z_L の値

この値が電圧上昇に大きな影響を与えますから，やや詳細に解説します。発電設備の定格出力は単相 30[kW] を想定し，PCS の交流出力の電圧値が 210 V で，進み力率 90[%] の発電電流値は約 160[A] です。この電流値を連続して通電可能な低圧架空電線路の電線として，屋外用ビニル絶縁電線 (OW 線) の許容電流値が 175[A] である硬銅より線 100 mm² の適用を想定します。その亘長を 300[m] と想定し，発電運転中の電線温度を 60[°] とし，抵抗温度係数を用いて求める 60[°] の抵抗値 $R_L[\Omega]$ を，次式で求めます。

$$R_L = 0.180[\Omega/km] \times 0.3[km] \times \{1 + 0.003\,93 \times (60 - 20)[K]\} = 0.062\,49[\Omega] \quad (13\cdot1)$$

次に，低圧の単相架空電線路の電線の導体間隔を標準設計値の 600[mm]，OW 線 100[mm²] の導体半径を 6.5[mm]，亘長を 0.3[km] とし，60 Hz の作用リアクタンス $X_L[\Omega]$ の値を，次式で求めます。

$$L = \left(0.05 + 0.460\,5 \times \log_{10}\frac{600}{6.50}\right)[mH/km] \times 0.3[km] = 0.286\,50[mH] \quad (13\cdot2)$$

$$X_L = +j\,2\pi f \times L \times 10^{-3} = +j\,2\pi \times 60 \times 0.286\,5 \times 10^{-3} = +j\,0.108\,01\,[\Omega] \quad (13\cdot3)$$

(5) 電源側を総合した ΣZ の値

先に図 13·3 で示した高圧電線路の Z_H の値はきわめて小さいため無視が可能としましたから，単相の柱上変圧器の高圧端子の点 H から発電端の点 G までの電源側を総合した値を $\Sigma \dot{Z}[\Omega]$ として，次式で求めます。

$$\Sigma \dot{Z} = \dot{Z}_H + \dot{Z}_T + \dot{Z}_L \fallingdotseq \dot{Z}_T + \dot{Z}_L\,[\Omega] \quad (13\cdot4)$$
$$= (0.015\,44 + 0.062\,49) + j(0.072\,77 + 0.108\,01)\,[\Omega] \quad (13\cdot5)$$
$$= 0.077\,93 + j\,0.180\,78\,[\Omega] = 0.196\,86\,[\Omega]\angle +66.68\,[°] \quad (13\cdot6)$$

4. 電圧上昇値の検討方法

単相 30[kW] で発電中の発電端の電圧上昇値の検討は，最初に発電力率が 100[%] の場合を解説します。次の**図 13·4** に示すように，発電端の電圧ベクトル $\dot{V}_G[V]$ と発電電流ベクトル $\dot{I}_G[A]$ の両者を同位相で描きます。

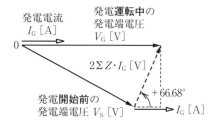

図 13·4　検討方法を示す電圧ベクトル図
（発電力率 100 % の場合）

電源側を総合した $\Sigma \dot{Z}$ の "往復分の $2\Sigma \dot{Z}[\Omega]$" と "発電電流 $\dot{I}_G[A]$" とのベクトル積を，図 13·4 の太い点線の $2\Sigma Z \cdot I_G[V]$ で示します。先の図 13·3 で示した系統図に，**鳳・テブナンの定理**を適用して，発電端における電圧ベクトルのうち，発電開始前の電圧ベクトル $\dot{V}_S[V]$ に，$2\Sigma \dot{Z} \cdot \dot{I}_G[V]$ をベクトル加算したものが，発電運転中のベクトル $\dot{V}_G[V]$ になります。しかし，これから行う検討方法は，発電運転中の $\dot{V}_G[V]$ を基準ベクトルに採用しますから，$\dot{V}_G[V]$ から $2\Sigma \dot{Z} \cdot \dot{I}_G[V]$ をベクトル減算して，発電開始前のベクトル $\dot{V}_S[V]$ を算出します。発電開始前の $\dot{V}_G[V]$ の値は，PCS の特性に合わせて，次の二つのケースについて検討してみます。

(1) 力率 100[%] 固定の旧型 PCS は，電圧過昇時の出力抑制を開始する電圧整

定値が，210 V 側換算値で 216.0[V] が多いのでこの値を V_G[V] にします。

(2) 最近の新型 PCS の多くが，平常運転時の力率を 100[%] とし，PCS の交流出力電圧 V_G が 210～214[V] の範囲の設定値に上昇した後に，進み力率に自動的に移行します。この検討では V_G[V] を 210.0[V] として発電による電圧の上昇分の値を求めてみます。

5. 力率 100 % で運転時の電圧検討

最初に，発電力率を 100[%] 固定で運転する PCS を想定して検討します。発電出力は単相 30[kW]，発電運転中の発電端電圧 V_G[V] の値は前述の 216.0[V] とし，出力 30[kW] で発電時の電流 $\dot{I}_G$[A] の値を，次式で求めます。

$$\dot{I}_G[\text{A}] = \frac{P[\text{W}]}{V_G[\text{V}] \times \cos\theta} = \frac{30\,000[\text{W}]}{216.0[\text{V}] \times 1.0} = 138.89[\text{A}]\angle 0[°\ ] \quad (13\cdot 7)$$

図 13·5 に示す電源側を総合した $\Sigma\dot{Z}$ の値を 0.196 86[Ω]∠+66.68[°] とし，$\dot{V}_S$[V] に対する $\dot{V}_G$[V] の進み角を系統相差角 δ で表しています。

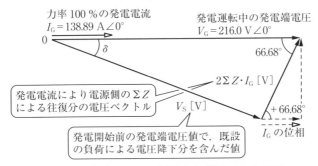

図 13·5 力率 100 % で運転中の電圧ベクトル図

図 13·5 に示した三角形状の二つの電圧ベクトルとその挟角に余弦定理を適用して $\dot{V}_S$[V] の値を求める方法がありますが，ここでは $\dot{V}_G$[V] から $2\Sigma\dot{Z}_{LT}\cdot\dot{I}_G$[V] をベクトル減算する方法で，$\dot{V}_S$[V] を求める計算法を次式で紹介します。

$$\dot{V}_S[\text{V}] = \dot{V}_G[\text{V}] - 2\Sigma\dot{Z}[\Omega] \times \dot{I}_G[\text{A}] \quad (13\cdot 8)$$
$$= (216.0\angle 0) - 2\times(0.196\,86\angle +66.68)\times(138.89\angle 0)[\text{V}] \quad (13\cdot 9)$$
$$= (216.0\angle 0) - (54.684\angle +66.68)[\text{V}] \quad (13\cdot 10)$$
$$= (216.0 + j\,0) - (21.648 + j\,50.217)[\text{V}] \quad (13\cdot 11)$$
$$= 194.35 - j\,50.217[\text{V}] = 200.73[\text{V}]\angle -14.49[°\ ] \quad (13\cdot 12)$$
$$\fallingdotseq 200.7[\text{V}]\angle -14.5[°\ ] \quad (13\cdot 13)$$

この計算結果は，発電開始により発電端電圧値は200.7[V]から216.0[V]へ15.3[V]分だけ上昇します。しかし，実際の210V電線路の発電開始前の電圧V_Sは，常に200.7[V]ではなく，約197～208[V]の範囲で変化しています。そのため，図13・5のベクトル図で表した力率100[%]固定式のPCSでは，発電端電圧値が15.3[V]上昇することにより，V_Gの値は212.3～223.3[V]となり，216[V]を超えることがあり，<u>電圧過昇によるPCSの停止，又は有効電力の出力抑制が発生</u>します。

6. 進み力率運転が可能なPCSの検討

次に，進み力率運転が可能なPCSを想定して検討してみます。前項で述べたように進み力率運転に移行し始める210.0[V]をV_G[V]の値として，発電による電圧上昇分の値を求めます。最初に，<u>発電力率の想定値を進み98.0[%]として</u>，計算結果が想定値と大きく乖離したときは，力率値を修正後に再計算を行うこととします。その運転時の力率角θ[°]，発電電流$\dot{I}_G$[A]の値を，次式で求めます。

$$\theta = \cos^{-1} 0.98 = +11.48[°] \qquad (13・14)$$

$$\dot{I}_G[A] = \frac{P[W]}{V_G[V] \times \cos\theta} = \frac{30\,000[W]}{210[V] \times 0.98} = 145.77[A] \angle +11.48[°] \quad (13・15)$$

この進み力率98.0[%]で発電運転中の電圧ベクトル図を図13・6に示します。

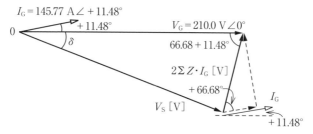

図13・6　進み力率98%で運転中の電圧ベクトル図

図13・6を基にして，発電開始前の発電端電圧ベクトル$\dot{V}_S$を次式で求めます。

$$\dot{V}_S[V] = \dot{V}_G[V] - 2\Sigma \dot{Z}[\Omega] \times \dot{I}_G[A] \qquad (13・16)$$

$$= (210.0\angle 0) - 2 \times (0.196\,86\angle +66.68) \times (145.77\angle +11.48)[V]$$
$$\qquad (13・17)$$

$$= (210.0\angle 0) - (57.393\angle +78.16)[V] \qquad (13・18)$$

$$= (210.0 + j\,0) - (11.776 + j\,56.172)[V] = 198.224 - j\,56.172[V]$$
$$\qquad (13・19)$$

$$= 206.03[V]\angle -15.82[°] \fallingdotseq 206.0[V]\angle -15.8[°] \qquad (13・20)$$

この計算結果は，次のことを表しています。発電中の V_G が 210.0[V]に上昇した後に，PCS の力率調整機能により力率 100[%]から進み 98[%]に移行するケースの発電開始前の V_S は 206.0[V]です。つまり，進み力率 98[%]に運転力率が移行することにより，電圧上昇分は 4.0[V]になり，力率 100[%]の場合の電圧上昇分の 15.3[V]に比べて大幅に改善できます。実際の 210 V 電路の発電開始前の電圧 V_S は，約 197～208[V]の範囲にあるため，4.0[V]分の上昇により，発電端の V_G の計算上の値は 201.0～212.0[V]となり，210[V]を超える可能性が少々あります。その場合には，発電中の V_G が 210.0[V]になるように，運転力率を進み 98[%]よりもさらに進み側に自動調整されます。PCS の運転力率の調整範囲は，一般的に 100[%]から進み 85～80[%]ですから，進み力率運転が可能な PCS の場合には，交流出力の電圧過昇による PCS の停止，又は出力抑制は発生しません。

7．電圧上昇値を 0[V]にする運転力率

　次に，発電運転に伴う電圧上昇値を 0[V]に調整中の電圧ベクトル図を次の**図13·7**に示します。この図の発電中の V_G と発電開始前の V_S の両者の絶対値が互いに等しいときに，**二等辺三角形**を形成することを応用して，ベクトル $\dot{V}_G$ に対するベクトル $\dot{I}_G$[A]の進み角 θ，すなわち発電運転中の力率角 θ を算出し，その後に力率 $\cos\theta$ の値を求めてみます。

　図 13·7 の力率値は，前項の進み力率 98.0[%]よりもさらに進み力率で発生し，有効電力の出力値は変わらないため，発電電流 I_G[A]の値が少し大きくなり，電源ルート片道分の $\Sigma Z \cdot I_G$ の値も少し大きな値に変化します。そのため，当初の $\Sigma Z \cdot I_G$[V]の仮定の絶対値を，前項の 28.697[V]より少し大きな 30.0[V]として試算してみます。この仮定値と計算結果の値とが大きく乖離する場合は，$\Sigma Z \cdot I_G$[V]

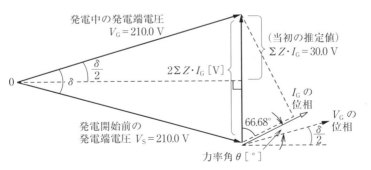

図 13·7　発電による電圧上昇値が 0[V]の状態の電圧ベクトル図

の値を修正し，再度計算を行います。

図 13·7 に示した $\delta/2$ の角度を，次式で求めます。

$$\frac{\delta}{2} = \sin^{-1} \frac{30.0}{210.0} = 8.21 [°] \tag{13·21}$$

図 13·7 に示した力率角 $\theta [°]$ の値を，次式で求めます。

$$\theta = 90.0 - 66.68 - 8.21 [°] = 15.11 [°] \tag{13·22}$$

進み力率[%]の値を次式で求めます。

$$\cos 15.11 [°] = 0.965\,4 \fallingdotseq 96.5 [\%] \tag{13·23}$$

ここで，進み力率 96.54[%]で運転中の $\Sigma Z \cdot I_G[V]$ の絶対値を確認してみます。

$$|\Sigma Z \cdot I_G| = 0.196\,86 [\Omega] \times \frac{30\,000 [W]}{210 [V] \times 0.965\,4} [A] = 29.13 [V] \tag{13·24}$$

この $\Sigma Z \cdot I_G[V]$ の値は，当初に仮定した 30.0[V]に近い値のため，概算値を把握する計算としては，修正再計算は行いません。

市販品の力率可変型 PCS の力率調整可能範囲は，進み力率 85～80[%]までのものが多いですから，上記の(13·23)式で求めた進み力率 96.5[%]の運転は十分に可能です。

上述のように進み力率を約 96.5[%]で運転することにより V_G と V_S の両絶対値を等しくできるケースは，30[kW]の全出力時の場合で，かつ，電源側の ΣZ 値が図 13·3 で示した系統構成の場合です。実際には，日照の強さにより発電電流 I_G の値が変化し，電圧ベクトル $\Sigma \dot{Z} \cdot \dot{I}_G[V]$ の大きさも変化し，電圧上昇値を 0[V]にするための力率角 θ も変化します。そのため，発電による電圧上昇値を常に 0[V]にするための力率制御を自動的に実施するためには，発電電流 I_G の値に応じて力率角 θ を自動的に調整する必要があります。また，資産区分，及び保守区分が一般送配電会社側にある低圧配電線路や柱上変圧器の施設が取り換えられたとき，電源側の合成 $\Sigma \dot{Z}[\Omega]$ の値が変化し，電圧ベクトル $\Sigma \dot{Z} \cdot \dot{I}_G[V]$ の大きさも変化しますから，PCS の運転力率の再調整が必要になります。以上のことにより，発電による電圧上昇値を常に 0[V]に自動調整する PCS の機能は，理論上は製造が可能ですが，まだ市販されていません。

しかし，発電に伴う電圧上昇値を最小にするための PCS の設定値を事前検討する際には，上述の考え方が大いに役に立ちますから，この講義で紹介しました。

以上は単相回路の計算でしたから[V][A][Ω]単位法で紹介しましたが，%Z 法を応用して電圧上昇値を算出する方法は，次の講義 14 で解説します。

講義 14

大出力太陽電池発電所の交流過電圧の予測計算法とその対策方法

　前の講義13では"低圧配電線路に並列する50 kW未満の単相の施設"を対象に[V][A][Ω]単位法で解説しましたので，この講義14では"高圧配電線路に並列する900 kW規模の三相3線式の施設"を対象に，%Z法により交流過電圧の現象を設計段階で予測計算する方法，及びその対策方法を解説します。

1. 検討対象の系統構成

　次の**図14・1**に示す6.6 kV高圧配電線路に連繋する最大出力900[kW]の太陽電池発電所の設備を例にして，発電に伴う電圧上昇値の予測計算法を説明します。前の講義と同様に，この図に**鳳・テブナンの定理**を適用して，発電出力を0[kW]から900[kW]に増加したときの電圧上昇値を求めます。

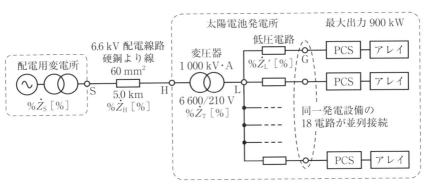

図14・1　検討対象の太陽電池発電所の構成図

　図14・1に示した各電気設備の仕様概要と，電圧上昇値の計算に必要な定数について，以下に補足説明をします。

(1) 発電所の太陽電池アレイとPCSの仕様
　図14・1の右端の"アレイ"は，太陽電池モジュールを直・並列に接続し，所

定の出力[kW]を得るモジュール群です。そのアレイで発電した直流電力は，パワー・コンディショナ・システム(PCS)により，三相の交流電力に変換されます。そのPCSには，交流出力の電圧を適正値に維持するための力率制御機能や，その他の諸々の保護機能を備えています。ここでは，PCSの1台分の定格出力を三相50[kW]，55[kV・A]，定格出力電圧値として最近は電圧面で有利な400V級が適用され始めていますが，この検討では電圧面でより厳しい三相210Vを想定します。

(2) PCSの制御・保護の設定値

PCSの進み力率運転の限度値は一般的な80[%]と想定し，かつ，皮相電力出力が55[kV・A]以内の範囲とします。つまり，PCSの1台分の有効電力出力が44[kW]以下ならば進み力率80[%]まで可能ですが，有効電力出力が最大の50[kW]のときの進み力率は90.9[%]が限度です。次の図14・2は，この講義14のテーマに関係が深い，PCSの出力電圧値と制御・保護の設定値の一例を示します(この値は一例であり，実際には可変範囲の中から設定値を選択します)。

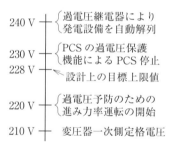

図14・2 440V電路の過電圧予防の制御・保護の設定値(一例)

この図の最上段の240[V]は，過電圧保護継電器(OVリレー)によりPCSを電源から自動解列させる整定値であり，連繋先の一般送配電会社との協議により決めます。

次の230[V]は，PCSが保有する交流過電圧の保護機能により，PCSを出力抑制(又は停止)する設定値です。

図の220[V]は，常時の運転力率100[%]から，電圧過昇抑制のための進み力率運転を開始する設定値です。ここで，事前に電圧検討を行う目的は，PCSによる有効電力の出力抑制の予防ですから，図の230[V]未満を運転目標としますが，制御・保護装置の誤差による余裕分の約1[%](約2[V])を差し引き，設計上の電圧上限値を228[V](108.57[%])として試算します。

(3) 210V電路用のCVTケーブルの仕様とその定数

PCSの1台分の皮相電力の最大三相出力55[kV・A]と定格電圧210[V]から，最大発電電流値は151.2[A]です。210V電路に適用するCVTケーブルの導体断

面積は，前記の電流値よりやや大きな連続通電電流 162[A]が可能な 38[mm²]を想定します。この導体の 20[℃]における抵抗値は 0.491[Ω/km]ですから，最高許容温度の 90[℃]のときの抵抗値 R_L[Ω/km]の値を，次式で求めます。

$$R_L = 0.491 \times \{1 + 0.003\,93 \times (90 - 20)\} = 0.626\,1[\Omega/km] \qquad (14\cdot1)$$

この CVT ケーブルの導体半径は 3.65[mm]，導体中心の相互離隔距離は 13.0[mm]ですから，作用インダクタンス L[mH/km]の値を，次式で求めます。

$$L = 0.05 + 0.460\,5 \times \log_{10} \frac{13.0}{3.65} = 0.304\,0[mH/km] \qquad (14\cdot2)$$

60 Hz の作用リアクタンス X_L[Ω/km]の値を，次式で求めます。

$$X_L = +j2\pi fL = +j2 \times \pi \times 60 \times 0.304\,0 \times 10^{-3} = +j0.114\,61[\Omega/km] \quad (14\cdot3)$$

先の図 14・1 に示した太陽電池アレイから変圧器までの間に PCS を施設します。アレイと PCS の間の直流ケーブルを長く設計すれば，PCS と変圧器間の 210 V 回路の CVT ケーブルを短くできますが，直流過電圧を生じる可能性が高くなり，PCS の保護機能により有効電力の出力制限が発生します。実際の電圧状況は，直流回路より交流回路の方が厳しいため，直流回路の方をやや長く設計する例が多いです。その傾向を反映して，この 900 kW の発電所では変圧器からアレイまでの最長を 300 m と想定し，そのうち直流回路を 200 m，残り 100 m を交流 210 V 回路の CVT ケーブルで構成する，と想定します。上記の(14・1)式と(14・3)式で求まった値を，変圧器と同じ 1 000[kV・A]を基準容量として，210 V の CVT ケーブル 100 m 分の線路定数 %$\dot{Z}_L'$[%]の値を，次式で求めます。

$$\%\dot{Z}_L' = (0.626\,1 + j0.114\,61) \times \frac{0.1 \times 1\,000}{10 \times 0.21^2} = 141.97 + j25.99[\%] \qquad (14\cdot4)$$

この値は図 14・1 に示した 210 V の CVT の 1 ルート分の定数であり，そこに流れる発電電流値は，高圧配電線路や変圧器の部分の 1/18 です。それを，次ページの図 14・3 に示すように，高圧配電線路や変圧器部分と同じ発電電流 $\dot{I}_G$[pu]が直列に流れる場合と等価にするため，(14・4)式の値の 1/18 倍の値を次式で求め，図 14・3 に適用します。以後の各 %Z 値は小数点以下 3 桁まで表示します。

$$\%\dot{Z}_L = \frac{141.97 + j25.99}{18} = 7.887 + j1.444[\%] \qquad (14\cdot5)$$

電圧上昇の検討は，発電電流 I_G の大きさをほぼ 0.9〜1.0[pu]で考えますから，図 14・3 に示した各部分の %Z[%]の値は，その部分に現れる電圧値[%]の概数を示しています。そのため，電圧検討には大変に便利です。

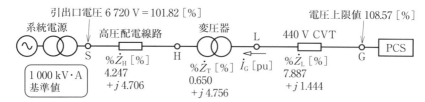

図14・3 発電電流 I_G[pu] が直列に流れる等価回路と %Z の分布図

　この図14・3の点Sの電圧の絶対値は（後述のように）101.82[%]であり，点Gの設計上の上限の絶対値は108.57[%]でしたから，許容される電圧上昇分は6.75[%]です．この図の %Z の分布から，電圧状況が厳しいことが分かります．

(4) 昇圧用の主変圧器の仕様

　PCSの三相交流の出力電圧210Vを，6.6kVの高圧配電線路に連繋するための昇圧用三相変圧器の変圧比は，高圧巻線側で選択する変圧器が多く，具体的には6 750 V，6 600 V，6 350 V の中から発注前に選択できます．過電圧の緩和のためには，6 750 V/210 V の選定が望ましいのですが，実際の設備には6 600 V/210 V がありますから，この検討ではより厳しい6 600 V/210 V を想定します．

　三相1 000[kV・A]クラスの変圧器の自己容量基準の $\%Z_T$ の標準値は概ね4.0～4.8[%]の範囲ですから，ここでは厳しい方の4.8[%]を想定します．また，このクラスの全負荷銅損値は約6 000～7 000[W]の範囲ですから，その中間値の6 500[W]を想定し，変圧器巻線の抵抗分の $\%R_T$[%] の値を，次式で求めます．

$$\%R_T = \frac{6.50[\text{kW}]}{1\ 000[\text{kV}\cdot\text{A}]} \times 100[\%] = 0.650[\%] \tag{14・6}$$

ピタゴラスの定理を応用し，漏れリアクタンス $\%X_T$ の値を次式で求めます．

$$\%X_T = +j\sqrt{4.8^2 - 0.65^2} = +j\,4.756[\%] \tag{14・7}$$

(5) 高圧電線路の Z_H の値

　900[kW]クラスの太陽電池発電所は，電力の需要密度が低い郡部に建設されることが多いため，高圧配電線路に屋外用架橋ポリエチレン絶縁電線(OC電線)の導体が60 mm²の硬銅より線が多く適用され，60 Hzの $\%\dot{Z}_H$[%] の値は約 $0.37 + j\,0.41[\Omega/\text{km}]$ です．この電線路の亘長は，郡部における平均的な5[km]を想定し，基準容量1 000[kV・A]の $\%\dot{Z}_H$[%] の値を，次式で求めます．

$$\%\dot{Z}_\mathrm{H} = (0.37 + j\,0.41) \times 5 \times \frac{1\,000}{10 \times 6.6^2} = 4.247 + j\,4.706\,[\%] \quad (14\cdot8)$$

(6) 配電用変電所の %Z 値の扱い

6.6 kV 配電線路の短絡故障電流値を求める計算には，配電用変電所の 6.6 kV 母線から電源側の %Z[%]値を考慮する必要がありました。しかし，全ての配電用変電所で，負荷時タップ切換変圧器(LRT)により 6.6 kV 母線の電圧が一定値に自動調整されていますから，電圧が緩慢に変化する現象の計算の場合には，6.6 kV 母線から電源側の %Z[%]値は考慮する必要はありません。

(7) 電源側を総合した ΣZ の値

以上で求めた各 %Z の値を，先の図 14·3 の中に示します。その図の配電用変電所の 6.6 kV 母線の点 S から PCS の交流出力の点 G までを総合した値を $\Sigma\%\dot{Z}$ [%]として，次式で求めます。

$$\Sigma\%\dot{Z} = \%\dot{Z}_\mathrm{H} + \%\dot{Z}_\mathrm{T} + \%\dot{Z}_\mathrm{L}\,[\%] \quad (14\cdot9)$$
$$= (4.247 + 0.650 + 7.887) + j(4.706 + 4.756 + 1.444)\,[\%] \quad (14\cdot10)$$
$$= 12.784 + j\,10.906\,[\%] = 16.804\,[\%]\angle + 40.47\,[°] \quad (14\cdot11)$$

2. 発電に伴う電圧上昇値の検討方法

前述のとおり，配電用変電所の 6.6 kV 母線の電圧 V_S の値は，LRT タップの自動調整により一定値に制御されていますから，この V_S を電圧ベクトルの基準にして，次ページの図 14·4 のように描くことができます。その V_S の値は，平日の昼間帯の制御目標値を 6 720[V]で運用する変電所が多く，6 600[V]が 100[%]ですから上記の 6 720[V]は 101.82[%]に相当します。

次ページの図 14·4 は，運転中の配線損失が最も少ない力率 100[%]の場合の電圧ベクトル図です。この図は，前述のように電圧が一定値に制御されている配電用変電所の 6.6 kV 母線の $\dot{V}_\mathrm{S}$ を基準ベクトルにして，発電電流 $\dot{I}_\mathrm{G}$[pu]と総合の $\Sigma\%\dot{Z}$[%]のベクトル積(図の太い点線で示した線分)をベクトル加算して，PCS 出力の点 G の電圧ベクトル $\dot{V}_\mathrm{G}$ を描いています。

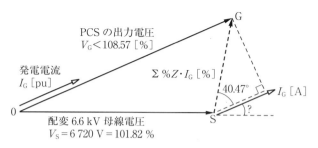

図14・4　V_Sを基準にした電圧ベクトル図
（発電力率100％の場合）

しかし，この図の$\dot{V}_S$に対する発電電流$\dot{I}_G$の位相角が未知数のため，$\dot{V}_S$に$\Sigma\%\dot{Z}\cdot\dot{I}_G[\%]$をベクトル加算することができません。そこで，この図を時計方向に約30[°]回転させて，次ページの**図14・5**のように表します。

次ページの図14・5は，上の図14・4を単に約30[°]回転させただけですから，本質的には両図は同じ内容ですが，これから電圧計算を行う上で"基準とする電圧の考え方"が次のように異なります。

次ページの図14・5は，PCSの出力端子の設計上の上限値$\dot{V}_G$の電圧ベクトルを基準に描いています。つまり，絶対値と位相角が既知である$\dot{V}_G$を，電圧計算の考え方の出発点にして，その$\dot{V}_G$から$\Sigma\%\dot{Z}\cdot\dot{I}_G[\%]$の電圧ベクトルを差し引いて，6.6kV母線の電圧$\dot{V}_S$の値を求めます。

試算の結果，絶対値V_Sが6 720[V]＝101.82[％]よりも小さければ，電圧上昇値が大きいことを表しますから，最初に想定した絶対値V_Sの108.57[％]よりもさらに高電圧になり，PCSによる有効電力の出力抑制が生じることを表します。

それとは逆に，試算の結果，V_Sの絶対値が6 720[V]＝101.82[％]よりも大きければ，電圧上昇値は小さく，想定したV_Gの108.57[％]よりも低い電圧に収まるので，PCSによる有効電力の出力抑制は生じないことを表します。

以上の計算方法により，発電設備が全出力の450[kW]のとき，次の(1)及び(2)のケースについて，電圧状況の試算を行います。
(1)　PCSの運転力率を100[％]にした場合
(2)　PCSの運転力率を，全出力時の限度の進み90.9[％]にした場合

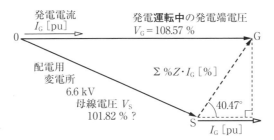

図 14·5　検討方法を示す電圧ベクトル図
（発電力率 100 % の場合）

3. 力率 100 % 固定で運転した場合の電圧状況と出力制限発生の有無

図 14·5 の発電電流 I_G[pu] の大きさは V_G の大きさに反比例します。その V_G はまだ未知数ですから，上述のように仮に 108.57[%] を想定します。発電の総出力が 900[kW] で運転力率が 100[%] のとき，1 000[kV·A] を基準とした単位法表示の発電電流 I_G[pu] の大きさを，次式で求めます。

$$|I_G| = \frac{900[\text{kW}]}{1\,000[\text{kV·A}] \times 1.085\,7[\text{pu}]} = 0.829\,0[\text{pu}] \quad (14·12)$$

図 14·5 に示した PCS の出力電圧 $\dot{V}_G$ から，$\Sigma\%\dot{Z}\cdot\dot{I}_G$[%] をベクトル減算して，6.6 kV 母線の電圧 $\dot{V}_S$[%] を試算します。

$$\dot{V}_S[\%] = \dot{V}_G[\%] - \Sigma\%\dot{Z}[\%] \times \dot{I}_G[\text{pu}] \quad (14·13)$$

$$= (108.57[\%]\angle 0) - (16.804[\%]\angle +40.47) \times (0.8290[\text{pu}]\angle 0) \quad (14·14)$$

$$= (108.57[\%]\angle 0) - (13.931[\%]\angle +40.47) \quad (14·15)$$

$$= (108.57 + j0) - (10.60 + j9.04)[\%] \quad (14·16)$$

$$= 97.97 - j9.04[\%] = 98.39[\%]\angle -5.27[°] \quad (14·17)$$

実際の電圧上昇値は，V_G の仮の数 108.57[%] と，(14·17) 式で求まった 98.39[%] との差の 10.18[%] です。前述のとおり，V_S は 101.82[%] の一定値で自動調整されていますから，V_G は 112.00[%] まで上昇し，設計上の上限値の 108.57[%] を超えており，PCS の過電圧保護機能が動作する設定電圧値の 230 V（109.52[%]）も超過しています。そのため，有効電力の出力が抑制されますが，それでも 230 V 未満に収まらなければ PCS が自動停止します。その対策として，進み力率運転を行った場合の電圧状況の試算を次項にて行います。

4. 進み力率運転時の電圧状況と出力制限発生の有無

この項では，発電設備が全出力の 900[kW] のときの進み力率の限度である 90.9[%] で運転を行った場合の電圧状況を試算します。PCS の出力電圧 V_G の仮の値は，前項の 112.00[%] よりも改善されますから 107[%] と想定し，発電出力 900[kW] のときの 1 000[kV·A] を基準とした単位法表示値の $\dot{I}_G$[pu] の大きさを，次式で求めます。

$$|\dot{I}_G| = \frac{\dfrac{900[\text{kW}]}{0.909}}{1\,000[\text{kV·A}] \times 1.07[\text{pu}]} = 0.925\,3[\text{pu}] \tag{14·18}$$

進み力率 90.9[%] の値を基に，力率角 θ[°] を次式で求めます。

$$\theta = \cos^{-1} 0.909 = +24.63[°] \tag{14·19}$$

この力率角で運転中の電圧ベクトル図を，次の**図 14·6** に示します。

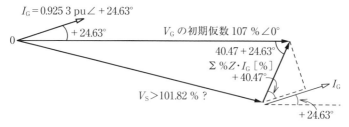

図 14·6　進み力率 90.9 % で運転中の電圧ベクトル図

図 14·6 を基にして，電圧ベクトル $\dot{V}_S$ を次式以降で求めます。

$$\dot{V}_S[\%] = \dot{V}_G[\%] - \sum \% \dot{Z}[\%] \times \dot{I}_G[\text{pu}] \tag{14·20}$$

$$= (107.00[\%] \angle 0) - (16.804[\%] \angle +40.47) \times (0.925\,3[\text{pu}] \angle +24.63) \tag{14·21}$$

$$= (107.00[\%] \angle 0) - (15.55[\%] \angle +65.10) \tag{14·22}$$

$$= (107.00 + j\,0.0) - (6.55 + j\,14.10)[\%] \tag{14·23}$$

$$= 100.45 - j\,14.10[\%] = 101.43[\%] \angle -7.99[°] \tag{14·24}$$

実際の電圧上昇値は，V_G の仮数の 107.0[%] と，(14·24) 式で求まった 101.43[%] との差の 5.57[%] です。前述のとおり，V_S は 101.82[%] の一定値ですから，<u>V_G は 107.39[%] まで上昇します</u>が，事前に設計上の電圧上限値と考えた <u>228[V] = 108.57[%]</u> 以下に収まっています。ですから，PCS の自動停止，及び<u>有効電力の出力抑制は進相運転を行うことにより回避</u>できます。

5. 交流過電圧の予防方法のまとめ

　太陽電池発電所の発電規模が大きい場合には，広大な敷地面積が必要となり，その結果，構内の交流低圧電路の長さが長くなります。そのため，交流低圧電路に過電圧を生じやすくなり，PCS の過電圧保護機能により有効電力の出力抑制が発生する機会が増加します。その電圧過昇を設計段階で回避する方法を，以下にまとめます。

> (1) 変圧器を**分散配置**することにより，PCS から変圧器の一次側端子までの交流低圧電路の長さを短く設計できます。ただし，分割数を多くし過ぎると，変圧器を収納するキュービクルの合計価格が高くなりますから，ここで検討対象にした 900 kW 級の場合は，2〜3 分割が最も経済的です。
>
> (2) 変圧器一次側の定格電圧値と PCS の交流出力電圧値を，50 Hz 系は **420 V** を，60 Hz 系は **440 V** を選定する方法により，交流低圧電路の許容長さが約 3〜4 倍に長くすることができます。
>
> (3) 変圧器の高圧巻線のタップ電圧を **6 750 V** に選定する。特に，一次側定格電圧値が 440 V の 60 Hz 器の場合は効果が大きいです。ただし，タップ電圧の選定は，変圧器の発注仕様書にて指定する事項ですから，購入後の変更は困難な変圧器があります。
>
> (4) 交流低圧電路に，導体断面積が大きなケーブルを適用する場合には，単導体ケーブルを 3 本敷設する方法は曲がり部分の作業性がよいのですが，3 本より合わせた**トリプレックス形**の CVT ケーブルを適用することにより，導体相互の間隔を短縮でき，その結果として作用リアクタンス値を少し減少させることができます。

　発電所構内の交流低圧電路の過電圧予防の主な設計内容は上述のとおりですが，その全てが設計段階で電圧の設計計算書により事前に決定すべき事項です。もしも，運転を開始した後に，PCS の過電圧保護機能により有効電力の出力制限が生じていることに気付いたときには，太陽電池発電所の最も出力が大きな 4 月〜9 月の間に，以上に述べた過電圧の現象が恒常的に発生し，発電事業の経営に重大な悪影響を与えてしまいます。ですから，この講義 14 で紹介した電圧過昇に関する**事前の設計計算法**が，大変に重要なのです。

講義 15

実務的な系統相差角とループ潮流の計算法

この講義では,隣接する系統間の分離点における相差角の求め方と,分離点の遮断器を閉じたときに流れるループ・イン潮流値の計算法について解説します。

1. 電力系統の構成と系統電圧の相差角

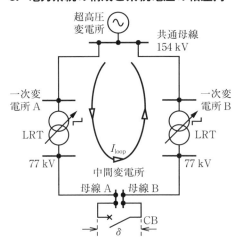

図15・1 系統相角差 δ とループ・イン電流 I_{loop} が流れる経路

図 15・1 は,隣接する二つの 77 kV 系統の相電圧同士の位相角の差,すなわち "系統相差角 δ" の説明図です。この図の中間変電所の母線 A と母線 B を連絡する遮断器 (CB) が開放状態のとき,ここを**系統分離点**と言います。その系統分離点に現れる両系統の同じ相の相電圧間の位相角の差を**系統相差角**と言い,$\delta[°]$ で表します。

先に講義 10 で述べた "変圧器の返還負荷法" の概要は,2 台の被試験変圧器の LRT タップ位置に差を設け,差電圧 ΔV を発生させ,その ΔV を電源として,試験電流を流す試験方法でした。これから述べる "系統相差角 δ" が生じている系統分離点においても,同様に差電圧が発生していますから,CB を閉じる操作(ループ・イン操作)を行うことにより,図 15・1 の中に太線で示したループ・イン電流 I_{loop} が流れます。その電流値の求め方は,返還負荷法の場合と同様に考えることができます。以上の "両者の差電圧" は,それが発生する要因が互いに似ていますが,異なる点もあります。

図15・2 は,返還負荷法の変圧器二次側の双方の相電圧ベクトルを実線と点線に分けて表した図です。この図の双方の相電圧ベクトルは,**同じ相の電圧**ですから,差電圧 ΔV は "相電圧の絶対値の差" によって生じています。

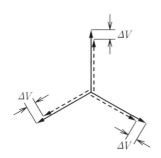

図15·2 返還負荷法の場合の両相電圧の状況(一例)

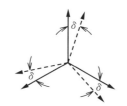

図15·3 系統分離点における両相電圧の状況(一例)

一方，これから解説する"系統相差角 δ"が生じている系統分離点では，図15·3に示すように，双方の相電圧の絶対値がほぼ等しい状態であり，差電圧は**相電圧の位相差**によって生じています。そのように電圧絶対値が等しい理由は，先に図15·1で示した系統図のループ内にある LRT タップを，ループ・イン操作の直前に等しくなるように，操作員が調整するからです。しかし，共通母線から系統分離点までの相電圧の遅れ角は，(後に解説するように)"電源リアクタンス値と有効電力潮流値の積"によって決まる値ですら，双方の遅れ角は一般的に異なった角度で現れ，それが"系統相差角 δ"を生じる源になっています。

先に図15·1で示した系統分離点でループ・イン操作を行ったとき，両系統内にループ状にループ・イン電流 I_{loop} が流れます。その I_{loop} の値と系統電圧値との積が，ループ・イン潮流(電力) P_{loop} です。その P_{loop} の値が過大であると，系統内に電気的な擾乱を生じ，同期発電機の運転が不安定になるなどの不具合を生じます。その予防措置として，系統運用の担当者はループ・イン操作の直前に"系統相差角 δ"を遠方監視制御装置にて計測し，概ね 15[°]以内であることを確認し，予定の操作を実施しています。そのため，系統相差角 δ とループ・イン潮流 P_{loop} の関係を理解することは，系統運用の実務上きわめて重要なことです。

上記の図15·3は，両系統の3相分の相電圧ベクトルを表しましたが，その3相のうちの代表の1相分を取り出して表したものが次ページの図であり，その図にて系統相差角 δ とループ・イン潮流 P_{loop} の関係を説明します。

図15·4は，系統相差角 δ[°]と，ループ・インの操作直後に流れるループ・イン電流 I_{loop}[pu]のベクトル図です。この図の δ[°]は，見やすくするために大きな角度で描いてありますが，実際のループ・イン操作時の許容上限値は，前述のとおり 15[°]以内です。しかし，操作時の系統擾乱は小さいほど望ましいた

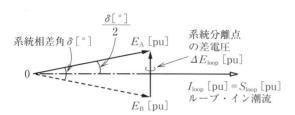

図15·4　系統相差角 δ とループ間の差電圧 ΔE_{loop}

め，大半は10[°]以内で操作しています。そのため，図15·4で表した $\dot{E}_\text{A}$ と $\dot{E}_\text{B}$ の両ベクトルは，この図を見る印象よりは同位相に近い状態です。そして，$\dot{E}_\text{A}$ と $\dot{E}_\text{B}$ の双方に近似の相電圧ベクトルを $\dot{E}$ として表し，系統分離点の差電圧 $\Delta \dot{E}_{\text{loop}}[\text{pu}]$ の概数値は次式で表せます。

$$\Delta \dot{E}_{\text{loop}}[\text{pu}] \fallingdotseq +j\, 2 \times \dot{E}[\text{pu}] \times \sin\frac{\delta}{2} \tag{15·1}$$

この式の"$+j$"の符号の意味は，図15·4に示した系統分離点の相電圧ベクトル $\dot{E}_\text{A}$，$\dot{E}_\text{B}$ に対して，$\Delta\dot{E}_{\text{loop}}$ がほぼ90[°]進み位相で現れることを表します。

上述のように，相差角 δ の実情としては0[°]〜10[°]の範囲内で操作を実施していますから，その中間の5[°]を例にして，(15·1)式の $2\times\sin(\delta/2)$ の項を，$\tan\delta[°]$ で置き換えが可能か否かを，以下のように調べてみます。

$$2 \times \sin 2.5[°] = 0.087\,2 \tag{15·2}$$
$$2 \times \tan 2.5[°] = 0.087\,3 \tag{15·3}$$
$$\tan 5.0[°] = 0.087\,5 \tag{15·4}$$

以上三つの式の各数値は互いに近似ですから，(15·1)式の $2\times\sin(\delta/2)$ の項は $\tan\delta[°]$ に置き換えることができ，次式に変換することができます。

$$\Delta \dot{E}_{\text{loop}}[\text{pu}] \fallingdotseq +j\, \dot{E}[\text{pu}] \times \tan\delta \tag{15·5}$$

この(15·5)式の差電圧 $\Delta\dot{E}_{\text{loop}}$ を電源として，ループ・イン操作時にループ・イン電流 $\dot{I}_{\text{loop}}$ が流れます。その $\dot{I}_{\text{loop}}$ の経路を一巡するインピーダンスを $\dot{Z}_{\text{loop}}[\Omega]$ として，ループ・イン電流 $\dot{I}_{\text{loop}}[\text{A}]$ は，オームの法則にて次式で表せます。

$$\dot{I}_{\text{loop}}[\text{A}] = \frac{\Delta \dot{E}_{\text{loop}}[\text{V}]}{\dot{Z}_{\text{loop}}[\Omega]} \tag{15·6}$$

(15·6)式を単位法(pu法)表示の式に変換しますが，その方法は単に[V][A][Ω]の単位を[pu]の単位に書き変えればよいので，次式のように表せます。

$$\dot{I}_{\text{loop}}[\text{pu}] = \frac{\Delta \dot{E}_{\text{loop}}[\text{pu}]}{\dot{Z}_{\text{loop}}[\text{pu}]} \tag{15·7}$$

この式の左辺のループ・イン電流 $\dot{I}_{\text{loop}}$ は，変圧器を通過するたびに大きさが変化しますから，系統運用の実務としては不便です。そのため，(15·7)式の左右

両辺に，次式に示すように基準位相である系統電圧の絶対値 V を乗算して，皮相電力 $\dot{S}_{\text{loop}}$ を表す式に変換します．その後に，実用的な有効電力 P_{loop} の値を考えます．

$$\dot{S}_{\text{loop}}[\text{pu}] = V[\text{pu}] \times \dot{I}_{\text{loop}}[\text{pu}] = V[\text{pu}] \times \frac{\Delta \dot{E}_{\text{loop}}[\text{pu}]}{\dot{Z}_{\text{loop}}[\text{pu}]} \tag{15・8}$$

実際の系統電圧 V の値は，公称電圧に等しい $1[\text{pu}]$ の一定値に仕上がるように自動調整していますから，この実情を(15・8)式に反映して，次式で表します．

$$\dot{S}_{\text{loop}}[\text{pu}] = \dot{I}_{\text{loop}}[\text{pu}] = \frac{\Delta \dot{E}_{\text{loop}}[\text{pu}]}{\dot{Z}_{\text{loop}}[\text{pu}]} \tag{15・9}$$

先の(15・5)式の右辺を，(15・9)式の $\Delta \dot{E}_{\text{loop}}[\text{pu}]$ に代入し，次式で表します．

$$\dot{S}_{\text{loop}}[\text{pu}] = \frac{+j\dot{E}[\text{pu}] \times \tan\delta[°]}{\dot{Z}_{\text{loop}}[\text{pu}]} \tag{15・10}$$

ここで，線間電圧 V が $1[\text{pu}]$ のとき，相電圧 E も $1[\text{pu}]$ ですから，その値を(15・10)式に代入します．また，両系統内のループ・インピーダンス値は，先にも述べたように抵抗分は大変に小さいため十分に無視が可能であり，誘導性リアクタンス分の $+jX_{\text{loop}}[\text{pu}]$ のみとして計算しても十分な実用精度が得られます．以上の実情を(15・10)式に反映して，次式に変換できます．

$$\dot{S}_{\text{loop}}[\text{pu}] = \frac{+j1[\text{pu}] \times \tan\delta[°]}{+jX_{\text{loop}}[\text{pu}]} = \frac{\tan\delta[°]}{|X_{\text{loop}}|[\text{pu}]} \tag{15・11}$$

この(15・11)式の中央の分数式の分母と分子の双方に虚数符号の"$+j$"がありますが，この両者は相殺(そうさい)して消えます．そのため，最右辺の分母の X_{loop} には虚数符号を付けない絶対値を代入します．よって，(15・11)式の $\dot{S}_{\text{loop}}$ の位相角は，先に図15・4で示したように，相電圧ベクトル $\dot{E}_{\text{A}}$, $\dot{E}_{\text{B}}$ とほぼ同位相であり，$\dot{S}_{\text{loop}}$ の実態は有効電力 P_{loop} です．このループ・イン電力 P_{loop} は，電圧位相が進んでいる系統側から遅れている系統側へ流れ，その大きさは次式で表されます．

$$\dot{S}_{\text{loop}}[\text{pu}] = P_{\text{loop}}[\text{pu}] = \frac{\tan\delta[°]}{|X_{\text{loop}}|[\text{pu}]} \tag{15・12}$$

ここで，$P_{\text{loop}}[\text{pu}]$ と $X_{\text{loop}}[\text{pu}]$ の値を基準容量 $10[\text{MV}\cdot\text{A}]$ の値に換算して，ループ・イン操作時に環流する電力 $P_{\text{loop}}[\text{MW}]$ の値は，次式で表せます．

$$P_{\text{loop}}[\text{pu}] = \frac{P_{\text{loop}}[\text{MW}]}{10[\text{MV}\cdot\text{A}]}, \quad |X_{\text{loop}}|[\text{pu}] = \frac{|\%X_{\text{loop}}|[\%]}{100[\%]} \tag{15・13}$$

$$\frac{P_{\text{loop}}[\text{MW}]}{10[\text{MV}\cdot\text{A}]} = \frac{\tan\delta[°]}{\frac{|\%X_{\text{loop}}|[\%]}{100[\%]}} = \frac{\tan\delta[°] \times 100[\%]}{|\%X_{\text{loop}}|[\%]} \tag{15・14}$$

$$P_{\text{loop}}[\text{MW}] = \frac{\tan\delta[°] \times 10[\text{MV}\cdot\text{A}] \times 100[\%]}{|\%X_{\text{loop}}|[\%]} \tag{15・15}$$

両系統間のループ・リアクタンス $\%X_{\text{loop}}[\%]$ の値は既知数ですから，系統分離点の相差角 $\delta[°]$ の値を，遠方監視制御装置にて操作直前に計測すれば，(15・15)式によりループ・イン操作の直後に流れる $P_{\text{loop}}[\text{MW}]$ の値を事前に得られます。

次に，ループ・イン操作時に許容できるループ・イン潮流値 $P_{\text{loop}}[\text{MW}]$ が既知数で，かつ，ループ・リアクタンス $\%X_{\text{loop}}[\%]$ の値も既知数である場合に，操作直前の系統相差角 $\delta[°]$ の値が何 $[°]$ 以内ならば，操作の実施が可能かを判断する際の $\delta[°]$ の値は，(15・15)式を基にして次式で算出できます。

$$\tan\delta[°] = \frac{P_{\text{loop}}[\text{MW}] \times |\%X_{\text{loop}}|[\%]}{10[\text{MV}\cdot\text{A}] \times 100[\%]} \tag{15・16}$$

$$\delta[°] = \tan^{-1}\frac{P_{\text{loop}}[\text{MW}] \times |\%X_{\text{loop}}|[\%]}{10[\text{MV}\cdot\text{A}] \times 100[\%]} \tag{15・17}$$

(15・17)式の $\tan^{-1}$ は"アーク・タンジェント"と読み，直角三角形の直角を挟む2辺が既知数であるとき，角度 δ を求める関数です。この式を使用するには，関数電卓が必要ですが，系統運用業務を担う給電制御所の当直者は，即決・即断の職場ですから，簡易電卓にて手軽に概数値を求める方法が好ましいです。

そこで，ループ・イン操作時の多くが，系統相差角 δ を $0\sim10[°]$ の範囲内にあるときに実施している実情を踏まえて，その範囲の中間値である $\delta=5[°]$ を代表ポイントとした **$\tan\delta$ の平均値**を，次式にて求めます。

$$\frac{\tan 5[°]}{5[°]} = \frac{0.087\,49}{5[°]} = 0.017\,50[/°] \tag{15・18}$$

この $\tan\delta$ の平均値を上の(15・15)式に適用して，ループ・イン操作時に流れるループ・イン潮流 $P_{\text{loop}}[\text{MW}]$ の概数値を，次式で表せます。

$$P_{\text{loop}}[\text{MW}] \fallingdotseq \frac{0.017\,50 \times \delta[°] \times 10[\text{MV}\cdot\text{A}] \times 100[\%]}{|\%X_{\text{loop}}|[\%]} \tag{15・19}$$

$$= \frac{17.50 \times \delta[°]}{|\%X_{\text{loop}}|[\%]} \tag{15・20}$$

当然，(15・20)式の解には少々の誤差を含みますから，関数電卓が手元にある

ときは先の(15·15)式，(15·17)式を使用して算出してください。

ここで，(15·15)式，(15·17)式を応用して解く例題に挑戦してみましょう。

例題1

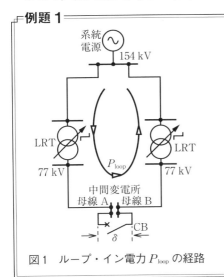

図1 ループ・イン電力 P_{loop} の経路

図1に示す系統の10[MV·A]基準のループ・リアクタンス値が$+j1.0[\%]$で，系統分離点の母線Aが母線Bに対して10[°]進み位相のとき，図の遮断器(CB)にてループ・イン操作を実施した直後に流れるループ・イン電力 P_{loop} [MW]の値，及びその方向を答えなさい。

解法と解説 題意により，系統相差角δが10[°]，10[MV·A]基準のループ・リアクタンス値が1.0[%]ですから，これらの各数値を次の再掲(15·15)式に代入して，ループ・イン電力 P_{loop} [MW]の値を求めます。

$$P_{\text{loop}}[\text{MW}] = \frac{\tan\delta[°] \times 10[\text{MV·A}] \times 100[\%]}{|\%X_{\text{loop}}|[\%]} \quad \text{再掲}(15\cdot15)$$

$$= \frac{\tan 10[°] \times 10 \times 100}{1.0} = 176.3[\text{MW}] \quad (1)$$

この式の $\%X_{\text{loop}}$ には**絶対値**の代入が正しいのですが，誤って正の虚数符号を付記すると，遅れ無効電力の誤答になります。

図2は，系統分離点の双方の電圧に高低差又は位相差がある場合に，ループ・イン操作実施の直後に流れる電力の種別とその方向を表しています。設問の P_{loop} は，電圧位相が進んでいる母線Aから遅れている母線Bに向かって流れます。その P_{loop} は，ループ・イン操作直前の電力潮流にベクトル加算して現れますから，系統運用の実務としては，事前予想の電力潮流を有効電力と無効電力に分けて表しています。

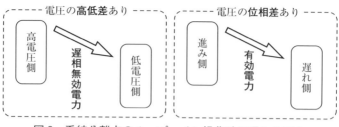

図2 系統分離点のループ・イン操作時に現れる電力

例題2

例題1の図1の系統図において，10[MV·A]基準で表したループ・リアクタンス値が+j2.0[%]のとき，ループ・イン操作の直前に，既に系統電源から中間変電所の母線Aの方向に流れている電力潮流が大きいために，さらに重畳して流すことが許される電力潮流値は100[MW]であった。この系統分離点において，ループ・イン操作を可能と判断できる系統相差角δ[°]の上限値を，小数点以下1位を切り捨てて整数の角で答えなさい。ただし，系統電源から母線Bの方向に流れている事前の電力潮流値は小さく，ループ・インの操作制限は生じないものとする。

解法と解説 次の再掲(15·17)式の右辺の変数に，この設問で与えられた各数値を代入して，系統相差角δ[°]の上限値を求めます。

$$\delta[°] = \tan^{-1} \frac{P_{\text{loop}}[\text{MW}] \times |\%X_{\text{loop}}|[\%]}{10[\text{MV·A}] \times 100[\%]} \qquad 再掲(15·17)$$

$$= \tan^{-1} \frac{100 \times 2.0}{10 \times 100} = \tan^{-1} 0.2 = 11.3[°] \fallingdotseq 11[°] \qquad (1)$$

この設問は，"系統分離点で母線Bに対して**母線Aが進み角**のとき，その系統相差角δの限度値は11[°]である"が解答です。

もしも，母線Bに対して母線Aが遅れ位相の場合には，δ[°]が(15[°]以内の範囲で)11.3[°]以上であっても問題は生じません。その理由は，母線Aが遅れ位相の場合には，操作前に系統電源側から母線Aの方向に流れている事前の有効電力を減少させる方向にループ・イン電力P_{loop}[MW]がベクトル加算して流れるためです。

系統運用の実務としては，より**安全**に操作を実施するために，(1)式で求まったδ[°]の値の小数点以下の端数処理は，四捨五入の方法ではなく，この解法と解説のように**端数切り捨て**の方法で処理し，余裕を持った値で表しています。

第2編
対称座標法

　電力系統に発生する1線地絡，2線短絡，2線地絡の故障を，不平衡故障といいます。その不平衡故障時には，三相3線式の電力回路の中で，地絡電流分は電力線と大地との間に流れ，短絡電流分は2相分の電力線間を流れ，それぞれ作用するインピーダンス値が大きく異なります。そのため，不平衡故障時の計算は相当に複雑になってしまいます。

　その複雑な計算を，簡単な単相回路である零相分，三相平衡回路の中で正方向に回転する正相分，それに逆方向に回転する逆相分の三つの対称分に分け，それら三つの各回路は簡単に解けるように工夫された解法が，この第2編で解説する対称座標法です。この対称座標法の基礎的な事項の解説から始め，電験問題を能率よく解く方法，さらに系統運用部門の技術者に役立つ実務的な計算手法について，解説図を豊富に使用して，分かり易く解説しました。

講義01

対称座標法は，どんなときに使う計算法か

1. 3相が平衡状態と不平衡状態

この第2編では，三相3線式の電力回路の相名を A 相，B 相，C 相と呼称します。次の図1・1に示すように，各相の相電圧を $\dot{E}_A$, $\dot{E}_B$, $\dot{E}_C$ として，各線間電圧を $\dot{V}_{AB}$, $\dot{V}_{BC}$, $\dot{V}_{CA}$ として表します。その線間電圧 $\dot{V}_{AB}$ は，A 相電線の電圧を B 相電線の電圧から見た線間電圧を表します。同様に，$\dot{V}_{CA}$ は C 相電線の電圧を A 相電線の電圧から見た線間電圧です。この添字を，アルファベット順の $\dot{V}_{AC}$ に変えると，A 相電線の電圧を C 相電線の電圧から見た線間電圧に変わりますから，その電圧ベクトルは $\dot{V}_{CA}$ を 180[°]反転させた位相角に変わります。

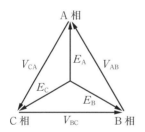

図1・1　3相の相電圧と線間電圧とその呼称

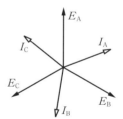

図1・2　3相が平衡故障時の相電圧と線電流の状況

前の第1編では，三相3線式の電力回路に，3相が同時に短絡又は地絡の故障を生じた場合に適用する%Z法，及び単位法について解説しました。その3相故障が発生中の各相の電圧及び各線電流の状態の一例を，上の図1・2に示します。この図のように，$\dot{E}_A$, $\dot{E}_B$, $\dot{E}_C$ の絶対値が互いに等しく，かつ，120[°]ずつ位相が開いています。また，各相の線電流 $\dot{I}_A$, $\dot{I}_B$, $\dot{I}_C$ の絶対値も互いに等しく，かつ，120[°]ずつ位相が開いています。この故障を **"3相分が平衡した故障"** 又は略して **"平衡故障"** と言います。

この第2編も，三相3線式の電力回路を対象にしますが，3相分の電圧，電流

が平衡状態ではない電気現象を扱います。その一例として，次の**図1・3**に示すB相とC相の2線地絡故障を示します。この平衡状態ではない故障が発生中の各相の対地電圧，及び各相の線電流は(後の講義で詳細に解説しますが)**図1・4**のベクトル図で表されます。この図のように，3相が平衡していない状態を"**不平衡故障**"と言います。これ以外に，1線地絡故障，2線短絡故障も不平衡故障の範疇であり，それらの故障計算や解析などを行う際に，対称座標法を使用しています。

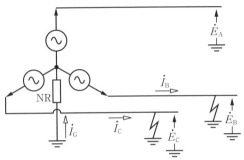

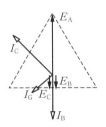

図1・3　BC相2線地絡故障時の電力回路

図1・4　BC相2線地絡故障時の対地電圧と線電流(一例)

2. 平衡3相電流と不平衡3相電流に対する作用 Z の相違

初めに，「三相回路に**不平衡電流**が流れるときの計算に，なぜ**対称座標法**を使用するのか？」の疑問に対し，**図1・5**を使用して説明します。この図は，電源の相電圧 $\dot{E}_A$，$\dot{E}_B$，$\dot{E}_C$ の絶対値を $E[V]$ とし，平衡な3相の線電流が発電機，変圧器，送電線路に流れているときに作用するインピーダンス(以下「Z」と略記する)の合成の絶対値を $Z[\Omega]$ で表しています。この図の送電線路の遮断器記号の所で，3相短絡故障，すなわち**平衡故障**を発生させたとき，電源から故障点に流れる電流値は，(過渡時間領域を過ぎて定常時間領域になった後は)$E[V]/Z[\Omega]$ で求まります。

しかし，同じ地点で図の右側の単極遮断器を閉

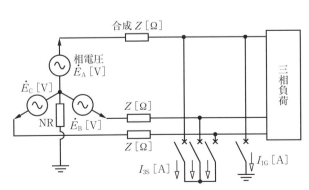

図1・5　三相短絡故障と1線地絡故障の様相

じて，**不平衡故障**の一種である1線地絡故障を発生させたとき，その線電流値は$E[\text{V}]/Z[\Omega]$で求めることが<u>できません</u>。その理由は，電力回路に作用する発電機，変圧器，送電線の<u>各Z値が，平衡電流のときと，**不平衡電流のときとで大きく異なる</u>ためです。この「作用Z値が大きく変化する現象」を正しく理解することが，対称座標法の基本事項を理解する上で大変に重要であるため，以下にその要点を述べます。

(1) 同期発電機の作用Z

次の図1·6に，同期発電機の（固定子鉄心は省略して）電機子巻線と界磁巻線を示します。この図の電機子巻線に平衡3相電流が流れると，3相分の各電機子巻線に**交番磁束**が発生します。その交番磁束の3相分を合成した磁束は，大きさが一定値で，界磁巻線と同じ方向に回転する**正回転磁束**になります。その"電機子の合成磁束"と"界磁巻線"の運動方向は，左の**図1·7**の図(a)に示すように，両者に相対的な速度差がない状態で回転するため，両者間にはファラディーの電磁誘導の法則の起電力は発生せず，界磁巻線に被誘導電流は流れません。そのときの同期発電機の空隙磁束は大きい状態のため，大きな同期Z

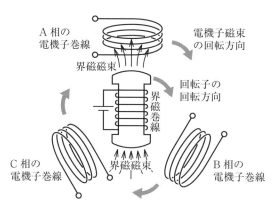

図1·6 同期発電機の界磁磁束と電機子磁束

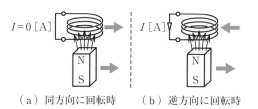

(a) 同方向に回転時　(b) 逆方向に回転時

図1·7 電機子磁束と回転子巻線の運動方向

値で作用します。その一例として，火力発電所の円筒形同期発電機の同期%Z値は，自己容量基準で表して約150〜170[%]の大きな値です。

一方，1線地絡や2線地絡など<u>不平衡故障時の電機子巻線には（後に詳述するように）<u>不平衡電流の一種である**単相電流**の成分が流れ，その電流は（これも後に

詳述するように)**正相分電流**と**逆相分電流**に分けられます。そのうちの**正相分電流**は，界磁巻線と同じ方向に回転する平衡電流分ですから，図1・6，及び図1・7の図(a)に示した関係にあり，大きな**同期Z値**として作用します。

今一つの**逆相分電流**は，界磁巻線に対して逆方向に回転する平衡電流分であり，その電流により発生する"電機子の合成磁束"と"界磁巻線"とは，先の図1・7の図(b)に示すように，互いに逆方向に運動するため，相対的な速度差は同期速度の2倍になります。その結果，界磁巻線に電磁誘導現象が作用して，定格周波数の2倍の周波数の大きな被誘導電流が界磁巻線に流れます。そのように「大きな被誘導電流が流れる状態」の空隙磁束は小さいため，同期発電機は大変に小さなZ値で作用します。左ページで述べた火力発電機の逆相分電流に対する%Z値は22～26[%]程度であり，同期Z値の150～170[%]に比べて，格段に小さな値で作用します。そのため，同期発電機が電力回路に作用するZ値は，通常運転時の正相電流分に対しては150～170[%]の大きなZ値で作用し，一方不平衡故障時の逆相分電流に対しては22～26[%]の小さなZ値で作用しますから，対称座標法を使用して，この大きな違いの両者のZ値を正しく使い分ける必要があります。

(2) 変圧器の作用Z

次の**図1・8**は，三相変圧器に平衡3相電流が流れたときの電流分布を示します。この図に示したとおり，平衡3相電流は変圧器の一次～二次巻線間に流れますから，このとき電力回路に作用するZ値は一次～二次巻線間の漏れZ値です。そして，二次巻線側の三相負荷の電流分は，変圧器の三次巻線(又は安定巻線)には流れませんから，この図の電力回路に三次巻線間の漏れZ値は関与しません。

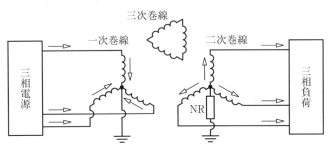

図1・8　平衡3相電流が変圧器巻線を流れる状況

一方，次ページの**図1・9**に示す1線地絡故障電流が変圧器巻線を通過するときの電流分布は，その1/3が零相分電流となって三次巻線に流れますから，二次～

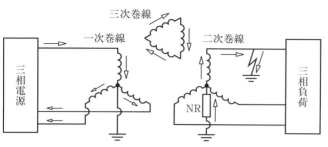

図1・9 1線地絡電流が変圧器巻線を流れる状況

三次巻線間の漏れZ値が作用します。また，正相分と逆相分の電流が各1/3ずつ一次〜二次巻線間に流れますから，その一次〜二次巻線間の漏れZ値も作用します。

以上のように，変圧器部分を通過する電流が，図1・8に示した平衡3相電流のときと，図1・9に示した不平衡電流の一種の1線地絡故障電流のときとでは，異なったZ値で作用しますから，対称座標法を適用して，正しくZ値を使い分けなければなりません。

(3) 送電線路の作用Z

電力回路に作用する送電線路の$Z[\Omega]$値は，その実軸分を抵抗$R[\Omega]$，虚軸分を誘導性リアクタンス$+jX[\Omega]$で表します。そのXとRの絶対値の比（X/Rの値）は，77 kV 架空送電線路は4〜7程度，154 kV は6〜10程度と，Xの方が格段に大きな値です。特に，154 kV 以上の電力回路の故障解析には，送電線路の作用Z値としてR分を無視してX分のみで計算しても，実用的な精度が得られます。

その$X[\Omega]$の値は，インダクタンス$L[\mathrm{H}]$をω倍して求めます。その$L[\mathrm{H}]$の値は，送電線の導体半径を$r[\mathrm{m}]$，送電線部分に流れる往路電流の導体と復路電流の導体との相互離隔距離を$D[\mathrm{m}]$として，次式で求めます。

$$X = \omega \cdot L = \omega \times \left(\frac{1}{2} + 2 \times \log_\varepsilon \frac{D}{r} \right) \times 10^{-7} [\Omega/\mathrm{m}] \tag{1・1}$$

$$= \omega \times \left(0.05 + 0.460\,5 \times \log_{10} \frac{D}{r} \right) [\mathrm{m}\Omega/\mathrm{km}] \tag{1・2}$$

上の(1・1)式は自然対数を使用した理論式であり，(1・2)式は常用対数を使用した実用式であり，双方の単位が異なっています。この(1・1)式及び(1・2)式とも，往路と復路の電流が流れる導体相互の離隔距離$D[\mathrm{m}]$が変わると，$L[\mathrm{H}]$が変わり，$X[\Omega]$の値も変わります。すなわち，154 kV 以上の架空送電線路の導体断面積は大きいため$R[\Omega]$の値は小さく，導体相間の離隔距離$D[\mathrm{m}]$は大きいため$X[\Omega]$の値が大きく，その結果X/Rの値が大きくなります。

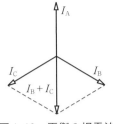

図1・10 平衡3相電流

左の図1・10に示すように、送電線に平衡3相電流が流れているとき、A相の線電流$\dot{I}_A$の帰路電流に相当するものは、B相電流$\dot{I}_B$とC相電流$\dot{I}_C$のベクトル和であり、$\dot{I}_A$の逆ベクトルの電流です。B相電流の$\dot{I}_B$、C相電流の$\dot{I}_C$についても、同様に帰路電流を考えます。そのため、送電線路に平衡3相電流が流れているときの往復電流間の離隔距離$D[m]$は小さな値です。その一例として、次の図1・11に示す77 kV系の架空送電線路の垂直縦配列の電力線の上〜中相間、及び中〜下相間の標準的な離隔距離は約2.5[m]ですから、平衡3相電流に対する等価離隔距離は、2.5×2.5×5.0の3乗根の計算により3.15[m]になります。

一方、図1・11に示した架空送電線のA相に1線地絡故障が発生し、線電流$I_G[A]$が流れたときの帰路電流は、その一部の$I_G'[A]$が架空地線を流れ、残りの$I_G''[A]$が地中を流れ、その電流は巨大な断面積の大地の中を流れることになります。その$I_G''[A]$の電流通路の中心線の地中深さは、(この図ではスペースの都合で浅い所に描きましたが)実際には大変に深い所を流れ、その深さは(大地の導電率により変化しますが)愛知県東北部に建設した275 kVの架空送電線路にて筆者が実測したX値を基に地中深さを逆算した結果、約1 500[m]でした。

つまり、前に(1・1)式で示した送電線路の作用リアクタンス$X[\Omega]$の値を求める式の中の"往・復電流の離隔距離Dの値"は、平衡3相電流に対しては3.15[m]を代入して求めますが、1線地絡故障時の地中に分流する$I_G''[A]$に対しては千数百[m]という桁違いに大きな離隔距離Dを代入して求めます。その

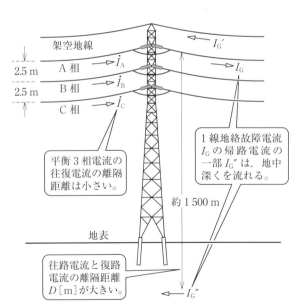

図1・11 往路と帰路の電流の離隔距離の相違

結果,非有効接地系である66～154 kV系の架空送電線路の例では,1線地絡故障時の零相分Zの値が,平衡3相電流に対して作用する正相分Zの値の約2～3倍になります(多導体の場合には倍数値が大きくなります)。そのように,作用X値が大きく異なるため,対称座標法を使用して,その両者を正しく使い分ける必要があります。

3. 不平衡3相回路に対称座標法を適用して解く方法のイメージ

前項で述べたように,発電機,変圧器,送電線路に流れる電流が,**平衡**電流か,それとも**不平衡**電流かによって,電力回路に作用するZ値が**大きく異なります**(ここが**超重要!**)。**平衡**電流が流れる場合は,第1編で解説した計算手法で解くことができますが,**不平衡**電流が流れる場合は,電力回路に作用するZ値が大変に複雑なため,オームの法則だけを直接的に適用して解くことはできません。

例えば,**ベクトルの加減算**を行う際に,実軸成分と虚軸成分に2分割し,それぞれ個別に計算して解を求め,その後に解を合成して,最終的な絶対値と位相角を求めます。そのように,実軸成分と虚軸成分に2分割するため,加減算を2回行う必要がありますが,しかし,その2回の加減算は容易に行えることが利点です。また,一つの回路中に電源が3箇所ある場合の計算法は,**重ね合わせの理**を適用して,容易に解ける1電源の回路に3分割し,それぞれの解を求めた後に,その三つの解を重ね合わせて,最終的な解を得られます。

電力回路の不平衡故障などに,対称座標法を適用して解く方法は,次の**図1・12**に示すように,対象の回路を(後に詳述する)**零相分回路,正相分回路,逆相分回路**に3分割し,各対称分回路の計算(これも後に詳述するように)で容易に解を求め,その後に三つの解を合成して,最終的な解を得る解析法です。

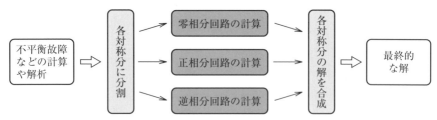

図1・12 不平衡回路を対称座標法で解く方法のイメージ図

講義02

零相分，正相分，逆相分とは何か

1. 零相分，正相分，逆相分の三つに分けることの利点

前の講義01の図1·12にて，対称座標法のイメージ図を示しながら，「対称座標法とは，解析対象である一つの電力回路を，（これから詳述する）**零相分回路，正相分回路，逆相分回路**の三つの対称分回路に分割し，それぞれの対称分回路にて対称分電圧，電流の計算を行い，その解を求めた後に，三つの解を合成して，最終的な解を得る解析法です。」という趣旨の説明をしました。つまり，元々一つの電力回路を，零相，正相，逆相の三つの対称分回路に分割して解く，一種の**分割計算法**なのです。

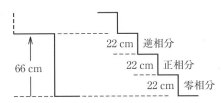

(a) 対称座標法以外の解法　　(b) 対称座標法

図2·1　対称座標法のイメージ図

左の**図2·1**は，対称座標法を階段の昇降動作に例えた図です。図(a)に示す階段は，段差が66 cmですから重い荷を持っての昇降は大変に困難です。一方，図(b)のように段差を22 cmにすれば，段数は3倍になりますが，1段当たりの昇降は容易にできます。

解析対象の電力回路を，対称座標法を適用して3分割すると，零相分回路には**零相分電流**が流れ，正相分回路には**正相分電流**が流れ，逆相分回路には**逆相分電流**が流れます。そして，"各相に流れる線電流が平衡状態ではない3相分の電流（以後「**不平衡電流**」と略記する）"を，零相分電流，正相分電流，逆相分電流の三つの対称分電流に分割することのイメージを，次ページの**図2·2**に示します。その図に示したように，3分割した後のそれぞれの対称分回路の計算は，（これから詳述しますが）単相回路と平衡回路ですから，上の図2·1の中の図(a)の階段のように難解ではなく，図(b)の階段のように容易です。そのように，3分割した対称分回路の計算がなぜ容易かを，次項以降にて零相分，正相分，逆相分の順に説明します。

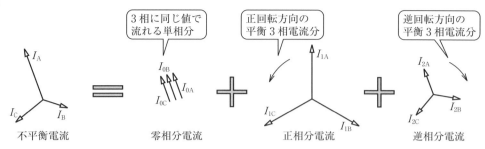

図2・2　不平衡電流を零相分，正相分，逆相分に分解した図（一例）

2. 零相分回路は，単相回路であるから容易に解ける

次の図2・3に示す三相3線式の電力回路の点Fにて1線地絡故障が発生したとき，その点Fに流れる1線地絡電流値を求める際に，点Fから電源側を見る零相分インピーダンス Z_0 の値を求めるステップがあります。

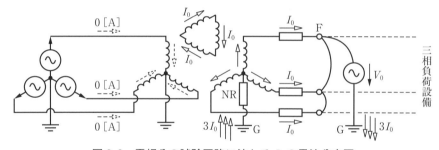

図2・3　零相分の試験回路に流れる I_0 の電流分布図

図2・3の点Fにて3相分の電力線を一括接続し，その接続点Fから大地Gの方向に，仮想的に単相電源の電圧 $V_0[\mathrm{V}]$ を接続します。その結果，3相の電力線に同じ電流値が流れ，その**1相分**（ここが重要！）の値が零相分電流 $I_0[\mathrm{A}/相]$ です。しかし，一般的には $I_0[\mathrm{A}]$ と書き表すため，"零相分電流 I_0 は，地絡故障点から大地へ流れる電流値ではなく，三相3線式電力回路の**1相分**の電流値である"ことを忘れてはいけないのです。本書では，皆さんが慣れるまでの間，あえて $I_0[\mathrm{A}/相]$ の単位を使用します。この図の印加電圧値 $V_0[\mathrm{V}]$ を，**1相分**の零相分電流 $I_0[\mathrm{A}/相]$ で除算した値が，**1相分の零相分インピーダンス** $Z_0[\Omega/相]$ の値です。この図は，三相3線式の電力回路ですが，$V_0[\mathrm{V}]$ は単相電圧であり，$I_0[\mathrm{A}/相]$ も単相電流ですから，その解は容易に求まります。なお，I_0 の方向が実

際の地絡故障時と一致するように，V_0 を点 F から大地の方向に描きます。

3. 正相分回路は，平衡 3 相回路であるから容易に解ける

先に図 2・2 で示した**正相分電流**は，第 1 編で述べた 3 線短絡電流と同じ平衡 3 相電流です。対称座標法では，その電流成分を I_1[A] の変数で表し，その相回転方向は三相同期発電機の界磁巻線と同方向であり，それを**正回転方向**と言います。その正相分電流が流れる正相分回路では，電力線の B 相の電圧と電流が A 相に干渉することはなく，C 相の電圧と電流も A 相に干渉しないため，A 相の電流解は A 相電圧を正相分の Z_1 の値で除算して簡単に求まります。また，正相分回路は平衡 3 相回路ですから，代表の 1 相分の電圧，電流の絶対値の解を，他の 2 相の(位相角のみ 120[°]ずつ変えて)そのまま適用できる便利さもあります。

4. 逆相分回路も，平衡 3 相回路であるから容易に解ける

先に示した図 2・2 の最も右端の電流成分が**逆相分電流**です。この逆相分回路も，正相分回路と同様に，3 相分の相電圧値，線電流値が互いに同じ値で構成されている**平衡 3 相回路**です。その変数記号は，逆相分電圧を V_2[V]，逆相分電流を I_2[A]，逆相分インピーダンスを Z_2[Ω] で表します。

三相 3 線式で構成される電気設備のうち，送電線路，変圧器，調相設備などの静止設備は，相回転の方向を逆にしても電力回路に作用する Z 値は変わらないため，正相分の Z_1[Ω] と逆相分の Z_2[Ω] は互いに等しい値です。

しかし，三相同期発電機や三相誘導電動機などの三相回転機器は，正相分の Z_1[Ω] の値に比べて，逆相分の Z_2[Ω] の値は大変に小さい値ですから，その両者を正しく使い分ける必要があります。

三相同期発電機の逆相分 Z_2[Ω] の値を実測する場合には，外部から測定用の三相電源を用意し，その三相電源の回転方向と，被試験同期機の回転子の回転方向を，互いに逆方向になるように試験回路を組みます。もしも，定格電圧値を印加して測定すると，定格電流値の 4〜5 倍の大きな電流が継続して流れてしまい，過電流による巻線焼損の危険がありますから，逆相分 Z_2[Ω] の測定試験時の印加電圧値は，定格電圧値の 20 % 程度で行います。

この逆相分回路も，正相分回路と同様に，3 相のうちの代表相の電圧，電流の解を求めれば済みます。また，各相の電圧，電流が他相に干渉することはないため，正相分回路と同様に，簡単に解を求めることができます。

講義 03

中性点抵抗値を 3 倍する理由

1. 中性点接地抵抗器の抵抗値を 3 倍して零相分回路に適用する理由

対称座標法を最初に応用するときに"よくあるミス"が，この講義 03 の表題に記したことです。すなわち，「中性点接地抵抗器（以後「NR」と表す）の抵抗値 $R_N[\Omega]$ を 3 倍した値を，零相分回路に適用する」という注意事項です。皆さんが，同じ轍を踏まないように，その注意事項について以下に詳細に述べます。

前の講義 02 の図 2·3 にて，「零相分電流 I_0 は，**1 相分**の値であることを忘れてはいけないのです。本書では，皆さんが慣れるまでの間，あえて零相分電流の単位に $I_0[\text{A}/相]$ を使用します。」という趣旨の説明をしました。そして，その図により零相分 $Z_0[\Omega]$ の値を測定する際の結線図を示しましたが，その結線図の中から中性点接地装置の部分を主体に抽出したものが，次の**図 3·1** です。

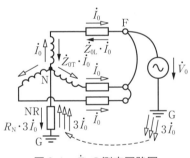

図 3·1　$\dot{Z}_0$ の測定回路図

この図の送電線部分の 1 相分の零相分インピーダンス値を $\dot{Z}_{0L}[\Omega/相]$ とし，そこに零相分電流 $\dot{I}_0[\text{A}/相]$ が流れていますから，$\dot{Z}_{0L}$ 部分の電圧降下値は $\dot{Z}_{0L}\cdot\dot{I}_0[\text{V}/相]$ です。同様に，変圧器の漏れ $\dot{Z}_{0T}[\Omega/相]$ の部分にも $\dot{I}_0[\text{A}/相]$ が流れており，その電圧降下値は $\dot{Z}_{0T}\cdot\dot{I}_0[\text{V}/相]$ です。

一方，NR の抵抗値を $R_N[\Omega]$ として，実際の地絡故障時に $3\dot{I}_0[\text{A}]$ の零相分電流が大地 G から中性点 N へ（この方向が重要）流れていますから，NR 部分の中性点 N から大地 G の方向に現れる電圧降下分は $R_N\cdot 3\dot{I}_0[\text{V}]$ です。そして，上記の NR 部分，変圧器部分，送電線路部分の電圧降下値の和が，印加した単相電圧値 $V_0[\text{V}]$ と釣り合っており，次式で表すことができます。

$$\dot{V}_0 = R_N\times 3\dot{I}_0 + \dot{Z}_{0T}\times\dot{I}_0 + \dot{Z}_{0L}\times\dot{I}_0 [\text{V}] \tag{3·1}$$

この図の点 F から大地 G の方向へ印加した電圧 $\dot{V}_0[\text{V}]$ を，1 相分の零相分電流値の $\dot{I}_0[\text{A}/相]$ で除算した値が，図の点 F から電源側を見た総合の零相分イン

ピーダンス値 $\Sigma\dot{Z}_0[\Omega/相]$ であり，次式で表すことができます。

$$\Sigma\dot{Z}_0 = \frac{\dot{V}_0}{\dot{I}_0} = \frac{R_N \times 3\dot{I}_0 + \dot{Z}_{0T} \cdot \dot{I}_0 + \dot{Z}_{0L} \cdot \dot{I}_0}{\dot{I}_0} = 3R_N + \dot{Z}_{0T} + \dot{Z}_{0L}[\Omega] \quad (3\cdot2)$$

この(3・2)式に示したように，NR の抵抗値 $R_N[\Omega]$ を3倍した $3R_N[\Omega/相]$ の値を，総合の零相分 $\Sigma\dot{Z}_0[\Omega/相]$ の一部に適用します。以上は，NR の抵抗値について述べましたが，もしも故障点のアーク抵抗値を考慮する場合にも，(3・2)式の NR と同様に3倍の値を，$\Sigma\dot{Z}_0[\Omega/相]$ の一部として適用します。

2. 接地用変圧器を適用した場合の零相分電流の分布

先に図3・1で示した変圧器巻線は星形結線でしたから，その中性点と大地との間に NR を接続することが可能でした。しかし，次の**図3・2**の3線結線図（零相分回路に直接関係しない部分は点線の単線結線図）で示すように，電源変電所の変圧器の点 F 側の巻線方式が，60 Hz 系の 154 kV/77 kV の一次変圧器に標準的に適用されている三角結線の場合には，中性点がありませんから，変圧器の 77 kV 側巻線に直接 NR を接続することができません。

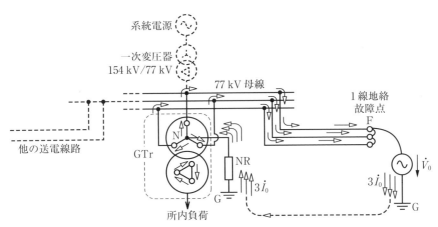

図3・2 接地用変圧器(GTr)を適用した場合の $\dot{I}_0$ の分布図

この場合には，77 kV 母線の近くに**接地用変圧器**(GTr)を施設して 77 kV 系の中性点を作り出し，その中性点と大地との間に NR を接続します。この GTr を適用した系統の場合も，図3・1の NR と同様に大地 G から中性点 N に向かって $3\dot{I}_0$ が流れますから，NR の抵抗値を3倍した $3R_N[\Omega/相]$ の値を，総合の零相分 $\Sigma\dot{Z}_0[\Omega/相]$ の一部として適用します。

講義 04

変圧器の巻線方式により I_0 の流れ方が変わる

　前の講義03にて，"中性点接地抵抗器(NR)の抵抗値を3倍した $3R_N[\Omega/相]$ の値を，総合の $\Sigma Z_0[\Omega/相]$ の一部に適用する"という重要な事項の説明をしました。そのNRは，変圧器の中性点と大地との間に接続しますから，この講義04にて変圧器の巻線方式により零相分電流 I_0 の流れ方が変化し，総合の零相分 Z_0 の値に影響することを説明します。

1. Y—Y—△結線方式

　次の図4・1は，電源変電所の変圧器の一次巻線と二次巻線が星形結線であり，三次巻線(又は安定巻線)が三角結線の場合の零相分電流 I_0 の流れ方を示します。この図の1線地絡故障の発生箇所である点Fにて，3相分の電力線を一括して接続し，その接続箇所の点Fから大地のGの方向に，ΣZ_0 の値を測定するための単相電圧 $V_0[V]$ を印加して考えます。この点Fから電源変電所側を見る総合の ΣZ_0 の値を考える際に，変圧器部分に零相分電流 I_0 がどのように流れるか，について考えます。

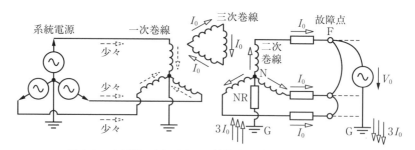

図4・1　変圧器のY—Y—△結線内を流れる I_0 の分布図

　上図は，変圧器の3相分の鉄心の表示を省略してありますが，"二次巻線に I_0 が流れ，その相の鉄心に発生しようとする磁束を，同じ相の鉄心の三次巻線で打ち消すように I_0 が流れる"と考えます。この磁気現象を文章で表現すると，やや理解しにくいですから，次のページにて補足説明をします。

次の図4・2は，図4・1の変圧器巻線部分を抽出した図であり，各相のI_0に添字を追記して，A相，B相，C相の相別を明示しました。そのI_0の単位を[pu]で表示すると，二次巻線のI_0[pu]と三次巻線のI_0[pu]がほぼ同じ値になります。

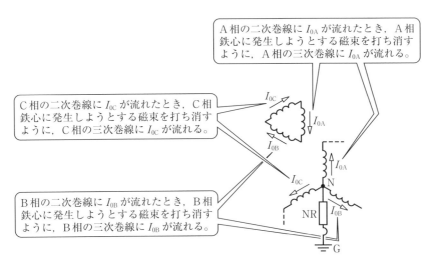

図4・2 変圧器の巻線内を流れるI_0の様子

この図4・2に示した変圧器の場合には，二次巻線と三次巻線の間の漏れZ値が，総合の零相分Z_0値の一部として作用します。そのとき，正確には図4・1に点線で示したように一次巻線側に少々の零相分電流が分流します。その分流する値は，図の二次巻線を基点にして，三次巻線側の漏れZ値と，一次巻線から送電線路を経由して系統電源までの零相分のZ_0の値を算出し，二次巻線のI_0を源として，<u>双方のZ_0の値に反比例</u>して分流します（その詳細な計算法は，後の講義で解説します）。

三巻線式変圧器の一般的な磁気設計は，三次巻線回路の3相短絡電流が過大になることを**防止**するため，一次巻線～三次巻線間の漏れZ値を大きく設計します。そのため，二次巻線～三次巻線間の漏れZ値が小さくなり，図4・1に点線で示した一次巻線側に分流するI_0分はきわめて**少々**になります（その詳細な値も，後の講義の例題にて解説します）。

なお，先の図4・1に示した変圧器の巻線方式として，一次巻線と二次巻線が共に星形結線で構成し，<u>三角結線式の三次巻線</u>（又は安定巻線）がない変圧器は，実

系統には適用されていません。その理由は，いずれかの巻線に三角結線式の巻線を設けないと，第3調波成分を主体とする**高調波分**が現れ，誘導波形の歪が過大になるためです。ただし，77 kV/6.6 kV の配電用変圧器の故障対策用として，車載型の移動用変圧器の一部に，軽量設計を優先させた三次巻線(又は安定巻線)を設けないY―Y形結線式の変圧器が実在していますが，その変圧器は例外です。

2. Y―△結線方式

先の図4·1は，図の左側が系統電源側であり，図の右側は描画を省略しましたが，需要家の需要設備が接続してあります。その図4·1で省略した部分を，次の図4·3に示します。

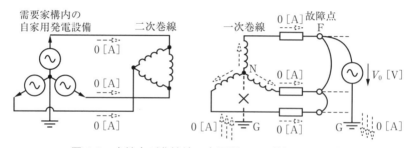

図4·3　中性点が非接地の変圧器に I_0 が流れない理由

22〜77 kV で受電する需要家の受電用主変圧器は，この図に示すY―△結線方式，先の図4·1で示したY―Y―△結線方式，さらに△―△結線方式のいずれかが適用されています。その変圧器の 22〜77 kV 側巻線の中性点は，NR を介して接地していません。この図の左端は，需要家構内に施設した自家用発電設備です。図のF点で発生した故障種別が，3相短絡又は3相地絡ならば，自家用発電設備から点Fに向かって平衡故障電流が供給されます。また，F点の故障種別が，2線短絡又は2線地絡ならば，(後の講義で詳述しますが)単相状態の短絡電流が供給されます。

一方，点Fの故障種別が1線地絡故障の場合には，自家用発電設備から点Fに向かって1線地絡故障電流は供給されません。その理由は，次のように考えます。図の点Fにて，3相分の電力線を一括接続し，その点Fから大地Gの方向に単相電圧 V_0[V]を印加したとき，変圧器の星形結線の中性点は**非接地状態**のため，大地Gから変圧器中性点Nに $3I_0$[A]は流れません。

この図のように，各需要家の受電用主変圧器の中性点に非接地方式を適用する理由は，主として次の(1)と(2)の二つがあります。

(1)　66 kV 又は 77 kV 系統の電源である一次変電所にて，1点集中接地方式を適用しているからです。その接地方式を適用する理由は，各変電所に施設してある送電線保護用の地絡保護継電器の相互間における時限協調を保つためです（その具体的な事象は，後の講義にて解説します）。

(2)　66 kV 又は 77 kV 系統の架空送電線路は，比較的人家の近くに施設されることがあり，その架空送電線路の近くに（光ファイバ式ではない）導体式の通信伝送路が施設されている場合に，架空送電線路に1線地絡故障が発生すると，その付近の通信伝送路へ電磁誘導電圧を発生させ，通信設備の作業者の感電災害や，通信機器に障害を発生する危険性があります。そのとき，電磁誘導を発生させる源の電流を起誘導電流といい，（後に詳述するように）$3I_0$ がそれに該当します。

　その電磁誘導現象による問題の発生を予防するため，架空送電線路に流れる起誘導電流の大きさを制限する必要があり，一次変電所にて1点集中接地方式を適用しています。

　以上は，22～77 kV の系統に1点集中接地方式を適用する理由を述べましたが，154 kV 系には分散設置方式を適用する例が多くあります。それは，比較的大容量の三相同期発電機が連繋する系統において，系統故障の発生に伴い送電線路の遮断により，その発電機が本系統から分離された状態になることがあります。その分離系統が，中性点非接地系の状態で，1線地絡故障が再発すると，その分離系統内の健全相に異常電圧が発生する危険があります（その詳細は，後に講義で解説します）。その異常電圧の発生を予防するため，比較的大容量の発電機が連繋する系統に分散接地方式を適用しています。

　また，187 kV 以上の系統は，1線地絡故障の健全相の対地電圧の上昇を抑制することが，機器の絶縁保護上最も重要な事項であるため，系統内の変圧器の187 kV 以上の星形結線式の中性点の全てを直接接地して運用しています。

　以上に述べたように，1線地絡故障電流は中性点の接地方式に密接に関係し，その中性点接地方式は変圧器の巻線方式に深く関係しています。

講義 05

ベクトル・オペレータ a を使用した対称座標法の公式

この講義05で,いよいよ対称座標法の公式について説明します。

1. 数式を簡素に表現するためのベクトル・オペレータ "a"

対称座標法で扱う正相分と逆相分の電圧,電流は,共に平衡3相電圧,平衡3相電流ですから,その3相分の各相電圧,各線電流の絶対値は互いに等しく,ただ単に位相が120[°]ずつ変移しています。そこで,この対称座標法では,位相角が120[°]変移していることを,数式の中で簡素な記号により表す手法を採用しています。それが,ベクトル・オペレータであり,その記号は "a" です。

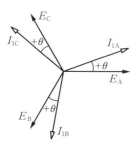

図5・1 正相分電流のベクトル図

ここで,ベクトル・オペレータ "a" を使用せずに,左の図5・1に示す正相分電流をベクトルで表す式は,大変に複雑で不便であることを述べます。その正相分電流の絶対値を I_1[A]とし,A相の正相分電流 $\dot{I}_{1A}$ の位相角を $\pm\theta$ で表し(図5・1では進み角 $+\theta$ のみを表し),電源のA相の相電圧 $\dot{E}_A$[V]を基準位相(すなわち,直交座標の実軸)に合わせて,B相の正相分電流 $\dot{I}_{1B}$,C相の正相分電流 $\dot{I}_{1C}$ の電流ベクトルを表すと,次式のようにB相とC相の電流式が大変複雑になります。

$$\dot{I}_{1A} = \dot{I}_1(\cos \pm \theta + j\sin \pm \theta)[\text{A}] \tag{5・1}$$

$$\dot{I}_{1B} = \dot{I}_1\left\{\cos\left(-\frac{2}{3}\pi \pm \theta[\text{rad}]\right) + j\sin\left(-\frac{2}{3}\pi \pm \theta[\text{rad}]\right)\right\}[\text{A}] \tag{5・2}$$

$$\dot{I}_{1C} = \dot{I}_1\left\{\cos\left(+\frac{2}{3}\pi \pm \theta[\text{rad}]\right) + j\sin\left(+\frac{2}{3}\pi \pm \theta[\text{rad}]\right)\right\}[\text{A}] \tag{5・3}$$

この(5・2)式,(5・3)式の複雑な表示方法でベクトルの乗除算を行うことは,とても大変なことです。そこで,対称座標法ではベクトル・オペレータ "a" を使

用して簡素に表現します。ここで，ベクトル図における位相の基準方向は，単相回路の場合は前ページの図5・1のように水平の右方向に描きますが，三相3線式電力回路の3相分の電圧，電流ベクトルの表示には，電気工学の長年の慣例として，次の図5・2のように真上の方向に基準方向を採ることが多いです。

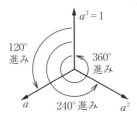

図5・2　ベクトル・オペレータ"a"の乗算による位相の変化

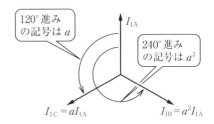

図5・3　"a"を使用したベクトル表示

ベクトル・オペレータ"a"の乗算は，図5・2に示したようにベクトルの大きさを変えずに，位相角のみを120[°]進ませることを表します。また"a^2"の乗算は，大きさを変えずに，位相角のみを120[°]の2倍の240[°]進ませることを表します。したがって"a^3"は，位相角を120[°]の3倍の360[°]進ませることを表し，結果的には元の位相と同じであることを意味します。

前ページの(5・1)式～(5・3)式で示した3相分の正相分電流の式を，ベクトル・オペレータ"a"を使用して図に表すと，図5・3のように簡素に表現できます。

また，その数式表現も，以後に示すように大変に簡素な式で表せます。ここでは，A相の正相分電流$\dot{I}_{1A}$を基準位相にして，次式のように表します。

$$\dot{I}_{1A} = \dot{I}_1 [\mathrm{A}] \tag{5・4}$$

B相の正相分電流$\dot{I}_{1B}$のベクトルは，A相の$\dot{I}_{1A}$から見て120[°]の遅れ位相ですが，240[°]の進み位相とも表現できますから，先の図5・2に示したa^2を乗算することを適用して，次式で表されます。

$$\dot{I}_{1B} = a^2 \dot{I}_{1A} = a^2 \dot{I}_1 [\mathrm{A}] \tag{5・5}$$

次にC相の正相分電流$\dot{I}_{1C}$のベクトルは，$\dot{I}_{1A}$から見て240[°]の遅れ位相ですが，120[°]の進み位相ですから，それをaの乗算により，次式で表されます。

$$\dot{I}_{1B} = a\dot{I}_{1A} = a\dot{I}_1 [\mathrm{A}] \tag{5・6}$$

先の(5・2)式，(5・3)式と比較して，この(5・5)式，(5・6)式は格段に簡素です。以上は，正相分電流について述べましたが，逆相分電流$\dot{I}_{2A}$，$\dot{I}_{2B}$，$\dot{I}_{2C}$も（相回転は逆方向ですが）平衡3相電流ですから，正相分と同様にベクトル・オペレータ

"a"を使用して簡素に表現できます。また，これ以後のベクトルの乗除算を行う際にも，ベクトル・オペレータ"a"を使用した式は，計算の能率面で大きな利点があります。そのため，これ以後に解説する対称座標法の公式は，上記のベクトル・オペレータ"a"を使用して表します。

2. 各対称分電圧，対称分電流を表す定義式

三相3線式の電力回路の各相の対地から見た相電圧，すなわち**対地電圧**の中に，**同じ大きさ**で，かつ，**同じ位相**で共通して含まれている**単相電圧**の成分を，対称座標法では**零相分電圧**と言い，その記号に V_0 を使用します。そして，零相分電圧 $\dot{V}_0$ のベクトルを，次式により定義しています。

$$\dot{V}_0 = \frac{1}{3}(\dot{E}_A + \dot{E}_B + \dot{E}_C) \tag{5・7}$$

(5・7)式の意味は，「A相の対地電圧 $\dot{E}_A$ と，B相の対地電圧 $\dot{E}_B$ と，C相の対地電圧 $\dot{E}_C$ の3者の**ベクトル和**を求め，その大きさの1/3倍が，零相分電圧 $\dot{V}_0$ である」という定義を表しています。この文章の内容を，次の**図5・4**で示します。

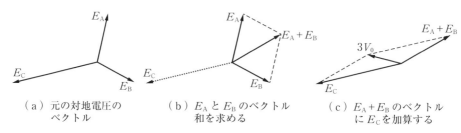

(a) 元の対地電圧のベクトル　　(b) E_A と E_B のベクトル和を求める　　(c) $E_A + E_B$ のベクトルに E_C を加算する

図5・4　3相分の対地電圧から零相分電圧 V_0 ベクトルを求める方法

この図5・4の図(a)は，元の3相分の対地電圧です。この図を基にして，図(b)に示すように，最初に $\dot{E}_A$ と $\dot{E}_B$ のベクトル和を求めます。そのベクトル和の解を図(c)に転記して，さらに $\dot{E}_C$ をベクトル加算し，$3\dot{V}_0$ のベクトルを求めます。そして，$3\dot{V}_0$ の絶対値を1/3倍した値が，$\dot{V}_0$ のベクトルを表します。

次に，**正相分電圧** $\dot{V}_1$ を，ベクトル・オペレータ a を使用して，次式で定義しています。この正相分電圧 $\dot{V}_1$ は，系統に連繋して運転中の三相同期発電機の界磁巻線と同方向(すなわち正方向)に回転する平衡3相電圧です。

$$\dot{V}_1 = \frac{1}{3}(\dot{E}_A + a\dot{E}_B + a^2\dot{E}_C) \tag{5・8}$$

この(5·8)式の意味は，「A 相の対地電圧 $\dot{E}_A$ と，B 相の対地電圧 $\dot{E}_B$ の位相を 120[°]進めたベクトルと，C 相の対地電圧 $\dot{E}_C$ の位相を 240[°]進めたベクトルの 3 者のベクトル和を求め，その大きさを 1/3 倍した値が，正相分電圧 $\dot{V}_1$ である」という定義を表しています。この文章の内容を，次の図 5・5 で示します。

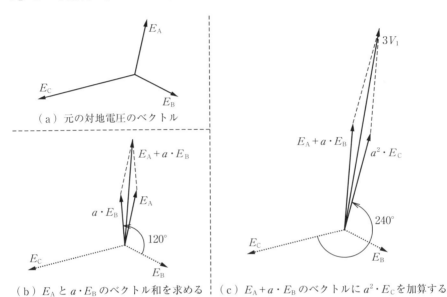

(a) 元の対地電圧のベクトル

(b) E_A と $a \cdot E_B$ のベクトル和を求める

(c) $E_A + a \cdot E_B$ のベクトルに $a^2 \cdot E_C$ を加算する

図 5・5　3 相分の対地電圧から**正相分電圧** V_1 ベクトルを求める方法

最後に，系統に連繋運転中の三相同期発電機の界磁巻線と**逆方向**に回転する**逆相分電圧** $\dot{V}_2$ を，ベクトル・オペレータ a を使用して，次式で定義しています。

$$\dot{V}_2 = \frac{1}{3}(\dot{E}_A + a^2 E_B + a\dot{E}_C) \tag{5・9}$$

この(5·9)式の意味は，「A 相の対地電圧 $\dot{E}_A$ と，B 相の対地電圧 $\dot{E}_B$ の位相を 240[°]進めたベクトルと，C 相の対地電圧 $\dot{E}_C$ の位相を 120[°]進めたベクトルの 3 者のベクトル和を求め，その大きさを 1/3 倍した値が，逆相分電圧 $\dot{V}_2$ である」という定義を表しています。この文章の内容を，次の図 5・6 で示します。

以上の(5·7)式～(5·9)式を基にして，各相の対地電圧を左辺に移項し，各対称分電圧を右辺に移項すると，次の(5·10)式～(5·12)式のように表されます。

$$\begin{cases} \dot{E}_A = \dot{V}_0 + \dot{V}_1 + \dot{V}_2 & (5・10) \\ \dot{E}_B = \dot{V}_0 + a^2 \dot{V}_1 + a\dot{V}_2 & (5・11) \\ \dot{E}_C = \dot{V}_0 + a\dot{V}_1 + a^2 \dot{V}_2 & (5・12) \end{cases}$$

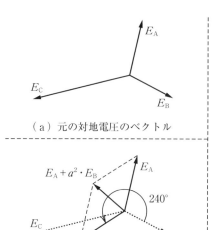
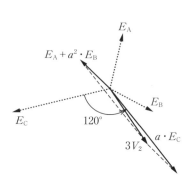

(a) 元の対地電圧のベクトル

(b) E_A と $a^2 \cdot E_B$ のベクトル和を求める

(c) $E_A + a^2 \cdot E_B$ のベクトルに $a \cdot E_C$ を加算する

図5・6　3相分の対地電圧から**逆相分電圧** V_2 ベクトルを求める方法

先の(5・7)式〜(5・9)式は，右辺に 1/3 の係数が付いていましたが，この(5・10)式〜(5・12)式には 1/3 の係数が付いていないことに注意してください。また，(5・11)式と(5・12)式の a, a^2 が付く項の順序に注意してください。

この書籍では，相電圧の変数を"E"，線間電圧の変数を"V"で表しています。(5・10)式〜(5・12)式の左辺は相電圧ですから，右辺の各対称分電圧も"相電圧に相当するもの"です。しかし，対称座標法の長年の習慣により，各対称分電圧の変数に V_0, V_1, V_2 を使用しているため，本書もその習慣に沿って表します。

以上の(5・7)式〜(5・12)式は，「電圧式」を示しましたが，それらと全く同じパターンにて，各相の電力線に流れる線電流を基にして，「電流式」の各対称分を，次の(5・13)式〜(5・15)式のように定義しています。

$$\dot{I}_0 = \frac{1}{3}(\dot{I}_A + \dot{I}_B + \dot{I}_C) \tag{5・13}$$

$$\dot{I}_1 = \frac{1}{3}(\dot{I}_A + a\dot{I}_B + a^2\dot{I}_C) \tag{5・14}$$

$$\dot{I}_2 = \frac{1}{3}(\dot{I}_A + a^2\dot{I}_B + a\dot{I}_C) \tag{5・15}$$

(5・13)式〜(5・15)式で示した各対称分電流の定義式を基にして，各相の電力線に流れる線電流を，次の(5・16)式〜(5・18)式のように表すことができます。

$$\begin{cases} \dot{I}_A = \dot{I}_0 + \dot{I}_1 + \dot{I}_2 & (5\cdot16) \\ \dot{I}_B = \dot{I}_0 + a^2\dot{I}_1 + a\dot{I}_2 & (5\cdot17) \\ \dot{I}_C = \dot{I}_0 + a\dot{I}_1 + a^2\dot{I}_2 & (5\cdot18) \end{cases}$$

以上に紹介した(5·7)式～(5·12)式の電圧の公式，及び(5·13)式～(5·18)式で紹介した電流の公式，それに後の講義07にて説明する"発電機の基本公式"は，対称座標法の基礎を成す重要な公式であり，今後の計算で頻繁に使用します。ですから，それらの公式をカードに書き写し，公式を使用するたびにそのカードを参照するなどの工夫をしてください。要は，初めのうちは，無理に暗記するのではなく，公式を誤りなく適用するために参照してください。

そのような気持ちで，その公式カードを10数回参照した後に，あなたはきっとそのカードを見ずに，公式を書き出すことができるようになります。そのことは，あなたの実力が1ランク上昇した証です。

一気に，対称座標法のベテランになる方法などは存在せず，上述のように徐々に階段を登るような気持ちで，公式カードを利用してください。

電気のおもしろ小話　サージ・インピーダンス値の考え方

図示のように，インダクタンスL[H/m]と対地静電容量C[F/m]により構成される分布定数回路を，雷サージなど波頭が急峻な進行

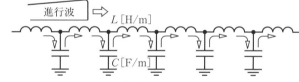

図　LとCの分布定数回路を伝搬する進行波

波が伝搬する際のサージ・インピーダンスZ[Ω]の値を，充放電エネルギーで考えてみます。

進行波電流がインダクタンスに流れると，磁気エネルギーとして$(1/2)\times LI^2$[J/m]が蓄積されます。そのエネルギーは，進行方向に隣接する対地静電容量へ放電し，静電エネルギーとして$(1/2)\times CV^2$[J/m]が蓄積されます。そのエネルギーは隣接のインダクタンスに放電されます。このように，充電と放電が繰り返されつつ，進行波が進行します。ここで，線路抵抗値が小さいためほぼ無損失線路の場合は，上記の両エネルギーの値が互いに等しく，次式で表されます。

$$\frac{1}{2}LI^2\text{[J/m]} = \frac{1}{2}CV^2\text{[J/m]} \Rightarrow \frac{V^2}{I^2} = \frac{L}{C}\text{[Ω}^2\text{]} \Rightarrow Z = \sqrt{\frac{L}{C}}\text{[Ω]}$$

この最右辺の式が，無損失線路を伝搬する進行波の作用インピーダンス値です。

講義06

不平衡な負荷電流には，零相分電流を含まない

　前の講義05にて，三つの対称分電流を表す公式，及びベクトル図の解説をしました。この講義では，前の講義で説明した三つの対称分電流の公式を利用して，負荷設備に流れる3相分の各電流ベクトルがどんなに**不平衡な電流**であっても，その中に正相分電流と逆相分電流は含まれるが，零相分電流は含まれていないことを説明し，後に述べる零相変流器（ZCT）と地絡保護継電器の理解に繋げます。

　これから述べる"不平衡な3相分の負荷電流"として，単相負荷電流と不平衡3相負荷電流に分けて説明します。

1. 単相負荷電流には，正相分と逆相分を含むが，零相分は含まない

　次の図6·1に示すように，単相負荷に流れる電流は往路電流$\dot{I}_\alpha$と復路電流$\dot{I}_\beta$に分けられます。その負荷電流のベクトルは，次の図6·2に示すように，互いに大きさが等しく，かつ，逆位相の関係にあります（この図は負荷力率が100％の場合を示しています）。

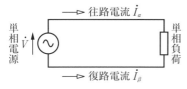

図6·1　単相の往路電流と復路電流　　図6·2　往・復路電流のベクトル図

　ここで，前の講義05にて紹介した対称分電流の公式を再掲します。

$$\dot{I}_0 = \frac{1}{3}(\dot{I}_A + \dot{I}_B + \dot{I}_C) \qquad 再掲(5·13)$$

$$\dot{I}_1 = \frac{1}{3}(\dot{I}_A + a\dot{I}_B + a^2\dot{I}_C) \qquad 再掲(5·14)$$

$$\dot{I}_2 = \frac{1}{3}(\dot{I}_A + a^2\dot{I}_B + a\dot{I}_C) \qquad\qquad 再掲\quad (5\cdot15)$$

この再掲(5・13)式～(5・15)式の $\dot{I}_A$, $\dot{I}_B$, $\dot{I}_C$ は，三相3線式の電力回路の A 相，B 相，C 相の各電力線の線電流です．その電力回路の A 相と B 相の間に単相負荷電流が流れた場合には，再掲(5・13)式～(5・15)式の $\dot{I}_A$ を往路電流 $\dot{I}_\alpha$ に置き替え，B 相の線電流 $\dot{I}_B$ を復路電流 $\dot{I}_\beta$ に置き替え，C 相電流はゼロと考えることができます．その結果，零相分電流 $\dot{I}_0$ は，次式で表されます．

$$\dot{I}_0 = \frac{1}{3}(\dot{I}_A + \dot{I}_B + \dot{I}_C) = \frac{1}{3}(\dot{I}_\alpha + \dot{I}_\beta + 0) \qquad\qquad (6\cdot1)$$

ここで，復路電流 $\dot{I}_\beta$ は，往路電流 $\dot{I}_\alpha$ の負値 で表せますから，**零相分電流 $\dot{I}_0$** は，次式のように**ゼロ**になります．

$$\dot{I}_0 = \frac{1}{3}(\dot{I}_\alpha + \dot{I}_\beta + 0) = \frac{1}{3}(\dot{I}_\alpha + (-\dot{I}_\alpha)) = 0 \qquad\qquad (6\cdot2)$$

このように，回りくどい計算をしなくても，先の図6・2に示した"大きさが等しく，互いに逆向きのベクトルの和はゼロである"と考える方法もあります．

次に，同じ単相負荷電流に含まれる**正相分電流 $\dot{I}_1$** は，次式で表されます．

$$\dot{I}_1 = \frac{1}{3}(\dot{I}_A + a\dot{I}_B + a^2\dot{I}_C) = \frac{1}{3}(\dot{I}_\alpha + a\times(-\dot{I}_\alpha)) = \frac{\dot{I}_\alpha}{3}(1-a) \qquad\qquad (6\cdot3)$$

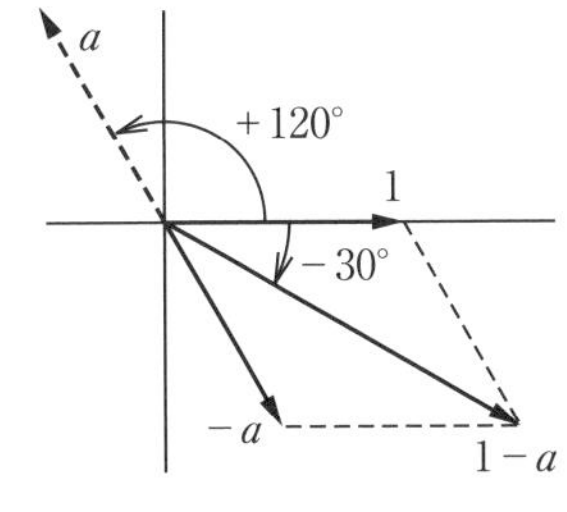

ここで，(6・3)式の最右辺の $(1-a)$ は，左の**図6・3**のように考えられます．まず初めに"ベクトル1"は，実軸に合わせて基準の長さで描きます．次に"ベクトル a"は"ベクトル1"と同じ大きさで，図の点線のように120[°]進み（反時計方向）に描きます．次に"ベクトル $-a$"は，点線のベクトル a の反対方向に描きます．そして，"ベクトル1"と"ベクトル $-a$"を2辺とする平行四辺形により，両者の

図6・3　$(1-a)$ のベクトル

ベクトル和を求めます．そのベクトル和の解は，図6・3に示したように，大きさが $\sqrt{3}$ で，30[°]の遅れ位相になります（遅れ角はこの図のように負値で表します）．このベクトル和の解を先の(6・3)式に代入すると，"単相負荷電流の中に含まれる正相分電流 $\dot{I}_1$ は，単相負荷電流値の $1/\sqrt{3}$ 倍(57.7%)の大きさで，30[°]の遅れ位相である"と求まります．

次に，同じ単相負荷電流に含まれる**逆相分電流** $\dot{I}_2$ は，次式で表されます。

$$\dot{I}_2 = \frac{1}{3}(\dot{I}_A + a^2 \dot{I}_B + a\dot{I}_C) = \frac{1}{3}(\dot{I}_\alpha + a^2 \times (-\dot{I}_\alpha)) = \frac{\dot{I}_\alpha}{3}(1-a^2) \tag{6・4}$$

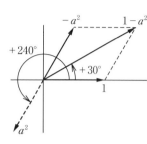

図 6・4 $(1-a^2)$ のベクトル

ここで，(6・4)式の最右辺の $(1-a^2)$ は，左の図 6・4 に示すように $\sqrt{3}$ 倍の大きさで，30[°]の進み位相と求まります。この解を，(6・4)式に代入すると，"単相負荷電流の中に含まれる逆相分電流 $\dot{I}_2$ は，単相負荷電流の $1/\sqrt{3}$ 倍(57.7%)の大きさで，30[°]の進み位相である"と求まります。

以上に述べた単相電流に含まれる対称分電流についてまとめると，次のようになります。

(1) 単相負荷電流には，**零相分電流** $\dot{I}_0$ は**含まれていない**。
(2) 単相負荷電流に含まれている**正相分電流** $\dot{I}_1$ は，単相負荷電流の $1/\sqrt{3}$ 倍 (57.7%)の大きさで，**30[°]の遅れ位相**である。
(3) 単相負荷電流に含まれている**逆相分電流** $\dot{I}_2$ は，単相負荷電流の $1/\sqrt{3}$ 倍 (57.7%)の大きさで，**30[°]の進み位相**である。
(4) (後の講義で詳述する)2相短絡や2相地絡の故障電流は単相電流であり，その故障電流の中に $1/\sqrt{3}$ 倍の**正相分電流** I_1 と**逆相分電流** I_2 を含んでいることに起因して，(後の講義で詳述するように)火力発電機の**円筒形回転子の表面**の**過熱現象**や，制動巻線を持たない水力発電機の**高調波共振異常電圧の発生原因**となっている。

2. 不平衡3相負荷電流には，零相分を含んでいない

次に，図 6・5 に示すように，B相とC相間の単相負荷電流と，平衡3相負荷電流が合成された "**不平衡3相負荷電流**" が流れているとき，その負荷電流の中に零相分電流 $\dot{I}_0$ が含まれているか否かを考えてみます。

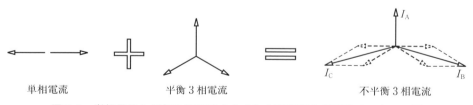

図 6・5 単相電流と平衡3相電流を合成した不平衡3相電流のベクトル図

前の第1項にて，この図の左端の単相負荷電流の中には，零相分は含まれていないことを説明しました。また，この図の中央の平衡3相負荷電流のベクトル和はゼロですから，やはり零相分電流 $\dot{I}_0$ は含まれていません。よって，両者を合成した図の右端の不平衡3相負荷電流も，零相分電流 $\dot{I}_0$ を含んでいません。

3. Y—△結線式変圧器は，異電圧電路間の零相分電流の通過を阻止する

次の図6・6は，6.6 kV 電路と 420 V（60 Hz の場合は 440 V）電路とを結合する変圧器です。最近の大型ビルの受電用変圧器や，太陽電池発電所の昇圧用変圧器に適用されています。この変圧器の 420 V 巻線側を星形結線にして，その中性点を直接接地式で施設した例があります。

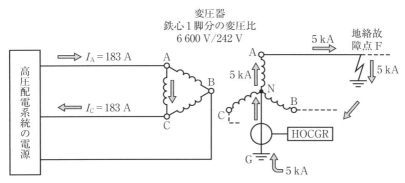

図6・6　420 V 電路の1線地絡故障時の電流分布図（電流値は一例）

この図の 420 V 電路の点 F にて1線地絡故障が発生したとき，（詳細は後の講義で説明しますが）数 kA の大きな地絡電流が流れ，この図の例では A 相に 5 [kA] が流れた場合を示しています。先に，再掲(5・13)式で示したように，その地絡電流値の 1/3 倍が，零相分電流 $\dot{I}_0$ の値です。そのとき，変圧器の 6.6 kV 側巻線の A 相端子から C 相端子に向かって約 183 [A] の電流が流れています。その電流は，高圧の配電系統から往路電流 I_A と復路電流 I_C による単相状態の故障電流として供給されます。この講義の第1項で説明したように，単相電流には零相分電流 $\dot{I}_0$ が含まれていませんから，この図の 420 V 電路に流れている零相分電流 $\dot{I}_0$ は，6.6 kV 電路側には通過していません。つまり，Y—△結線の変圧器により，異電圧の電路間において零相分電流 $\dot{I}_0$ が絶縁されている状態であり，この変圧器を "**絶縁変圧器**" と言います。

講義07

対称座標法の基となる発電機の基本公式

　これ以降の講義で述べる1線地絡故障や2線短絡故障の"不平衡な故障電流"は，主に三相同期発電機から供給されますから，その発電機の対称分電圧や対称分Z値が，どのように電力回路に作用するかを理解することは重要です。前々回の講義にて，三つの対称分電圧と対称分電流を表す公式の解説をしましたので，この講義07では，それらの公式を適用して発電機の基本公式を説明し，上記の不平衡故障の計算法に繋げます。

　次の図7・1は，三相同期発電機（以後は単に「発電機」と略記する）の各相の電機子巻線に誘導される内部誘起電圧を（単位法の表示で）$\dot{E}_{iA}$, $\dot{E}_{iB}$, $\dot{E}_{iC}$，電機子巻線に流れる電流を$\dot{I}_A$, $\dot{I}_B$, $\dot{I}_C$，発電機内部で発生する電圧降下を$\dot{v}_a$, $\dot{v}_b$, $\dot{v}_c$，発電機の端子に現れる電圧を$\dot{E}_{tA}$, $\dot{E}_{tB}$, $\dot{E}_{tC}$で表すことにします。

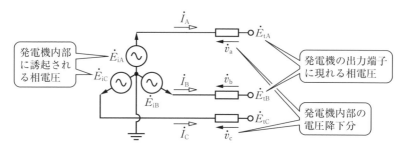

図7・1　三相同期発電機の内部誘起電圧，電圧降下，端子電圧

1. 発電機の零相分の基本公式

　発電機の内部誘起電圧（相電圧）から，電圧降下分をベクトル的に差し引くと，発電機の出力端子に現れる電圧が求まりますから，次式で表されます。

$$\dot{E}_{tA} = \dot{E}_{iA} - \dot{v}_a \tag{7・1}$$

$$\dot{E}_{tB} = \dot{E}_{iB} - \dot{v}_b \tag{7・2}$$

$$\dot{E}_{tC} = \dot{E}_{iC} - \dot{v}_c \tag{7・3}$$

この(7・1)式～(7・3)式の左右両辺の和を求めると，次式になります。

$$\dot{E}_{tA} + \dot{E}_{tB} + \dot{E}_{tC} = (\dot{E}_{iA} + \dot{E}_{iB} + \dot{E}_{iC}) - (\dot{v}_a + \dot{v}_b + \dot{v}_c) \tag{7・4}$$

ここで，零相分電圧を表す公式を，次の再掲(5・7)式に示します。

$$\dot{V}_0 = \frac{1}{3}(\dot{E}_A + \dot{E}_B + \dot{E}_C) \qquad \text{再掲(5・7)}$$

再掲(5・7)式の主旨である"3相分の電圧ベクトルの和は$3\dot{V}_0$である"ことを(7・4)式に適用して，次の(7・5)式～(7・7)式の右辺の変数で表すことにします。

$$\dot{E}_{tA} + \dot{E}_{tB} + \dot{E}_{tC} = 3\dot{V}_{0t} \qquad (7・5)$$

$$\dot{E}_{iA} + \dot{E}_{iB} + \dot{E}_{iC} = 3\dot{E}_{0i} \qquad (7・6)$$

$$\dot{v}_a + \dot{v}_b + \dot{v}_c = 3\dot{v}_0 \qquad (7・7)$$

(7・5)式～(7・7)式の右辺を，上記の(7・4)式に代入して，次式で表します。

$$3\dot{V}_{0t} = 3\dot{E}_{0i} - 3\dot{v}_0 \qquad (7・8)$$

$$\therefore \dot{V}_{0t} = \dot{E}_{0i} - \dot{v}_0 \qquad (7・9)$$

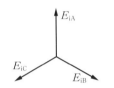

図 7・2 発電機の内部誘起電圧ベクトル図

この(7・8)式の右辺の$3\dot{E}_{0i}$は，上記の(7・6)式で定義したように，発電機の電機子巻線の内部に誘起される相電圧$\dot{E}_{iA}$, $\dot{E}_{iB}$, $\dot{E}_{iC}$の3相分のベクトル和です。その各相の内部誘起電圧は，発電機自身の電圧降下の影響を受けないため，図7・2に示すように互いに絶対値が等しく，かつ，位相角が120[°]ずつ開いた電圧ベクトルです。そのため，3相分のベクトル和である$\dot{E}_{0i}$はゼロの状態で運転しています。

しかし，発電機内部で生じる3相分の電圧降下の$\dot{v}_a$, $\dot{v}_b$, $\dot{v}_c$は，図7・2に示したように，絶対値が等しく，かつ，位相角が120[°]ずつ開いた電圧ベクトルとは限りませんから，一般論としての$\dot{v}_0$はゼロではなく，有限の値です。

そのため，(7・9)式で示した発電機の出力端子に現れる零相分電圧$\dot{V}_{0t}$は，次式で表されます。

$$\dot{V}_{0t} = \dot{E}_{0i} - \dot{v}_0 = 0 - \dot{v}_0 = -\dot{v}_0 \qquad (7・10)$$

つまり，発電機の出力端子に現れる零相分電圧$\dot{V}_{0t}$は，自身の零相分電圧降下ベクトルの位相を反転させたものとなって現れます。ここで，三相発電機の各相の電機子巻線は，導体太さと巻回数が互いに等しく，かつ，3相分の磁気回路も互いに等しく設計・製造されています。そのため，電力回路に作用する各相の発電機インピーダンス値(Z値)は，互いに等しい状態で完成しています。このように，<u>3相分の各Z値が互いに等しい場合に限り</u>，次ページの(1)項～(3)項に記した現象が現れます(健全状態の三相変圧器や送電線路にも当てはまります)。

> (1) **零相分の電圧降下値** $\dot{v}_0$ は，零相分インピーダンス $\dot{Z}_0$ と零相分電流 $\dot{I}_0$ との積で表され，正相分や逆相分の影響を受けない。
> (2) **正相分の電圧降下値** $\dot{v}_1$ は，正相分インピーダンス $\dot{Z}_1$ と正相分電流 $\dot{I}_1$ との積で表され，零相分や逆相分の影響を受けない。
> (3) **逆相分の電圧降下値** $\dot{v}_2$ は，逆相分インピーダンス $\dot{Z}_2$ と逆相分電流 $\dot{I}_2$ との積で表され，零相分や正相分の影響を受けない。

　この第1項では，発電機の**零相分**の基本公式について述べていますから，上記の(1)項を適用しますが，(1)項～(3)項を並べて書き表した方が理解しやすいため，あえて正相分と逆相分もここに書き並べました（上記の(2)項と(3)項は次項以後にて適用します）。ここでは，先に示した(7·10)式に，上記の(1)項を適用して，**発電機の零相分の基本公式**を，次式で表します。

$$\dot{V}_{0t} = -\dot{v}_0 = -\dot{Z}_{0G} \cdot \dot{I}_0 \tag{7·11}$$

　この(7·11)式の意味は，"発電機の内部誘起電圧の中には零相分電圧 $\dot{E}_{0i}$ を含んでいないため，発電機の出力端子に現れる零相分電圧 $\dot{V}_{0t}$ は，発電機自身の零相分インピーダンス $\dot{Z}_{0G}$ と発電機に流れる零相分電流 $\dot{I}_0$ とのベクトル積を求め，その解を**逆位相**にした電圧ベクトルである"ということです。

2. 発電機の正相分の基本公式

　先の(7·1)式～(7·3)式が話の出発点ですから，次に再掲して表示します。

$$\dot{E}_{tA} = \dot{E}_{iA} - \dot{v}_a \qquad 再掲(7·1)$$
$$\dot{E}_{tB} = \dot{E}_{iB} - \dot{v}_b \qquad 再掲(7·2)$$
$$\dot{E}_{tC} = \dot{E}_{iC} - \dot{v}_c \qquad 再掲(7·3)$$

この再掲(7·2)式を a 倍し，再掲(7·3)式を a^2 倍して，次式で表します。

$$a \cdot \dot{E}_{tB} = a \cdot \dot{E}_{iB} - a \cdot \dot{v}_b \tag{7·12}$$
$$a^2 \cdot \dot{E}_{tC} = a^2 \cdot \dot{E}_{iC} - a^2 \cdot \dot{v}_c \tag{7·13}$$

再掲(7·1)式，(7·12)式，(7·13)式の三つの式の和は，次式で表せます。

$$\dot{E}_{tA} + a \cdot \dot{E}_{tB} + a^2 \cdot \dot{E}_{tC} = (\dot{E}_{iA} + a \cdot \dot{E}_{iB} + a^2 \cdot \dot{E}_{iC}) - (\dot{v}_a + a \cdot \dot{v}_b + a^2 \cdot \dot{v}_c) \tag{7·14}$$

ここで，正相分電圧を表す公式を，次の再掲(5·8)式で示します。

$$\dot{V}_1 = \frac{1}{3}(\dot{E}_A + a \cdot \dot{E}_B + a^2 \cdot \dot{E}_C) \qquad 再掲(5·8)$$

この再掲(5・8)式の主旨を，(7・14)式に適用して，次の(7・15)式〜(7・17)式の右辺の変数で表すことにします。

$$\dot{E}_{tA} + a \cdot \dot{E}_{tB} + a^2 \cdot \dot{E}_{tC} = 3\dot{V}_{1t} \tag{7・15}$$

$$\dot{E}_{iA} + a \cdot \dot{E}_{iB} + a^2 \cdot \dot{E}_{iC} = 3\dot{E}_{1i} \tag{7・16}$$

$$\dot{v}_a + a \cdot \dot{v}_b + a^2 \cdot \dot{v}_c = 3\dot{v}_1 \tag{7・17}$$

(7・15)式〜(7・17)式の右辺を，(7・14)式に代入し，次式で表します。

$$3\dot{V}_{1t} = 3\dot{E}_{1i} - 3\dot{v}_1 \tag{7・18}$$

$$\therefore \quad \dot{V}_{1t} = \dot{E}_{1i} - \dot{v}_1 \tag{7・19}$$

ここで，先に(1)項〜(3)項に書き並べた電圧降下の現象のうちの(2)項を(7・19)式に適用して，**発電機の正相分の基本公式**を，次式で表します。

$$\dot{V}_{1t} = \dot{E}_{1t} - \dot{v}_1 = \dot{E}_{1t} - \dot{Z}_{1G} \cdot \dot{I}_1 \tag{7・20}$$

この(7・20)式の意味は，"発電機自身の正相分インピーダンス $\dot{Z}_{1G}$ と，発電機に流れる正相分電流 $\dot{I}_1$ とのベクトル積が，発電機内部の正相分の電圧降下値 $\dot{v}_1$ である。そして，発電機の内部誘起電圧の正相分 $\dot{E}_{1t}$ から，正相分の電圧降下値 $\dot{v}_1$ をベクトル的に差し引いた値が，発電機の出力端子に現れる正相分電圧 $\dot{V}_{1t}$ である"ということです。

3. 発電機の逆相分の基本公式

先の(7・1)式〜(7・3)式が，この話の出発点ですから，次に再掲して表します。

$$\dot{E}_{tA} = \dot{E}_{iA} - \dot{v}_a \qquad 再掲(7・1)$$

$$\dot{E}_{tB} = \dot{E}_{iB} - \dot{v}_b \qquad 再掲(7・2)$$

$$\dot{E}_{tC} = \dot{E}_{iC} - \dot{v}_c \qquad 再掲(7・3)$$

この再掲(7・2)式を a^2 倍し，再掲(7・3)式を a 倍して，次式で表します。

$$a^2 \cdot \dot{E}_{tB} = a^2 \cdot \dot{E}_{iB} - a^2 \cdot \dot{v}_b \tag{7・21}$$

$$a \cdot \dot{E}_{tC} = a \cdot \dot{E}_{iC} - a \cdot \dot{v}_c \tag{7・22}$$

再掲(7・1)式，(7・21)式，(7・22)式の三つの式の和は，次式で表せます。

$$\dot{E}_{tA} + a^2 \cdot \dot{E}_{tB} + a \cdot \dot{E}_{tC} = (\dot{E}_{iA} + a^2 \cdot \dot{E}_{iB} + a \cdot \dot{E}_{iC}) - (\dot{v}_a + a^2 \cdot \dot{v}_b + a \cdot \dot{v}_c) \tag{7・23}$$

ここで，逆相分電圧を表す公式を，次の再掲(5・9)式にて示します。

$$\dot{V}_2 = \frac{1}{3}(\dot{E}_A + a^2 \cdot \dot{E}_B + a \cdot \dot{E}_C) \qquad 再掲(5・9)$$

この再掲(5・9)式の主旨を，(7・23)式に適用し，次の(7・24)式〜(7・26)式の右辺の変数で表すことにします。

$$\dot{E}_{tA} + a^2 \cdot \dot{E}_{tB} + a \cdot \dot{E}_{tC} = 3\dot{V}_{2t} \tag{7·24}$$

$$\dot{E}_{iA} + a^2 \cdot \dot{E}_{iB} + a \cdot \dot{E}_{iC} = 3\dot{E}_{2i} \tag{7·25}$$

$$\dot{v}_a + a^2 \cdot \dot{v}_b + a \cdot \dot{v}_c = 3\dot{v}_2 \tag{7·26}$$

(7·24)式～(7·26)式の右辺を，(7·23)式に代入し，次式で表します。

$$3\dot{V}_{2t} = 3\dot{E}_{2i} - 3\dot{v}_2 \tag{7·27}$$

$$\dot{V}_{2t} = \dot{E}_{2i} - \dot{v}_2 \tag{7·28}$$

ここで，発電機の内部誘起電圧は，先の図7·2に示したように，3相の相電圧が平衡していますから，上記(7·28)式の $\dot{E}_{2i}$ はゼロの状態で運転しています。また，先に(1)項～(3)項に書き並べた電圧降下の現象のうち，(3)項を(7·28)式に適用して，**発電機の逆相分の基本公式**を，次式で表します。

$$\dot{V}_{2t} = \dot{E}_{2i} - \dot{v}_2 = 0 - \dot{Z}_{2G} \cdot \dot{I}_2 = -\dot{Z}_{2G} \cdot \dot{I}_2 \tag{7·29}$$

この(7·29)式の意味は，"発電機の内部誘起電圧の中には逆相分電圧を含んでいないため，発電機の出力端子に現れる逆相分電圧 $\dot{V}_{2t}$ は，発電機自身の逆相分インピーダンス $\dot{Z}_{2G}$ と発電機に流れる逆相分電流 $\dot{I}_2$ とのベクトル積を求め，その解を**逆位相**にした電圧ベクトルである"ということです。

以上の第1項～第3項で述べた現象は，1度は読んで納得することが望ましいのですが，式の展開順序を覚える必要は全くありません。大切な式は，次の第4項でまとめて表示する**三つの発電機の基本公式**です。その基本公式と，前述の講義05で解説した各対称分電圧，対称分電流を表す公式と共に，公式集カードなどに転記してください。それも，(電験第一種と第二種の受験者以外の読者は)強いて暗記する必要はなく，その都度公式集カードを参照すればよいのです。

4. 発電機の基本公式のまとめ

これまでの第1項～第3項では，<u>1台の発電機をイメージ</u>して解説してきましたが，実際の電力系統に連繋(れんけい)して運転している<u>発電機は大変な多数機</u>です。その多数の発電機を総合した%Z値は，この書籍の第1編の講義06にて"故障点から電源系統側を見る3相短絡容量値から%Z[%]値を求める方法"を解説しました。その方法を適用し，故障点から電源系統側を見る正相分の $\dot{Z}_1$ 値を求めて，1台の発電機をイメージして解説した正相分Z値に置き代えることができます。また，零相分の $\dot{Z}_0$ も，逆相分の $\dot{Z}_2$ も，同様に考えることができます。

そのため，第1項～第3項で述べた"発電機1台をイメージしてきたインピーダンス値"を"故障点から電源系統側を見る合成インピーダンス値"に置き代え

て，電力系統の不平衡故障の計算に応用します。しかし，従来"**発電機の基本公式**"と呼称する習慣がありますから，この書籍もその名称を適用しますが，実際には上述のように"**電源系統の基本公式**"である，と思ってください。

その"電源系統の基本公式"に相応した内容にするため，第1項〜第3項で述べてきた1台イメージの発電機の端子電圧の対称分電圧 $\dot{V}_{0t}$，$\dot{V}_{1t}$，$\dot{V}_{2t}$ を，次の(7·30)式〜(7·32)式に示すように一般的な $\dot{V}_0$，$\dot{V}_1$，$\dot{V}_2$ に置き代えます。また，発電機の正相分の内部誘起電圧 $\dot{E}_{1i}$ を，電源系統の第1相目に相当する A 相の相電圧 $\dot{E}_{SA}$ に置き代えます。さらに，発電機の対称分インピーダンス $\dot{Z}_{0G}$，$\dot{Z}_{1G}$，$\dot{Z}_{2G}$ を，一般的な $\dot{Z}_0$，$\dot{Z}_1$，$\dot{Z}_2$ に置き代えます。これから，実際の不平衡故障の計算に適用する公式は，以下に示した(7·30)式〜(7·32)式の方です。

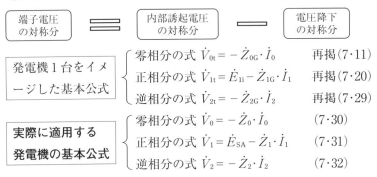

電気のおもしろ小話　無効電力は，有効電力の充放電を繰り返す電力

右図は，交流電源の電圧波形 e を細い実線で，リアクタに流れる遅れ90[°]位相の電流波形 i を点線で，そのリアクタが消費する遅相無効電力の波形 p を太い実線で表します。図の横軸が0，$\pi/2$，π，$3\pi/2$，2π[rad/s]の各時点では，電圧又は電流の瞬時値が0のため，遅相無効電力 p の瞬時値も0です。そして，

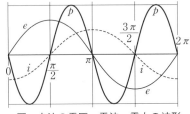

図　交流の電圧，電流，電力の波形

"電力の周波数[Hz]は，電源電圧の周波数[Hz]の2倍"ですから，遅相無効電力 p の波形は図のようになります。図の横軸の0から $\pi/2$ の間は，e が正値で i は負値のため，p は負値であり，それは発電状態と同じであり，"リアクタから有効電力を放電する状態"です。一方，横軸の $\pi/2$ から π の間は，e，i 共に正値のため，p も正値であり，消費状態と同じで，"電源からリアクタへ有効電力を充電している状態"です。

以上は，遅れ90[°]位相のリアクタ電流を例に述べましたが，進み90[°]位相のコンデンサ電流の場合にも，**無効電力は電源電圧の1/4サイクル間ごとに，有効電力の充電と放電を繰り返す電力**です。

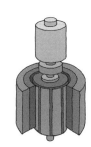

講義08

対称座標法による計算手順

この講義08では、これまでに解説した公式を応用して、不平衡故障を解く際の**計算手順**を解説します。実際の送電線路の電力線には、負荷電流分と不平衡故障電流分の両者のベクトル和の電流値が流れますが、前者は容易に求まりますので、この書籍では後者のみの計算方法を解説します。なお、電力系統を構成する発電機、変圧器、送電線の各 $\dot{Z}_0$, $\dot{Z}_1$, $\dot{Z}_2$ の値は、一般送配電事業会社にて設備新増設工事に合わせて表やマップ状にまとめて表していますから、それらの値は既知数であるものとします。

手順1 不平衡故障の状態を数式で表す

最初に行うことは、1線地絡や2線短絡などの"不平衡故障の状態を数式で表す"ことです。その具体的な例を、次の図8·1にて紹介します。

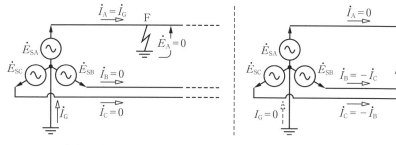

(a) 1線地絡故障の状態　　　　　(b) 2線短絡故障の状態

図8·1　不平衡故障の状態を数式で表す

上図の図(a)は、A相の点Fで1線地絡故障を発生した例です。このときの状態を数式で表すと、A相の線電流 $\dot{I}_A$ は1線地絡故障電流 $\dot{I}_G$ が流れますから(単位法にて) $\dot{I}_A = \dot{I}_G$ と表します。また、B相、C相の故障電流分はゼロですから $\dot{I}_B = 0$, $\dot{I}_C = 0$ です。そして、点Fの電力線の対地電圧 $\dot{E}_A$ は(故障点抵抗値を無視できる場合は) $\dot{E}_A = 0$ です。ここで、$\dot{E}_A$ は対地電圧であり、系統電源の相電

圧の $\dot{E}_{SA}$ ではないことに注意します。常識的に考えても，電源の $\dot{E}_{SA}$ が 0 ならば，電力系統が停電中であり，1 線地絡故障電流 $\dot{I}_G$ は流れません。

次に図(b)は，B，C 相の 2 線短絡故障の場合の例です。このときの B 相の $\dot{I}_B$ と C 相の $\dot{I}_C$ は，<u>単相電流の往路電流と復路電流の関係</u>ですから，$\dot{I}_B = -\dot{I}_C$ と表します。また，A 相の故障電流分はゼロですから，$\dot{I}_A = 0$ です。そして，点 F の対地電圧 $\dot{E}_B$, $\dot{E}_C$ は，気中接触の状態ですから $\dot{E}_B = \dot{E}_C$ です。

手順2 前の手順で表した電力回路の状態を，対称分電圧，対称分電流で表す

例えば，図(a)の 1 線地絡故障時の $\dot{E}_A = 0$ は，次の再掲(5・10)を適用して，次の(8・1)式のように対称分電圧を使用して表します。

$$\dot{E}_A = \dot{V}_0 + \dot{V}_1 + \dot{V}_2 \qquad 再掲(5・10)$$
$$\dot{E}_A = \dot{V}_0 + \dot{V}_1 + \dot{V}_2 = 0 \qquad (8・1)$$

また，1 線地絡故障時の電流状況の $\dot{I}_A = \dot{I}_G$ は，次の再掲(5・16)を適用して，次の(8・2)式のように対称分電流を使用して表します。

$$\dot{I}_A = \dot{I}_0 + \dot{I}_1 + \dot{I}_2 \qquad 再掲(5・16)$$
$$\dot{I}_A = \dot{I}_0 + \dot{I}_1 + \dot{I}_2 = \dot{I}_G \qquad (8・2)$$

（これ以降の式の展開方法は，後の講義にて詳述します。）

手順3 各対称分電圧，対称分電流を既知数で表す

上記の手順 2 にて表した各対称分電圧，対称分電流に，講義 07 で紹介した**発電機の基本公式**の(7・30)式〜(7・32)式を適用して，**各対称分電圧，対称分電流**を，既知数である各対称分の $\dot{Z}_0$, $\dot{Z}_1$, $\dot{Z}_2$ の値を使用して表します。

手順4 各相電圧，各線電流を，既知数の各対称分 Z 値で表す

手順 3 にて既知数で表した各対称分電圧，対称分電流を基にして，**各相の対地電圧の式**，**各相の線電流の式**を，既知数の $\dot{Z}_0$, $\dot{Z}_1$, $\dot{Z}_2$ の値で表します。

手順5 各相電圧，各線電流の最終的な解を得る

手順 4 にて，既知数の $\dot{Z}_0$, $\dot{Z}_1$, $\dot{Z}_2$ の値で表した各相電圧，各線電流を整理して，目的の**故障電流値**，故障中の**対地電圧値**を表し，**最終的な解**を得ます。

講義 09

不平衡故障時の各相の電源電圧と対地電圧の相違

　後の講義 11 から具体的な 1 線地絡故障の計算方法を述べますが，その前に重要な注意事項を説明します。それは，この表題に記した不平衡故障中の**電源の電圧値**と，故障点付近における各相の**対地電圧値の相違**を理解することです。その一例として，中性点を高抵抗の抵抗器 (NR) にて接地して運用する 22 kV ～ 154 kV の系統の点 F にて 1 線地絡故障が発生した図を，次の**図 9·1** に示します。

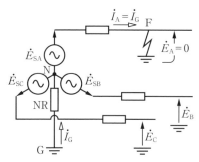

図 9·1　A 相 1 線地絡故障時の状態

図 9·2　電源の相電圧

図 9·3　故障点の対地電圧

　この図の左端に，電力系統の 3 相分の**電源電圧値**の $\dot{E}_{SA}$，$\dot{E}_{SB}$，$\dot{E}_{SC}$ を示します。その電源電圧のベクトルは，**図 9·2** に示すように，3 相分がほぼ平衡状態です。また，図 9·1 の右端の A 相の点 F にて，1 線地絡故障を発生中に，大地から A 相の電力線を見た電圧値，すなわち (故障点の抵抗値を無視すると) **対地電圧値はゼロ**の状態です。そのため，**図 9·3** に示すように，その長さを表示できません。このように，同じ A 相の相電圧であっても，不平衡故障中は電源電圧 $\dot{E}_{SA}$ と対地電圧の $\dot{E}_A$ とでは大きく様相が異なります。

　一方，図 9·1 に示した A 相 1 線地絡故障時の健全相である B 相，C 相の電源電圧のベクトルは，図 9·2 に示したように，3 相分がほぼ平衡状態を保持しています。正確には，故障相である A 相の電源電圧値は，1 線地絡故障電流による電圧降下分だけ，図 9·2 の $\dot{E}_{SA}$ の長さが短くなりますが，中性点高抵抗接地系

では，その短縮割合がきわめ小さく，図9・2には表せない程度であり，その結果"3相分の電源の相電圧値は，ほぼ平衡状態を保持している"と表現できます。

しかし，故障点Fの二つの健全相のうち，B相の対地電圧の$\dot{E}_B$は，（後の講義にて詳述しますが）図9・3に示したとおり，大きさが約1.73倍に上昇し，元の位相角から約30[°]遅れ側に変化します。また，故障点Fの二つの健全相のうち，C相の対地電圧の$\dot{E}_C$は，図9・3に示したように，大きさが約1.73倍に上昇し，元の位相角から約30[°]進み側に変化します。その結果，二つの健全相の対地電圧は，ほぼ元の線間電圧値に上昇し，地絡故障時のブッシングやがいし等の絶縁物には，ほぼ線間電圧に上昇した対地電圧が印加されます。

以上に述べたように，A相，B相，C相共に，電源電圧ベクトルと対地電圧ベクトルは様相が大きく異なりますから，この両者を区別する必要があります。

なお，中性点高抵抗接地系におけるA相の1線地絡故障時の3相分の対地電圧ベクトル図の表し方として，次の(1)と(2)の二つの方法があります。

(1) 先の図9・3は，1線地絡故障時の対地電圧がほぼ線間電圧まで上昇することを主眼に表したため，本来は0[V]で固定電位である対地電位を，上方に相電圧分だけ移動させて表しています。

(2) 次の図9・4は，大地は0[V]電位であり，電圧ベクトルの基準電位であるため，その点Gを固定して描いた方法です。そして，電源の中性点の電位を表す点Nは，1線地絡故障時にほぼ相電圧分だけ図の下方に移動し，中性点接地抵抗器(NR)には，図の点Gと点Nの間の電圧が現れ，その電圧はA相の電源の相電圧に対してほぼ逆位相であることを表しています。

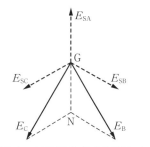

図9・4 対地電位Gを固定した電圧ベクトル図

この書籍では一般的な表示法である図9・3の方で表しますが，皆さんは，上記の図9・4と先の図9・3は，全く同じ現象であり，図で表現する主目的が，上記のアンダー・ラインを施した部分のように異なることを理解してください。

講義10

1線地絡故障時に零相分電流が流れる経路

次の講義11から，1線地絡故障電流$\dot{I}_G$の計算方法を解説しますが，その$\dot{I}_G$の大きさは，零相分電流$\dot{I}_0$の3倍の電流値です。そのため，$\dot{I}_G$の計算方法を考える前に，$3\dot{I}_0$が流れる経路を理解しておく必要があります。先の講義06にて，"Y―△結線式の変圧器は，$\dot{I}_0$の通過を阻止する"と述べましたが，この講義で$3\dot{I}_0$が流れる経路の要点を整理し，次の講義の$\dot{I}_G$の計算方法に繋げます。

1. $3\dot{I}_0$の経路は3相一括結線箇所と大地間の閉回路を考える

先の講義03で，次の趣旨の説明をしました。『零相分回路とは，図10・1に示すように，地絡故障点Fにて3相分の電力線を一括結線し，その点Fから大地Gの方向に，単相交流の電圧$\dot{V}_0$[V]を印加したと考える。そのとき，電力線の1相分に流れる電流$\dot{I}_0$[A/相]を零相分電流と言い，$\dot{I}_0$が流れる部分を，零相分回路と言う。そして，印加電圧値$\dot{V}_0$[V]を$\dot{I}_0$[A/相]の値で除算した値が，点Fから電源側を見る零相分インピーダンス$\dot{Z}_0$[Ω/相]である。』

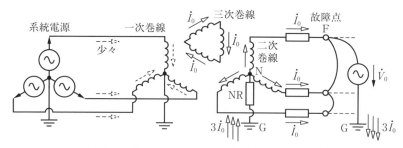

図10・1 3相一括結線と大地間に流れる$\dot{I}_0$の経路図

図10・1の中性点接地抵抗器(NR)は，零相分電流$\dot{I}_0$[A/相]の流れを制限する働きをするため，もしも，電磁誘導障害の問題がない系統ならば，$3\dot{I}_0$の値がその系統の運用目標値(400～600[A]程度)になるように中性点の接地箇所を選定し

ます。また，電磁誘導障害の問題がある系統ならば，その誘導電圧値が300［V］以内に収まるように，中性点を接地する箇所と$3\dot{I}_0$の値を選定しています。

2. 複数箇所でNRを使用する場合の$\dot{I}_0$の分布

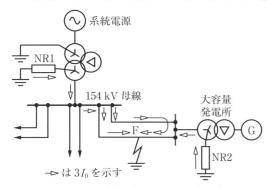

図10・2　NRを分散接地する場合の各$3\dot{I}_0$の方向

22 kV～77 kVの系統のNRは，その系統の拠点となる発変電所の変圧器の中性点にて，**1点集中接地方式**で運用しています。一方，154 kV系は，左の**図10・2**に示すように，拠点となる発変電所の変圧器の中性点にNR1を接地し，かつ，その系統に連繫する概ね10万 kW以上の三相同期発電機を設置する発電

所にもNR2を接地して運用します。そのNR2は，発電機の昇圧用変圧器の二次側（送電線路側）の巻線をY形結線式にし，その中性点と大地との間に接続します。もしも，発電所が中性点非接地の状態で，連繫する送電線路に1線地絡故障を生じ，発電機が送電線路の対地静電容量のみを伴ってNR1と分断された場合には，健全相に異常電圧が発生するおそれがあります。その予防策として，発電所にてNR2を使用することにより，発電機が中性点非接地系に繫がることを回避できます。

なお，この図の系統に1線地絡故障が発生したとき，NR1とNR2の両方から地絡故障点Fに向かって$3\dot{I}_0$が供給されるため，事前に電磁誘導障害の有無を調査しておく必要があります。

3. Y―△結線式の変圧器は，異電圧電路間へ$\dot{I}_0$の通過を阻止する

前の図10・2のNR2からY―△結線式の変圧器を介して送電線路に$3\dot{I}_0$が流れることを述べました。しかし，その変圧器の発電機側には$3\dot{I}_0$が流れません。そのように，Y―△結線式の変圧器の線路側巻線には$\dot{I}_0$が流れますが，発電機側に$\dot{I}_0$が流れることを阻止する現象を，次の**図10・3**で説明します。

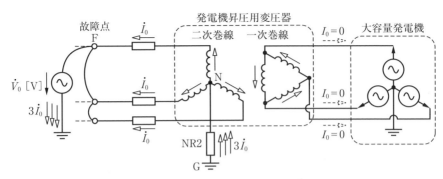

図 10·3　Y―△結線式変圧器は，発電機側への $3\dot{I}_0$ の通過を阻止する

　図の左端の点 F にて 3 相分の電力線を一括接続し，その箇所から大地の方向に $\dot{V}_0$[V] を印加したと考えると，大地⇒ NR2 ⇒変圧器二次巻線⇒送電線路⇒点 F により形成される閉回路に，実際の地絡故障時と同じ方向に（ここが重要） $3\dot{I}_0$ が流れます。そのとき，発電機昇圧用変圧器の三角結線の巻線内を $\dot{I}_0$ が環流しますが，その $\dot{I}_0$ は変圧器の外部に流出しないため，$3\dot{I}_0$ が異電圧の電路である発電機側に通過することを阻止しており，これを絶縁変圧器と言います。

4. 中性点非接地系には，大きな $\dot{I}_0$ は流れない

　次の図 10·4 に示すように，NR を施設しない中性点非接地方式で運用した場合，点 F から電源側を見る零相分インピーダンス $\dot{Z}_0$ 値は無限大になります。

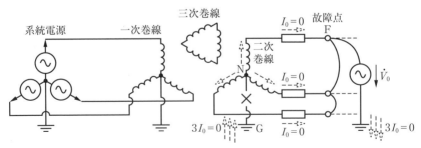

図 10·4　中性点非接地系の Z_0 は無限大のため I_0 は流れない

　その結果，地絡故障の発生と同時に二次巻線側の系統に零相分電圧 $\dot{V}_0$ が発生しますが，大地から中性点 N に $3I_0$ の電流が流れるルートがないため，送電線

路にも(大きな)I_0は流れません(対地静電容量を経由する充電電流分が流れますが，その値はわずかです)。そのように，大きなI_0が流れないことは，付近の通信線に対する電磁誘導の問題はないのですが，1線地絡故障時の健全2相に異常電圧が発生する危険性があります(その現象は，後の講義にて解説します)。

5. 変圧器の巻線に断線故障があるときのI_0の分布

もしも，次の図10·5に示すように，三次巻線側の一部に断線故障を生じている状態で，かつ，系統電源側の中性点が非接地状態になったとき，二次巻線を基点とした三次巻線側の$\dot{Z}_0$値が無限大となり，かつ，一次巻線側の$\dot{Z}_0$値も無限大となるため，たとえ図の中性点接地抵抗器(NR)が使用状態であっても，故障点，及びNRには$3I_0$の電流が流れません。

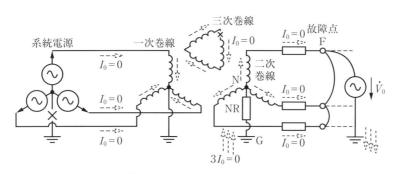

図10·5　NRの設備が使用中であっても，I_0が流れないケース

この図10·5に示した例は，変圧器内部の故障と系統電源が本系統と分断されたことが重なった状態を示したもので，稀にしか発生しませんが，次のことを説明する目的で，この図を紹介しました。すなわち，変圧器の二次巻線側に接続する送電線路に1線地絡故障を生じた場合，変圧器の二次巻線と同じ鉄心に巻いた三次巻線側の回路の状態，及び一次巻線側の回路の状態の影響を受けることです。詳しくは後の講義にて述べますが，$3I_0$の電流が流れる経路は，この図のように変圧器を介して隣接する異電圧の電力回路の影響も受けます。

講義 11

対称座標法を応用した 1線地絡故障の計算法

これまでの"対称座標法の基礎的事項"と,講義08の"計算手順"を基にして,この講義11から応用例として1線地絡故障の計算法を解説します。最後の結論の式が求まるまでは,少々無味乾燥な数式が並びますが,それらの数式の展開順序を暗記する必要は全くなく,ただ単に読んで納得すれば結構です。

手順1 不平衡故障の状態を数式で表す

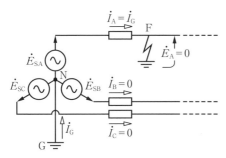

図11·1 1線地絡故障の状態

左の**図11·1**に,A相の電力線の点Fにて1線地絡故障が発生したときの電力回路の状態を示します。

ここでは,故障点のアーク抵抗値が無視できる場合を考え,大地から見たA相の電力線の電圧,すなわち**対地電圧** $\dot{E}_A$ はゼロです。その状態を**単位法**にて次式で表します。

$$\dot{E}_A = 0 \tag{11·1}$$

また,この図の故障相の電力線の電流 $\dot{I}_A$ は,1線地絡故障電流 $\dot{I}_G$ と負荷電流とのベクトル和の電流値が流れますが,既に述べたように対称座標法では不平衡故障電流分のみを計算するため,A相の線電流を次式で表します。

$$\dot{I}_A = \dot{I}_G \tag{11·2}$$

次に,健全相であるB相,C相の電力線に流れる線電流ですが,上述のように不平衡故障電流分のみを表すと,共にゼロですから,次式で表します。

$$\dot{I}_B = \dot{I}_C = 0 \tag{11·3}$$

これで,手順1の"不平衡故障の状態を数式で表す"ことが完了です。

手順2 電力回路の状態を,対称分電圧,対称分電流で表す

ここで,次の対称座標法の基本公式を再掲します。

$$\dot{I}_B = \dot{I}_0 + a^2 \dot{I}_1 + a \dot{I}_2 \qquad 再掲(5\cdot17)$$
$$\dot{I}_C = \dot{I}_0 + a \dot{I}_1 + a^2 \dot{I}_2 \qquad 再掲(5\cdot18)$$

再掲(5·17)式から再掲(5·18)式を引き算すると，次式で表されます．

$$(a^2 - a)\dot{I}_1 + (a - a^2)\dot{I}_2 = (a^2 - a) \times (\dot{I}_1 - \dot{I}_2) = 0 \qquad (11\cdot4)$$

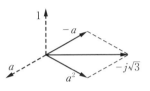

図11·2 $a^2 - a$ のベクトル図

ここで，(11·4)式の $(a^2 - a)$ と $(\dot{I}_1 - \dot{I}_2)$ のうち，いずれがゼロであるかを，次の**図11·2**で考えます．ここで検討の対象としているものは，三相3線式の電力回路ですから，ベクトルの基準位相を図の横方向ではなく，真上の方向に採ります．この図のように，$(a^2 - a)$ はゼロではありませんから，$(\dot{I}_1 - \dot{I}_2)$ の方がゼロであることが分かり，その電流の状況を次式で表します．

$$\dot{I}_1 - \dot{I}_2 = 0, \quad \therefore \dot{I}_1 = \dot{I}_2 \qquad (11\cdot5)$$

この(11·5)式で求まった $\dot{I}_1 = \dot{I}_2$ という電流の状況を，上記の再掲(5·17)式に適用して，次式で表します．

$$\dot{I}_B = \dot{I}_0 + a^2 \dot{I}_1 + a \dot{I}_1 = \dot{I}_0 + (a^2 + a)\dot{I}_1 = 0 \qquad (11\cdot6)$$

図11·3 $a^2 + a$ のベクトル図

ここで，(11·6)式の $(a^2 + a)$ のベクトルを，次の**図11·3**に示します．その結果，$(a^2 + a)$ は -1 ですから，その値を(11·6)式に代入して，次式で表します．

$$\dot{I}_0 - \dot{I}_1 = 0, \quad \therefore \dot{I}_0 = \dot{I}_1 \qquad (11\cdot7)$$

先に，(11·5)式で求めた $\dot{I}_1 = \dot{I}_2$ の関係を(11·7)式に適用して，<u>1線地絡故障時の最大の特徴であり</u>，かつ，<u>重要公式</u>である，次の式が成立します．

$$\dot{I}_0 = \dot{I}_1 = \dot{I}_2 \qquad (11\cdot8)$$

ここで，電流式の展開を一段落して，次に電圧式を展開します．

対称座標法の重要公式のうち，先の図11·1にて1線地絡故障相に定めた"A相の対地電圧を対称分電圧で表す公式"を，次の(5·10)式にて再掲します．

$$\dot{E}_A = \dot{V}_0 + \dot{V}_1 + \dot{V}_2 \qquad 再掲(5\cdot10)$$

1線地絡故障点のA相の対地電圧値はゼロですから，次式で表せます．

$$\dot{E}_A = \dot{V}_0 + \dot{V}_1 + \dot{V}_2 = 0 \qquad (11\cdot9)$$

上記の(11·8)式と(11·9)式は，現在解説中の1線地絡故障の大きな特徴ですが，無理に暗記する必要は無く，いくつかの例題を解いているうちに，自然に頭の中に記憶されます．

手順3 各対称分電圧，対称分電流を，既知数の対称分 Z で表す

ここで，**発電機の基本公式**を次のように再掲します。

零相分の式　　$\dot{V}_0 = -\dot{Z}_0 \cdot \dot{I}_0$ 　　　　　　　　　　　再掲(7・30)

正相分の式　　$\dot{V}_1 = \dot{E}_{SA} - \dot{Z}_1 \cdot \dot{I}_1$ 　　　　　　　　再掲(7・31)

逆相分の式　　$\dot{V}_2 = -\dot{Z}_2 \cdot \dot{I}_2$ 　　　　　　　　　　　再掲(7・32)

以上の再掲(7・30)式〜再掲(7・32)式の右辺を，先の(11・9)式の $\dot{V}_0, \dot{V}_1, \dot{V}_2$ に代入して，1線地絡故障点の A 相の対地電圧値 $\dot{E}_A$ を，次式で表します。

$$\dot{E}_A = \underbrace{(-\dot{Z}_0 \cdot \dot{I}_0)}_{\dot{V}_0} + \underbrace{(\dot{E}_{SA} - \dot{Z}_1 \cdot \dot{I}_1)}_{\dot{V}_1} + \underbrace{(-\dot{Z}_2 \cdot \dot{I}_2)}_{\dot{V}_2} = 0 \qquad (11 \cdot 10)$$

この式中の A 相の電圧に，次の2種類があり，全く異なる値です。左辺の $\dot{E}_A$ は，1線地絡故障点の**対地電圧値**であり，ゼロです。一方，式の中央にある $\dot{E}_{SA}$ は，**系統電源の A 相の相電圧**であり，ゼロではありません。くれぐれも，この二者を，共に $\dot{E}_A$ という同じ変数で表さずに，正しく区別する必要があります。

さて，話を戻して，先ほど(11・8)式で表した "1線地絡故障時の対称分電流の最大の特徴" である $\dot{I}_0 = \dot{I}_1 = \dot{I}_2$ を，上記の(11・10)式に代入して，次式で表します。

$$(-\dot{Z}_0 \cdot \dot{I}_0) + (\dot{E}_{SA} - \dot{Z}_1 \cdot \dot{I}_0) + (-\dot{Z}_2 \cdot \dot{I}_0) = 0 \qquad (11 \cdot 11)$$

$$\dot{E}_{SA} - (\dot{Z}_0 + \dot{Z}_1 + \dot{Z}_2)\dot{I}_0 = 0 \qquad (11 \cdot 12)$$

$$\dot{E}_{SA} = (\dot{Z}_0 + \dot{Z}_1 + \dot{Z}_2)\dot{I}_0 \qquad (11 \cdot 13)$$

$$\dot{I}_0 = \frac{\dot{E}_{SA}}{\dot{Z}_0 + \dot{Z}_1 + \dot{Z}_2} \qquad (11 \cdot 14)$$

ここで，再び "1線地絡故障時の対称分電流の最大の特徴" である $\dot{I}_0 = \dot{I}_1 = \dot{I}_2$ を，上記の(11・14)式に代入して，次式で表します。

$$\dot{I}_0 = \dot{I}_1 = \dot{I}_2 = \frac{\dot{E}_{SA}}{\dot{Z}_0 + \dot{Z}_1 + \dot{Z}_2} \qquad (11 \cdot 15)$$

以上で "対称分電流を，既知数の対称分 Z で表す" ことが完了しましたので，次に "対称分電圧を，既知数の対称分 Z で表す" ことを行います。

上記の再掲(7・30)式に表した発電機の基本公式へ，(11・15)式の右辺を代入して，最初に零相分電圧 $\dot{V}_0$ を既知数である各対称分 Z 値で表します。

零相分電圧の式　　$\dot{V}_0 = -\dot{Z}_0 \cdot \dot{I}_0 = \dfrac{-\dot{Z}_0}{\dot{Z}_0 + \dot{Z}_1 + \dot{Z}_2} \dot{E}_{SA}$ 　　(11・16)

この式の意味は，次のとおりです。故障相である A 相電源の相電圧 $\dot{E}_{SA}$ を，対称分インピーダンスの $\dot{Z}_0, \dot{Z}_1, \dot{Z}_2$ の三つの要素で分圧し，そのうちの $\dot{Z}_0$ に

加わる分担電圧を求め，その**位相を180[°]反転**させたものが，零相分電圧 $\dot{V}_0$ のベクトルである，と表現できます．ここで，(11・16)式の右辺の分子の $\dot{Z}_0$ に**負符号**が付いていますから，**位相を180[°]反転**させなければなりません．このことは，22 kV～154 kV 系の中性点抵抗接地系に適用している**地絡方向継電器**（DG リレー）の**保護方向**，及びその結線図を検査する際に，**超重要事項**となります．

さて，話を戻して，次に左ページの再掲(7・31)式の発電機の基本公式へ，(11・15)式の右辺を代入して，正相分電圧 $\dot{V}_1$ を既知数の対称分 Z 値で表します．

$$\text{正相分電圧の式} \quad \dot{V}_1 = \dot{E}_{SA} - \dot{Z}_1 \cdot \dot{I}_1 = \left(1 - \frac{\dot{Z}_1}{\dot{Z}_0 + \dot{Z}_1 + \dot{Z}_2}\right)\dot{E}_{SA} \quad (11\cdot17)$$

$$= \frac{\dot{Z}_0 + \dot{Z}_2}{\dot{Z}_0 + \dot{Z}_1 + \dot{Z}_2}\dot{E}_{SA} \quad (11\cdot18)$$

この式の意味は，次のとおりです．故障相である A 相の電源の相電圧 $\dot{E}_{SA}$ を，対称分インピーダンスの $\dot{Z}_0$，$\dot{Z}_1$，$\dot{Z}_2$ の三つの要素で分圧し，そのうちの $\dot{Z}_0$ と $\dot{Z}_2$ の二つに加わる分担電圧ベクトルが，正相分電圧である，と表現できます．

次に，左ページの再掲(7・32)式の発電機の基本公式へ，(11・15)式の右辺を代入して，逆相分電圧 $\dot{V}_2$ を既知数の対称分 Z 値で表します．

$$\text{逆相分電圧の式} \quad \dot{V}_2 = -\dot{Z}_2 \cdot \dot{I}_2 = \frac{-\dot{Z}_2}{\dot{Z}_0 + \dot{Z}_1 + \dot{Z}_2}\dot{E}_{SA} \quad (11\cdot19)$$

この式の意味は，次のとおりです．故障相である A 相の電源の相電圧 $\dot{E}_{SA}$ を，対称分インピーダンスの $\dot{Z}_0$，$\dot{Z}_1$，$\dot{Z}_2$ の三つの要素で分圧し，そのうちの $\dot{Z}_2$ に加わる分担電圧を求め，その位相を180[°]反転させたものが，逆相分電圧 $\dot{V}_2$ のベクトルである，と表現できます．ここで，(11・19)の右辺の分子の $\dot{Z}_2$ に**負符号**が付いていますから，**位相を180[°]反転**させなければなりません．

以上で，**手順3の対称分電流と対称分電圧を，既知数である対称分 Z で表す**ことが完了しました．

手順4 **1線地絡故障電流，健全2相の対地電圧を，各対称分 Z 値で表す**

前の手順3にて求めた各対称分電圧，対称分電流を表す式を基にして，初めに1線地絡故障相に流れる線電流，すなわち**1線地絡故障電流 $\dot{I}_A = \dot{I}_G$ を表す式**を，既知数である $\dot{Z}_0$，$\dot{Z}_1$，$\dot{Z}_2$ で表します．

ここで，対称座標法の基本公式の一つである A 相の線電流を表す(5・16)式を，次ページに再掲します．

$$\dot{I}_A = \dot{I}_0 + \dot{I}_1 + \dot{I}_2 \qquad 再掲(5\cdot16)$$

また，先に求めた(11・15)式を，次に再掲します。

$$\dot{I}_0 = \dot{I}_1 = \dot{I}_2 = \frac{\dot{E}_{SA}}{\dot{Z}_0 + \dot{Z}_1 + \dot{Z}_2} \qquad 再掲(11\cdot15)$$

再掲(5・16)式の右辺に，再掲(11・15)式の右辺を代入して，次式で表します。

1線地絡故障電流の重要公式 $\quad \dot{I}_A = \dot{I}_G = 3\dot{I}_0 = \dfrac{3\dot{E}_{SA}}{\dot{Z}_0 + \dot{Z}_1 + \dot{Z}_2} \qquad (11\cdot20)$

この**1線地絡故障電流値** $\dot{I}_G$ を求める**公式**は，次の**重要事項**を表しています。

---

(1) 1線地絡故障時に流れる電流には，$\dot{I}_0 = \dot{I}_1 = \dot{I}_2$ の特徴がある。

(2) 地絡故障電流 $\dot{I}_G$ の中に，零相分電流 $\dot{I}_0$ の3倍が含まれている。

(3) 不平衡故障の中で，最大の零相分電流 $\dot{I}_0$ を含む故障は，1線地絡故障であるため，電磁誘導障害の検討は，1線地絡故障にて行われる。

(4) (11・20)式は，A相に1線地絡故障が生じたときを表しているため，右辺の分子にA相の電源の相電圧 $\dot{E}_{SA}$ を代入する。したがって，B相の地絡故障電流値を求める場合には，B相の相電圧 $\dot{E}_{SB}$ を代入する。一般的な表現としては，"1線地絡故障電流は，三相電源のうち，**故障相の相電圧を電源として供給される**"と言える。

(5) (11・20)式の分子は，**相電圧値の3倍**を代入する。これは，一見すると電圧を過大に評価しているように感じるかも知れないが，しかし，分母の三つの対称分 Z 値は，全て1相分の値であり，それら三つを和算しているので，分母・分子共に1相分の3倍の値であり，(11・20)式に矛盾はない。

(6) 1線地絡故障電流値は，零相分電流 $\dot{I}_0$ の値の3倍の値であり，零相分の $\dot{Z}_0$ に最も関係が深い，と思いがちであるが，(11・20)式の分母に示すように，零相分の $\dot{Z}_0$，正相分の $\dot{Z}_1$，逆相分の $\dot{Z}_2$ のそれぞれに係数は付いていないため，その影響度合いは同じである。

以上で，**1線地絡故障電流を，各対称分 Z 値で表す**ことが完了しましたから，次に**健全2相の対地電圧を各対称分 Z 値で表します**。

ここでは，A相の1線地絡故障を考えていますから，健全2相はB相とC相の対地電圧です。不平衡故障の中で，健全相の対地電圧の上昇率が最大の故障

は，この1線地絡故障ですから，塩害の影響を強く受けるブッシングや碍管(がいかん)などの対地絶縁性能の検討は，この1線地絡故障で行います。

対称座標法の重要公式のうち，B相とC相の対地電圧を表す公式を再掲します。

$$\dot{E}_B = \dot{V}_0 + a^2\dot{V}_1 + a\dot{V}_2 \qquad 再掲(5\cdot 11)$$

$$\dot{E}_C = \dot{V}_0 + a\dot{V}_1 + a^2\dot{V}_2 \qquad 再掲(5\cdot 12)$$

先に求めた(11・16)式，(11・18)式，(11・19)式を，次に再掲します。

零相分電圧の式 $\quad \dot{V}_0 = \dfrac{-\dot{Z}_0}{\dot{Z}_0 + \dot{Z}_1 + \dot{Z}_2}\dot{E}_{SA} \qquad 再掲(11\cdot 16)$

正相分電圧の式 $\quad \dot{V}_1 = \dfrac{\dot{Z}_0 + \dot{Z}_2}{\dot{Z}_0 + \dot{Z}_1 + \dot{Z}_2}\dot{E}_{SA} \qquad 再掲(11\cdot 18)$

逆相分電圧の式 $\quad \dot{V}_2 = \dfrac{-\dot{Z}_2}{\dot{Z}_0 + \dot{Z}_1 + \dot{Z}_2}\dot{E}_{SA} \qquad 再掲(11\cdot 19)$

ここで，健全2相のうちB相の対地電圧を表す式を求めるために，再掲(5・11)式の右辺の各対称分電圧に(11・16)，(11・18)，(11・19)式の右辺を代入します。

$$\dot{E}_B = \dot{V}_0 + a^2\dot{V}_1 + a\dot{V}_2 \qquad 再掲(5\cdot 11)$$

$$= \frac{-\dot{Z}_0}{\dot{Z}_0 + \dot{Z}_1 + \dot{Z}_2}\dot{E}_{SA} + \frac{a^2(\dot{Z}_0 + \dot{Z}_2)}{\dot{Z}_0 + \dot{Z}_1 + \dot{Z}_2}\dot{E}_{SA} + \frac{a(-\dot{Z}_2)}{\dot{Z}_0 + \dot{Z}_1 + \dot{Z}_2}\dot{E}_{SA} \qquad (11\cdot 21)$$

$$= \frac{(-\dot{Z}_0) + a^2(\dot{Z}_0 + \dot{Z}_2) + a(-\dot{Z}_2)}{\dot{Z}_0 + \dot{Z}_1 + \dot{Z}_2}\dot{E}_{SA} \qquad (11\cdot 22)$$

$$= \frac{(a^2-1)\dot{Z}_0 + (a^2-a)\dot{Z}_2}{\dot{Z}_0 + \dot{Z}_1 + \dot{Z}_2}\dot{E}_{SA} \qquad (11\cdot 23)$$

$$= \frac{(\sqrt{3}\angle -150[°])\dot{Z}_0 + (\sqrt{3}\angle -90[°])\dot{Z}_2}{\dot{Z}_0 + \dot{Z}_1 + \dot{Z}_2}\dot{E}_{SA} \qquad (11\cdot 24)$$

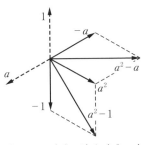

図11・4　(a^2-1)と(a^2-a)のベクトル

ここで，(11・23)式の(a^2-1)と(a^2-a)のベクトルを図11・4に示します。この図から分かるように，(a^2-1)の乗算は大きさを$\sqrt{3}$倍にし，位相を150[°]遅らせます。また，(a^2-a)の乗算は大きさを$\sqrt{3}$倍にし，位相を90[°]遅らせます。以上のことを，(11・24)式のように表します。

22 kV〜154 kV系に多く適用されている中性点高抵抗接地系は，$\dot{Z}_0$，$\dot{Z}_1$，$\dot{Z}_2$のうち$\dot{Z}_0$が圧倒的

に大きいため，(11・24)式の右辺は $\sqrt{3}\angle-150[°]$ の項が支配的となります。その結果，A 相の 1 線地絡故障中の B 相の対地電圧は，ほぼ AB 相間の線間電圧 $\dot{V}_{BA}$ になることを意味します。この $\dot{V}_{BA}$ は，$\dot{V}_{AB}$ の位相を反転させた電圧ベクトルです。以上が，中性点高抵抗接地系に 1 線地絡故障が発生したとき，故障相に対して 120[°] 遅れ側の健全相の対地電圧の様相です。

次に，健全 2 相のうち C 相の対地電圧を表す式を求めるために，再掲(5・12)式の各対称分電圧に(11・16)，(11・18)，(11・19)式の右辺を代入します。

$$\dot{E}_C = \dot{V}_0 + a\dot{V}_1 + a^2\dot{V}_2 \qquad 再掲(5・12)$$

$$= \frac{-\dot{Z}_0}{\dot{Z}_0+\dot{Z}_1+\dot{Z}_2}\dot{E}_{SA} + \frac{a(\dot{Z}_0+\dot{Z}_2)}{\dot{Z}_0+\dot{Z}_1+\dot{Z}_2}\dot{E}_{SA} + \frac{a^2(-\dot{Z}_2)}{\dot{Z}_0+\dot{Z}_1+\dot{Z}_2}\dot{E}_{SA} \qquad (11・25)$$

$$= \frac{(-\dot{Z}_0)+a(\dot{Z}_0+\dot{Z}_2)+a^2(-\dot{Z}_2)}{\dot{Z}_0+\dot{Z}_1+\dot{Z}_2}\dot{E}_{SA} \qquad (11・26)$$

$$= \frac{(a-1)\dot{Z}_0+(a-a^2)\dot{Z}_2}{\dot{Z}_0+\dot{Z}_1+\dot{Z}_2}\dot{E}_{SA} \qquad (11・27)$$

$$= \frac{(\sqrt{3}\angle+150[°])\dot{Z}_0+(\sqrt{3}\angle+90[°])\dot{Z}_2}{\dot{Z}_0+\dot{Z}_1+\dot{Z}_2}\dot{E}_{SA} \qquad (11・28)$$

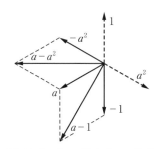

図 11・5 $(a-1)$ と $(a-a^2)$ のベクトル

ここで，(11・27)式の $(a-1)$ と $(a-a^2)$ のベクトルを図 11・5 に示します。この図から分かるように，$(a-1)$ の乗算は大きさを $\sqrt{3}$ 倍にし，位相を 150[°] 進ませます。また，$(a-a^2)$ の乗算は大きさを $\sqrt{3}$ 倍にし，位相を 90[°] 進ませます。以上のことを，(11・28)式のように表します。

22 kV～154 kV 系に多く適用される中性点高抵抗接地系は，$\dot{Z}_0$，$\dot{Z}_1$，$\dot{Z}_2$ のうち $\dot{Z}_0$ が圧倒的に大きいため，(11・28)式の右辺は $\sqrt{3}\angle+150[°]$ の項が支配的となり，ほぼ CA 相間の線間電圧 $\dot{V}_{CA}$ になることを意味します。

以上が，中性点高抵抗接地系に 1 線地絡故障が発生したとき，故障相に対して 120[°] 進み側の健全相の対地電圧の様相です。

これにて，A 相に 1 線地絡故障が発生したときの 1 線地絡故障電流の値を求める公式，及び健全 2 相の対地電圧の上昇値を求める公式を解説しましたが，それらの公式はやや覚えにくいため，次の講義 12 にて，1 線地絡故障時の対称分電圧，対称分電流を表す等価回路図を紹介します。

講義 12

1線地絡故障時の各対称分を表す等価回路図

前の講義11にて解説した1線地絡故障時の各対称分電圧の $\dot{V}_0$, $\dot{V}_1$, $\dot{V}_2$, 及び対称分電流の $\dot{I}_0$, $\dot{I}_1$, $\dot{I}_2$ を，既知数である電源の相電圧 $\dot{E}_{SA}$ と対称分インピーダンスの $\dot{Z}_0$, $\dot{Z}_1$, $\dot{Z}_2$ で表しましたが，この講義12ではそれらの解を等価回路図で表した図について説明します。

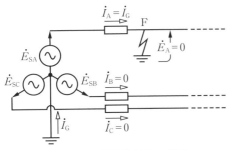

図 12・1　1線地絡故障の状態

左の図 12・1 に示すように，A 相の電力線の点 F にて1線地絡故障を生じたとき，各対称分電圧の $\dot{V}_0$, $\dot{V}_1$, $\dot{V}_2$ を表す公式は，これから述べる諸々の現象を理解する際に大変に重要であるため，次に再掲します。

零相分電圧の公式　　$\dot{V}_0 = -\dot{Z}_0 \cdot \dot{I}_0 = \dfrac{-\dot{Z}_0}{\dot{Z}_0 + \dot{Z}_1 + \dot{Z}_2} \dot{E}_{SA}$　　再掲(11・16)

正相分電圧の公式　　$\dot{V}_1 = \dot{E}_{SA} - \dot{Z}_1 \cdot \dot{I}_1 = \dfrac{\dot{Z}_0 + \dot{Z}_2}{\dot{Z}_0 + \dot{Z}_1 + \dot{Z}_2} \dot{E}_{SA}$　　再掲(11・18)

逆相分電圧の公式　　$\dot{V}_2 = -\dot{Z}_2 \cdot \dot{I}_2 = \dfrac{-\dot{Z}_2}{\dot{Z}_0 + \dot{Z}_1 + \dot{Z}_2} \dot{E}_{SA}$　　再掲(11・19)

次に，やはり前の講義11にて解説した各対称分電流の $\dot{I}_0$, $\dot{I}_1$, $\dot{I}_2$ を表す公式を，次に再掲します。

対称分電流の公式　　$\dot{I}_0 = \dot{I}_1 = \dot{I}_2 = \dfrac{\dot{I}_G}{3} = \dfrac{\dot{E}_{SA}}{\dot{Z}_0 + \dot{Z}_1 + \dot{Z}_2}$　　再掲(11・15)

上記の公式で表した解を，図に表したものを，次のページの図 12・2 に示します。ここで注意すべきことは，1線地絡故障時の各対称分電圧の $\dot{V}_0$, $\dot{V}_1$, $\dot{V}_2$, 及び対称分電流の $\dot{I}_0$, $\dot{I}_1$, $\dot{I}_2$ を解く際に，この等価回路図を出発点として解くのではありません。この図は，前の講義11にて式を展開して求めた解を，図で表

したものです。もしも，この図を1線地絡故障時の各対称分電圧，対称分電流を解く際の出発点と誤解すると，"なぜ，$\dot{V}_0$ の矢印が反対方向を向いているのか？"という疑問が湧き上がってしまい，先に進めなくなってしまいます。

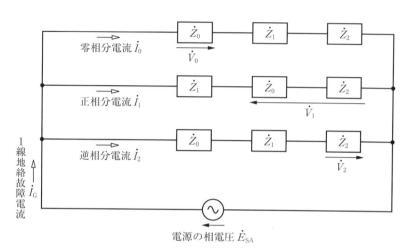

図 12·2　A 相の 1 線地絡故障時の各対称分電圧，対称分電流を表す等価回路図

この図が，前の講義 11 で求めた"A 相 1 線地絡故障時の次の各現象が，全て当てはまる"ことを，皆さんがここで確認をしてください。

A相1線地絡故障時の現象を表す図12·2について，確認する事項

(1) 1線地絡故障電流 $\dot{I}_G$ は，三相電源のうち**故障相**の**相電圧を電源**として供給されるため，A 相地絡故障時の電源は A 相の相電圧 $\dot{E}_{SA}$ である。

(2) 1線地絡故障時に流れる対称分電流は，$\dot{I}_0 = \dot{I}_1 = \dot{I}_2$ の特徴がある。

(3) 地絡故障電流 $\dot{I}_G$ は，零相分電流 $\dot{I}_0$ の 3 倍の値である。

(4) 故障相の相電圧の電源 $\dot{E}_{SA}$ を，対称分の $\dot{Z}_0, \dot{Z}_1, \dot{Z}_2$ の三つの要素で分圧し，そのうちの $\dot{Z}_0$ に加わる分担電圧の**位相を 180 [°] 反転**させたものが，零相分電圧ベクトルの $\dot{V}_0$ である。

(5) 相電圧 $\dot{E}_{SA}$ を，$\dot{Z}_0, \dot{Z}_1, \dot{Z}_2$ で分圧し，$\dot{Z}_0$ と $\dot{Z}_2$ の二つに加わる分担電圧分が，正相分電圧ベクトルの $\dot{V}_1$ である。

(6) 相電圧 $\dot{E}_{SA}$ を，$\dot{Z}_0, \dot{Z}_1, \dot{Z}_2$ で分圧し，$\dot{Z}_2$ に加わる分担電圧の**位相を 180 [°] 反転**させたものが，逆相分電圧ベクトルの $\dot{V}_2$ である。

前ページの図 12·1 に表した 1 線地絡故障時の等価回路図は，大変に覚えやす

く，便利です。そして，通信線に対する電磁誘導障害の検討を行う際の$3\dot{I}_0$の値や，火力発電所の円筒形回転子の三相同期発電機に逆相分電流$\dot{I}_2$が流れたときの回転子の表面における過熱問題の検討などには，この図12・1の等価回路図を使用できます。しかし，次の検討を行う際には，図12・1は少々不便です。

それは，実際の1線地絡故障時の発変電所の地絡保護継電器に入力される$\dot{V}_0$分は，母線と大地間に設置した計器用変圧器（VT）から供給されます。そのため，電力回路全体の$\dot{Z}_0$の値を，次の図12・3に示すように，故障点抵抗値を3倍した$3R_a$の要素，送電線路の$\dot{Z}_{0L}$の要素，中性点接地抵抗器（NR）の抵抗値を3倍した$3R_N$の要素，接地用変圧器の漏れインピーダンス$\dot{Z}_{0T}$の要素の四つに分割します。そして，VTと同様に母線と大地間に存在する$3R_N$と$\dot{Z}_{0T}$の二つの要素に加わる$\dot{V}_0$分が，母線のVTで検出して地絡保護継電器へ入力される$\dot{V}_0$分です。

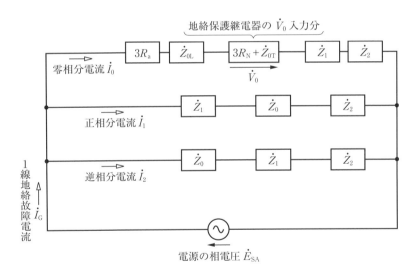

図12・3　地絡保護継電器の入力$\dot{V}_0$の値を検討する際の等価回路図

22 kV～154 kV系に多く適用されている中性点高抵抗接地系では，図12・2の中の零相分電流$\dot{I}_0$が流れる最上段のルートの全体の$\dot{Z}_0$の値のうち，$3R_N$が占める割合が約90％以上であるため，故障点抵抗値R_aがゼロのときの完全地絡故障時に地絡保護継電器へ入力される$\dot{V}_0$の値は，ほぼ$-\dot{E}_{SA}$になります。

講義 13

1線地絡故障時の零相分電流分布のよくあるミス

　筆者がこれまでに行った系統技術基礎講習会の講義の際に，受講生の多くが誤解されていた事項のうち，前の講義までに述べた1線地絡故障時の零相分電流 $\dot{I}_0$ の分布状況について，この講義13にて紹介します。

　1線地絡故障時の零相分電流 $\dot{I}_0$ について，これまでの講義にて，次の(1)項，及び(2)項に記した"重要な電流現象がある"ことを述べました。

(1) 1線地絡故障点に，中性点を接地した発変電所から，地絡故障点に向かって流れる地絡電流 $\dot{I}_G$ の大きさは，零相分電流 $\dot{I}_0$ の大きさの3倍である。

(2) 1線地絡故障時に流れる零相分電流 $\dot{I}_0$ は，3相の電力線に，同じ大きさで，かつ，同じ位相で流れている。

　次の図 13·1 は，上記の(1)項，及び(2)項に記した電流現象を書き表した図ですが，この図はよくある誤りです。

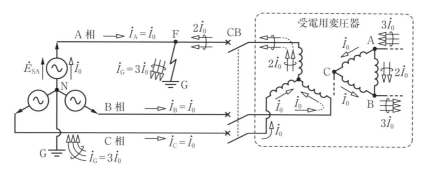

図 13·1　A 相に1線地絡故障発生時の**誤った**零相分電流 $\dot{I}_0$ の分布図

　上の図 13·1 に示した零相分電流 $\dot{I}_0$ の分布状況は**誤りである**，と判断する根拠は，次の(1)項〜(4)項に記した理由によるものです。

(1) A 相の電源から A 相の電力線の1線地絡故障を生じた点 F に流れる線電流 $\dot{I}_A$ は，$\dot{I}_G$ であり，かつ，$3\dot{I}_0$ であるが，この図は $\dot{I}_A = \dot{I}_0$ と誤記している。

(2) B相，及びC相の線電流$\dot{I}_B$，$\dot{I}_C$は，負荷電流は流れているが，対称座標法では不平衡故障分のみを扱うため，線電流値は両相共にゼロであるべきだが，図13・1では$\dot{I}_B=\dot{I}_0$，$\dot{I}_C=\dot{I}_0$と誤記している。

(3) A相の電源から点Fに流れる1線地絡の故障電流の値は，図の右端に描いた受電用遮断器(CB)の開閉状態に無関係に，常に$\dot{I}_A=\dot{I}_G=3\dot{I}_0$が流れるように描画すべきだが，この図の$\dot{I}_0$分布では，受電用変圧器の一次側巻線の部分を$2\dot{I}_0$がUターンしている。そのため，受電用CBを開路状態で運用中には，故障点Fに流れる電流値が$3\dot{I}_0$にならず，$\dot{I}_0$になることが誤っている。

(4) 図の変圧器二次側が開路状態であっても，点Fには常に$\dot{I}_A=\dot{I}_G=3\dot{I}_0$が流れる図が正しいが，図13・1の$\dot{I}_0$分布では変圧器二次側が開路状態のとき，一次巻線側に$2\dot{I}_0$が流れず，点Fの電流値が$\dot{I}_0$になることが誤っている。

正しい描画方法を，次の図13・2に示します。上記の(1)項から(4)項の電流現象の全てが正しく描画してあることを，皆さん自身により確認してください。

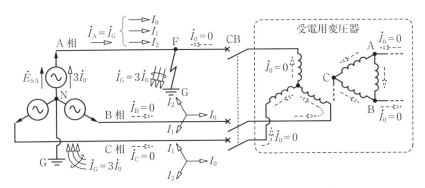

図13・2　A相に1線地絡故障発生時の正しい零相分電流$\dot{I}_0$の分布図

上の図13・2の中で，電流分布の描画方法として，特に次の事項が重要です。
(1) A相の線電流$\dot{I}_A$は，$\dot{I}_0$，$\dot{I}_1$，$\dot{I}_2$の3者が，同じ大きさで，かつ，同じ位相角で流れる結果，$\dot{I}_A=\dot{I}_G=3\dot{I}_0$となるのであって，先の図13・1のように$\dot{I}_0$や$3\dot{I}_0$のみを描画する方法では，誤解を招きやすい。
(2) B相及びC相の線電流$\dot{I}_B$，$\dot{I}_C$は，$\dot{I}_0$，$\dot{I}_1$，$\dot{I}_2$の3者が，同じ大きさで，かつ，位相角が120[°]開いた対称3相電流の状態で流れる結果，$\dot{I}_B=\dot{I}_C=0$となるのであって，図13・1に示したようにB相とC相のそれぞれに$\dot{I}_0$のみが流れる描画方法は誤りである。

講義 14

電磁誘導障害の問題は、なぜ $3I_0$ に着目すればよいのか

　この講義14では、架空送電線路の地絡故障時に、その付近に施設されている（光ファイバ式以外の）電気的導体を使用した通信線に与える電磁誘導障害の問題を考えるとき、三つの対称分電流のうち、3倍の零相分電流 $3I_0$ による起誘導電流値を検討すればよい理由について説明します。

　架空送電線路に起因する誘導問題には、$3I_0$ が原因の電磁誘導の現象と、$3V_0$ が原因の静電誘導の現象がありますが、作業現場の技術者達はこの両者を単に"誘導"という語でくくってしまう慣習が多く見られます。しかし、その両者の原因は、上述のとおり全く別ですから、正しく使い分ける必要があります。

　さて、次の**図14・1**に示すように、導体Aに電流 $I[\mathrm{A}]$ を流し、その電流の方向に**図14・2**に示す右手の親指の方向を合わせると、右手の人差し指から小指の方向に、**アンペア右手の法則**に基づき、図14・1に示す渦状の磁束 $\phi[\mathrm{Wb}]$ が生じます。

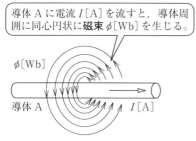

図14・1　導体電流と発生磁束

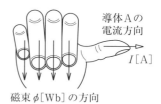

図14・2　アンペア右手の法則

　導体Aの電流が交流の場合は、導体Aの周囲に発生する磁束 $\phi[\mathrm{Wb}]$ も電流波形と同様に変化します。そして、導体Aに平行して別の導体Bを置くと、その導体Bに鎖交する磁束の変化量 $\Delta\phi_{\mathrm{BA}}[\mathrm{Wb}]$ に比例して、導体Bに**ファラディーの電磁誘導の法則**に基づく被誘導電圧 $V[\mathrm{V}]$ が発生します。

　上述の導体Aを架空送電線路の3相分の電力線に置き換え、電磁誘導を受ける導体Bを通信線に置き換えると、次の**図14・3**のように表されます。

三相3線式の架空送電線路の電力線に，三相負荷電流 $\dot{I}_a$, $\dot{I}_b$, $\dot{I}_c$[A]が流れ，同時にA相に**1線地絡故障**が発生して $\dot{I}_G$[A]が流れている状況を示します。

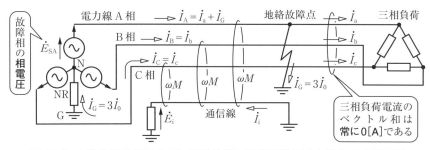

図14・3　1線地絡故障時の $3\dot{I}_0$ が通信線に電磁誘導電圧を発生する原理図

上の図14・3の通信線と3相分の電力線との間の電磁的な結合の強さを表す**相互リアクタンス**の値を ωM[Ω]とし，A相の電力線に流れる1線地絡故障電流を $\dot{I}_G = 3\dot{I}_0$[A]とすると，電磁誘導現象により通信線に生じる**被誘導電圧** $\dot{E}_i$[V]の値は，次の(14・1)式で表されます。

$$\dot{E}_i = j\omega M \{\dot{I}_G + \dot{I}_a + \dot{I}_b + \dot{I}_c\} [V] \tag{14・1}$$

この式の中の三相負荷に大きな不平衡があっても，3相分の負荷電流 $\dot{I}_a$, $\dot{I}_b$, $\dot{I}_c$[A]のベクトル和は常に0[A]です。そして，1線地絡故障電流は $\dot{I}_G = 3\dot{I}_0$[A]ですから，(14・1)式の被誘導電圧の $\dot{E}_i$[V]は，次式で表されます。

$$\dot{E}_i = j\omega M \dot{I}_G = j\omega M \times (3\dot{I}_0) [V] \tag{14・2}$$

この式の $\dot{I}_G = 3\dot{I}_0$[A]は，電磁誘導現象を起こす源の電流ですから，**起誘導電流**と言います。154kV以下の系統の場合は，(14・2)式で求められる被誘導電圧 $\dot{E}_i$ の値を300[V]以下に収めるため，主に次の対策を行っています。

(1) 系統ブロックごとに，中性点接地抵抗器の抵抗値 R_N[Ω]に下限値を設定し，起誘導電流の $\dot{I}_G = 3\dot{I}_0$[A]の値の過大化を予防するよう R_N[Ω]の値を管理する。
(2) 起誘導電流が流れる架空送電線路と被誘導電圧を受ける通信線との離隔距離が大きなルートを選定し，相互リアクタンス ωM[Ω]の値を小さくする。
(3) 架空送電線路の架空地線に良導体の電線を適用する（ωM[Ω]の減少化）。
(4) 架空送電線路と通信線の間に遮へい電線を設け，送電線電流の逆方向に，遮へい線に被誘導電流を流して，通信線の被誘導電圧を低減化させる。
(5) 電磁誘導を受けない光ファイバ通信線に張り換える。

講義 15

400 V 級電路の 1 線地絡故障電流値の設計計算例と注意事項

　最近の大型ビルの屋内幹線電路や，数百 kW 級以上の太陽電池発電所の構内交流電路に，50 Hz 系は線間電圧が 420 V，60 Hz 系は線間電圧が 440 V 電路（両者を総称して「400 V 級電路」と言う）が多く適用されています。この講義 15 では，中性点直接接地式の 400 V 級電路の 1 線地絡故障電流値の設計計算例，及び設計上の注意事項について，公式に数値を単に代入するのではなく，適用する数値について設計上の考え方も含めて解説をします。

1. 検討対象の電気設備の概要

　図 15・1 に，設計例として採りあげる太陽電池発電所の構内の定格周波数が 60 Hz，線間電圧値が 440 V の電路を中心に，その設備概要を示します。

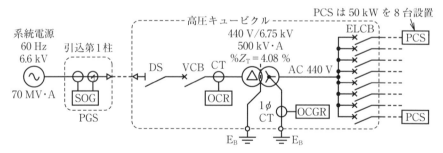

図 15・1　太陽電池発電所の構内の電気設備の概要（一例）

　この図の右端に，定格出力が 50 kW のパワー・コンディショナ・システム（以後「PCS」と略記する）を 8 台施設します。その有効電力の総出力 400 kW を，図の高圧キュービクル内の定格容量 500 kV・A，一次側電圧 440 V，二次側電圧 6.75 kV の変圧器により昇圧し，高圧配電線路に連繋して運転します。図の PCS から変圧器までの三相 3 線式 440 V 電路の 1 線地絡故障電流値 $\dot{I}_G$ の求め方，及び地絡保護方式の設計上の注意事項について述べます。

2. 400 V 級電路の接地工事の規定

電気設備に関する技術基準を定める省令の第 12 条により，『高圧又は特別高圧の電路と低圧の電路とを結合する変圧器は，高圧又は特別高圧の電圧の侵入による**低圧側**の電気設備の**損傷**，**感電**又は**火災**のおそれがないよう，当該変圧器における**適切な箇所に接地**を施さなければならない。』と定められています。この規定を受けて，電気設備の技術基準の解釈の第 24 条により，次の主旨のことが定められています。『高圧電路と 400 V 級電路とを結合する変圧器の**低圧電路の中性点**，又は低圧電路が非接地式の場合には高圧巻線と低圧巻線との間に設けた**金属製の混触防止板**に，**B 種接地工事を施すこと。**』つまり，中性点又は混触防止板のいずれか一方に B 種接地工事を施せば，法的には満足します。しかし，400 V 級電路の対地電圧の安定化，及び 1 線地絡故障を地絡保護継電器で高速度に検出し，遮断器を引き外すために，中性点直接接地方式を適用する例が見られます。その方式は，先の図 15・1 に示した中性点接地用の中性線部分に，単相変流器（1 φCT）を設け，その二次回路に高速度動作型の地絡過電流継電器（HOCG リレー）を接続して地絡保護装置を構成します。なお，**図 15・2** に示すように，高圧配電線路に襲来した雷サージ電圧が，変圧器の二次巻線と一次巻線の間の静電容量 C_S を介して，一次側の 400 V 級電路側へ静電移行し，PCS が絶縁破壊することがあります。その予防策として，"中性点の直接接地" と "混触防止板の施設とその接地" の両方を実施した例があります。

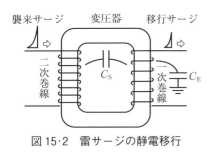

図 15・2　雷サージの静電移行

3. 地絡故障点のアーク抵抗値の考え方

設計上，地絡故障点のアーク抵抗 R_a の値を，何 [mΩ] に想定するかにより，地絡故障電流の想定最大値に影響を与え，地絡保護用の単相変流器（1 φCT）の一次側の定格電流値，及び中性線の導体断面積に影響します。地絡故障の発生箇所を，変圧器の 400 V 級碍子の表面と想定すると，地絡電流値が数 [kA] と大きいため，アークの通電断面積（アークの太さ）が大変に大きく，R_a の値はきわめて小さい状態になります。

一方，絶縁物中の極めて狭い亀裂部分に，微弱な漏洩電流が流れるときの R_a

は数[kΩ]以上の状態です。その後，アーク熱により絶縁物の炭化が進展し，R_aの値が徐々に減少し，遂には数100[mΩ]以下になり，大電流が流れます。地絡保護継電器の検出感度の目標値として，ここでは数100[mΩ]を考えてみます。

4. 中性点の接地抵抗値と大地の抵抗値の考え方

400 V級電路に地絡故障が発生したときに流れる地絡電流$\dot{I}_G$の経路と，B種接地工事箇所の接地抵抗値について，次の図15·3を使用して説明します。

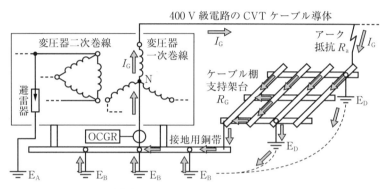

図15·3　地絡故障電流I_Gが流れる経路のイメージ図

図15·3の避雷器用の接地電極E_Aは，他の接地用電極とは別に埋設し，施工します。その避雷器用の接地電極以外は，共通の接地電極として，モジュールの支持架台の金属製杭基礎を利用して施工します。この400 kW級の発電所のモジュール数は約1 600枚で構成し，それらを支持する金属製の杭基礎は約400～600本になります。その杭基礎の全てを並列接続の状態で施工しますから，接地抵抗の合成値は数100[mΩ]以下になる例があります。

図15·3に示した地絡電流$\dot{I}_G$は，モジュールの支持架台，ケーブル棚，大地の3ルートを並列に流れます。その並列合成の抵抗値をR_G[mΩ]で表し，このR_Gは一般的な送電線路の"中性点接地抵抗値及び大地抵抗値"に相当します。

以後の地絡故障電流値が最大のケースとしては，その地絡故障点が変圧器の440 V碍子の表面部分を想定します。一方，地絡保護継電器の検出感度の目標値として，R_aとR_GとR_{CVT}（400 V級電路のCVTケーブルの導体抵抗値）の合計値を数100[mΩ]と想定します。

400 V級の母線に零相計器用変圧器(ZVT)と地絡過電圧継電器(OVGリレー)を施設することを仮定して，地絡故障発生時に検出できる$\dot{V}_0$の値は，次のように考えられます。ZVTは，3相分の対地電圧のベクトル和により地絡故障の発生を検出します。その$\dot{V}_0$の値は，"変圧器の零相分の漏れZの$\dot{Z}_{0T}$に，零相分電流$\dot{I}_0$が流れたとき，その$\dot{Z}_{0T}$に現れる電圧降下分"です。しかし，R_a, R_G, R_{CVT}に加わる$\dot{V}_0$分は，ZVTで検出できません(その詳細は，後に数式で説明します)。

5. 1線地絡故障電流値を求める式と各要素の分割表示

A相の1線地絡故障電流$\dot{I}_G$[A]の値を求める公式を，次に再掲します。

$$\dot{I}_A = \dot{I}_G = 3\dot{I}_0 = \frac{3\dot{E}_{SA}}{\dot{Z}_0 + \dot{Z}_1 + \dot{Z}_2}[\text{pu}] \qquad 再掲(11\cdot20)$$

地絡保護のOVGリレーに入力される$\dot{V}_0$の値も検討する場合は，再掲(11·20)式の中の$\dot{Z}_0$を，ZVTで"$\dot{V}_0$を検出できない成分"と"$\dot{V}_0$を検出できる成分"に分けて，次式で表しておきます。

$$\dot{Z}_0 = (3R_a + 3R_G + \dot{Z}_{0CVT}) + \dot{Z}_{0T}[\text{pu}] \qquad (15\cdot1)$$

この式の$\dot{V}_0$を検出できない成分の$3R_a$はアーク抵抗値の3倍の値，$3R_G$は大地に相当する抵抗値の3倍の値，$\dot{Z}_{0CVT}$は440 VのCVTケーブルの1相当たりの零相分Z値です。一方，$\dot{Z}_{0T}$はZVTで$\dot{V}_0$を検出できる成分であり，変圧器の漏れZ値です。単位法で表した(15·1)式を，次の%Z法の式に変換します。

$$\dot{I}_A = \dot{I}_G = 3\dot{I}_0 = \frac{3\dot{E}_{SA}[\text{pu}]\times 100[\%]}{\underbrace{3\%R_a + 3\%R_G + \%\dot{Z}_{0CVT}}_{ZVTで V_0 検出は不可の要素} + \underbrace{\%\dot{Z}_{0T}}_{V_0 検出が可能な要素} + \%\dot{Z}_1 + \%\dot{Z}_2[\%]} \qquad (15\cdot2)$$

(15·2)式の分子の$\dot{E}_{SA}$は，地絡故障相の電源の相電圧値であり，60 Hz変圧器は254 V(50 Hz変圧器は242 V)です。これ以後は，上記(15·2)式の全ての%Z値を，変圧器の定格容量である500 kV·Aを基準容量にして表した値です。

6. 各%Z値の想定最小値

設計上の想定する最大の1線地絡故障電流値を求める際に，その故障点を変圧器の440 V碍子の表面を想定して，アーク抵抗値のR_aを5[mΩ]，変圧器の外箱のR_Gを5[mΩ]，R_{CVT}は地絡故障の範囲外であるため0[mΩ]であり，これら3者の抵抗値の合計を，次式で表します。

$$R_a + R_G + R_{CVT} = 5 + 5 + 0[\text{m}\Omega] = 10[\text{m}\Omega] \qquad (15\cdot3)$$

この合計抵抗値の 10[mΩ] を 3 倍した値を基にした %R の値を，Σ3%R₀[%] の変数で表し，次式で求めておきます。

$$\Sigma 3\%R_0 = \frac{3\times(10\times10^{-3})[\Omega]\times500[\mathrm{kV\cdot A}]}{10\times(0.44)^2[\mathrm{kV}^2]} = 7.748[\%] \tag{15・4}$$

変圧器の漏れ Z 値は，設計段階では試験記録値がありません。60 Hz，500 kV・A の製造実績は，約 3.66～4.50[%] の範囲のため，この試算例は 4.08[%] とします。

また，500 kV・A 級の変圧器の全負荷銅損は約 4 100[W] ですから，440 V 側に換算した"一次巻線と二次巻線の合計抵抗値 %R_T"を，次式で求めます。

$$\%R_\mathrm{T} = \frac{4.10[\mathrm{kW}]}{500[\mathrm{kV\cdot A}]}\times100[\%] = 0.820[\%] \tag{15・5}$$

ピタゴラスの定理を応用し，漏れリアクタンス %X_T[%] を次式で求めます。

$$\%X_\mathrm{T} = +j\sqrt{\%Z_\mathrm{T}{}^2 - \%R_\mathrm{T}{}^2}\,[\%] \tag{15・6}$$

$$= +j\sqrt{4.08^2 - 0.820^2} = +j\,3.997[\%] \tag{15・7}$$

この変圧器は Y―△結線式のため，変圧器の漏れ Z 値は，零相分の %Ż_0T，正相分の %Ż_1T，逆相分の %Ż_2T の 3 者が互いに等しく，次式で表されます。

$$\%\dot{Z}_\mathrm{0T} = \%\dot{Z}_\mathrm{1T} = \%\dot{Z}_\mathrm{2T} = 0.820 + j\,3.997[\%] = 4.08[\%]\angle+78.41[°] \tag{15・8}$$

次に，配電用変電所の変圧器として，60 Hz の 26 MV・A を想定し，その自己容量基準の %Z の標準値は 19.5[%] です。この値を，500 kV・A 基準値の %Ż_ST[%] として表し，次式にて換算します（抵抗分は無視します）。

$$\%\dot{Z}_\mathrm{ST} = 0 + j\,19.5[\%]\times\frac{500[\mathrm{kV\cdot A}]}{26\times10^3[\mathrm{kV\cdot A}]} = 0 + j\,0.375\,0[\%] \tag{15・9}$$

次に，地絡電流は高圧配電線路から単相電流で供給されるため，正相分と逆相分の Z 値が影響しますから，この値について解説します。高圧配電線路は，発電機のような回転機械ではないため，%Ż_1 = %Ż_2 です。太陽電池発電所が建設される郡部の 6.6 kV 配電線路は，屋外用架橋ポリエチレン絶縁電線（OC 電線）の 60 mm² が多く使用され，その Z 値は約 0.37 + j 0.41[Ω/km] であり，0.424 7 + j 0.470 6[%/km] です。この試算例では線路亘長を 5 km と想定し，高圧配電線路の %Z 値を %Ż_SL で表して，2.124 + j 2.353[%] になります。

ここで，変圧器の高圧巻線の使用タップ値が 6.6 kV ならば，上記の 6.6 kV 側の %Z 値をそのまま適用できます。しかし，60 Hz 系の太陽電池発電所では，440 V 電路の電圧過昇による有効電力の出力制限を回避するため，進相運転が可

能な PCS を選定していますが，電圧運用に余裕を持たせるため，タップ電圧値は 6.75 kV が望ましいです。そのため，次のタップ電圧の補正計算を行います。既に，第 1 編の講義 01 で解説したように，変圧器の巻数比（変圧比）を n とすると，高圧側の Z 値を $(1/n^2)$ 倍して低圧側に等価換算できます。先に求めた %$\dot{Z}_{\mathrm{ST}}$，%$\dot{Z}_{\mathrm{SL}}$ の値は，次式で補正計算します（補正計算により高圧側の %Z 値が 4.4 % 小さくなりますが，概数計算の場合は補正計算を省略します）。

$$\%\dot{Z}_{\mathrm{ST}} = (0 + j\,0.375\,0) \times \left(\frac{6.60}{6.75}\right)^2 = 0 + j\,0.358\,5\,[\%] \tag{15・10}$$

$$\%\dot{Z}_{\mathrm{SL}} = (2.124 + j\,2.353) \times \left(\frac{6.60}{6.75}\right)^2 = 2.031 + j\,2.250\,[\%] \tag{15・11}$$

以上の計算結果，先の (15・2) 式の %$\dot{Z}_0$，%$\dot{Z}_1 = \%\dot{Z}_2$ の各値は，次式で求めます。

$$\dot{Z}_0 = (3R_\mathrm{a} + 3R_\mathrm{G} + \dot{Z}_{0\mathrm{CVT}}) + \dot{Z}_{0\mathrm{T}}\,[\mathrm{pu}] \qquad 再掲(15・1)$$

$$= (7.748) + 0.82 + j\,3.997\,[\%] \tag{15・12}$$

$$= 8.568 + j\,3.997 = 9.454\,[\%] \angle +25.01\,[°] \tag{15・13}$$

$$\%\dot{Z}_1 = \%\dot{Z}_2 = \%\dot{Z}_{\mathrm{ST}} + \%\dot{Z}_{\mathrm{SL}} + \%\dot{Z}_{1\mathrm{T}}\,[\%] \tag{15・14}$$

$$= (0 + 2.031 + 0.820) + j(0.358\,5 + 2.250 + 3.997)\,[\%] \tag{15・15}$$

$$= 2.851 + j\,6.606\,[\%] = 7.195\,[\%] \angle +66.66\,[°] \tag{15・16}$$

7．1 線地絡故障電流の想定最大値の計算法

以上に求めた各対称分 Z 値を，次の再掲 (15・2) 式に適用して，設計上の想定最大値としての 1 線地絡故障電流値 $\dot{I}_\mathrm{G}$ を計算します。

$$\dot{I}_\mathrm{A} = \dot{I}_\mathrm{G} = 3\dot{I}_0 = \frac{3\dot{E}_{\mathrm{SA}}[\mathrm{pu}] \times 100[\%]}{3\%R_\mathrm{a} + 3\%R_\mathrm{G} + \%\dot{Z}_{0\mathrm{CVT}} + \%\dot{Z}_{0\mathrm{T}} + \%\dot{Z}_1 + \%\dot{Z}_2\,[\%]}$$

$$\qquad 再掲(15・2)$$

$$= \frac{3 \times 1\,[\mathrm{pu}] \times 100\,[\%]}{8.568 + j\,3.997 + 2 \times (2.851 + j\,6.606)\,[\%]} \tag{15・17}$$

$$= \frac{300\,[\%]}{14.270 + j\,17.209\,[\%]} = \frac{300\,[\%]}{22.36\,[\%] \angle +50.33\,[°]} \tag{15・18}$$

$$= 13.417\,[\mathrm{pu}] \angle -50.33\,[°] \tag{15・19}$$

単位法表示の 13.417 [pu] を，次式にて [A] の単位の電流値に換算します。

$$|\dot{I}_\mathrm{G}| = \frac{500}{\sqrt{3} \times 0.44}\,[\mathrm{A}] \times 13.417\,[\mathrm{pu}] = 8\,803\,[\mathrm{A}] \fallingdotseq 8.8\,[\mathrm{kA}] \tag{15・20}$$

B種接地工事の接地線の導体太さは，法的には直径4mm以上の軟銅線又はこれと同等以上の強さの電線を使用するよう規定されています。しかし，前述の8.8kAの大電流を安全に大地に通電するためには，変圧器の中性点からキュービクル内の接地用銅帯を経由して接地電極までの電線の導体断面積は38mm²以上で設計します。

　また，地絡保護用の単相CTのCT比は，その一次側に8.8kAが通過したとき，CT二次側回路に接続する地絡過電流継電器の入力電流値を50[A]以下にするため，この設計例では1 000/5 Aを選定します。

　次に，この最大の1線地絡故障電流が流れるとき，440V母線に設置したと仮定したZVTにて検出できる零相分電圧$\dot{V}_0$の値を求めます。その$\dot{V}_0$の値は，変圧器の零相分の$\dot{Z}_{0T}$と，零相分電流$\dot{I}_0$との積で求まります。最近のキュービクル内に施設されるOVGリレーの整定値は，電源の相電圧$\dot{E}_{SA}$の値に対する$\dot{V}_0$の百分率値で表していますから，その百分率値を次式にて求めます。

$$\frac{\dot{V}_0}{\dot{E}_{SA}} \times 100 = -\frac{\dot{Z}_{0T}[\text{pu}] \cdot \dot{I}_0[\text{pu}]}{E_{SA}[\text{pu}]} \times 100[\%] \tag{15・21}$$

この式の$\dot{I}_0$に，先の(15・2)式を適用しますから，その式を再掲します。

$$\dot{I}_A = \dot{I}_G = 3\dot{I}_0[\text{pu}] = \frac{3\dot{E}_{SA}[\text{pu}]}{3\%R_a + 3\%R_G + \%\dot{Z}_{0CVT} + \%\dot{Z}_{0T} + \%\dot{Z}_1 + \%\dot{Z}_2[\%]} \times 100[\%]$$

$$\text{再掲}(15・2)$$

(15・21)式の$\dot{I}_0$に，再掲(15・2)式の右辺の1/3倍を代入し，次式で表します。

$$\frac{\dot{V}_0}{\dot{E}_{SA}} \times 100[\%]$$

$$= -\frac{\%\dot{Z}_{0T}[\%]}{3\%R_a + 3\%R_G + \dot{Z}_{0CVT} + \%\dot{Z}_{0T} + \%\dot{Z}_1 + \%\dot{Z}_2[\%]} \times 100[\%] \tag{15・22}$$

$$= -\frac{4.08[\%] \angle +78.41[°\ ]}{7.748 + 0.82 + j\,3.997 + 2\times(2.851 + j\,6.606)[\%]} \times 100[\%] \tag{15・23}$$

$$= -\frac{4.08[\%] \angle +78.41[°\ ]}{14.270 + j\,17.209[\%]} \times 100[\%] = -\frac{4.08[\%] \angle +78.41[°\ ]}{22.36[\%] \angle +50.33[°\ ]} \times 100[\%]$$

$$\tag{15・24}$$

OVGリレーは$\dot{V}_0$の絶対値に応動するため，その絶対値を次式で求めます。

$$\left|\frac{\dot{V}_0}{\dot{E}_{SA}}\right| \times 100 = \frac{4.08}{22.36}[\text{pu}] \times 100[\%] = 18.25[\%] \tag{15・25}$$

　以上の計算結果から，1線地絡故障電流が最大値のときに，約18[%]の$\dot{V}_0$が

発生しますから，地絡過電圧継電器(OVGリレー)は正動作が可能です。しかし，この後の第8項で計算する"地絡保護継電器で故障検出する目標値"のケースでは，発生する V_0 の値が小さいためOVGリレーの動作は不可能になります。

8. 故障検出の目標値に相当する1線地絡故障電流値の計算法

先に(15·1)式で示した零相分の $\dot{Z}_0$ を表す式を，次に再掲します。

$$\dot{Z}_0 = (3R_a + 3R_G + \dot{Z}_{0\mathrm{CVT}}) + \dot{Z}_{0\mathrm{T}} [\mathrm{pu}] \qquad 再掲(15·1)$$

前項で試算した"1線地絡故障電流の想定最大値"のケースでは，再掲(15·1)式の(　)内の値を 7.748[%] としました。この8項では，(　)内の値を次のように想定して算出します。

地絡故障点の状態を，絶縁物中の極めて狭い箇所と想定し，その箇所のアーク抵抗 R_a の値を 200[mΩ]，大地に相当する R_G を 100[mΩ]，R_{CVT} は CVT ケーブルをあまり長く設計しないことを考慮して 50[mΩ] と想定し，そのリアクタンス分は無視できるものとします。これら3者の合計抵抗値を，次式で求めます。

$$R_a + R_G + \dot{Z}_{0\mathrm{CVT}} = 200 + 100 + 50 + j\,0 [\mathrm{mΩ}] = 350 + j\,0 [\mathrm{mΩ}] \qquad (15·26)$$

ここで，概数計算法として，<u>電源の相電圧 254[V] を上記 350[mΩ] で除算して端数を切り捨てる</u>と約 700[A] です。この近似値を，これから行う詳細計算結果の確めに用います。次に，上記の(15·26)式で求めた合計抵抗値の 350[mΩ] を <u>3倍</u>して求めた %R[%/相] の値を，Σ3%R_0[%/相] の変数で表し，次式で求めます。

$$\Sigma 3\% R_0 = \frac{3 \times (350 \times 10^{-3})[\mathrm{Ω}] \times 500 [\mathrm{kV \cdot A}]}{10 \times (0.44)^2 [\mathrm{kV}^2]} = 271.2 [\%/相] \qquad (15·27)$$

以上で求めた各対称分の Z 値を，次の再掲(15·2)式に適用して，設計上の地絡故障検出の目標値に相当する1線地絡故障電流 $\dot{I}_G$ の値を計算します。

$$\dot{I}_A = \dot{I}_G = \frac{3\dot{E}_{\mathrm{SA}}[\mathrm{pu}] \times 100[\%]}{\underbrace{3\% R_a + 3\% R_G + \%\dot{Z}_{0\mathrm{CVT}}}_{(15·27)式で求めた合計抵抗値} + \%\dot{Z}_{0\mathrm{T}} + \%\dot{Z}_1 + \%\dot{Z}_2 [\%]} [\mathrm{pu}] \qquad 再掲(15·2)$$

$$= \frac{3 \times 1[\mathrm{pu}] \times 100[\%]}{271.2 + 0.820 + j\,3.997 + 2 \times (2.851 + j\,6.606)[\%]} [\mathrm{pu}] \qquad (15·28)$$

$$= \frac{300[\%]}{277.7 + j\,17.209[\%]} = \frac{300[\%]}{278.2[\%] \angle +3.55[°]} \qquad (15·29)$$

$$= 1.078\,4[\mathrm{pu}] \angle -3.55[°]\ (E_{\mathrm{SA}}\text{とほぼ同位相}) \qquad (15·30)$$

この単位法で表した電流値を，次式で[A]の単位に換算します。

$$|\dot{I}_G| = \frac{500}{\sqrt{3} \times 0.44}[A] \times 1.0784[pu] = 707.5[A] \tag{15・31}$$

　この値は，先に<u>電源の相電圧254[V]を前記350[mΩ]で除算</u>し，<u>端数を切り捨てて求めた確め用の概数値の700[A]</u>に近い値です。

　先に，地絡保護用の単相CTのCT比に1 000/5 Aを選定しましたから，このケースでの高速度動作型の地絡過電流継電器(HOCGリレー)の入力は3.54[A]です。この入力電流値を，余裕係数2で除算して，HOCGリレーの整定値を約1.7~1.8[A]に選定します(この電流値のCT一次側換算値は340~360[A]です)。

　次に，このケースの地絡故障時に440 V母線に設置したと仮定したZVTにて検出できる零相分電圧$\dot{V}_0$の値を，次式で求めます。

$$\frac{\dot{V}_0}{\dot{E}_{SA}} = -\frac{\dot{Z}_{0T}\dot{I}_0}{\dot{E}_{SA}} \times 100[\%] \tag{15・32}$$

$$= -\frac{\%\dot{Z}_{0T}}{3\%R_a + 3\%R_G + \%\dot{Z}_{0CVT} + \%\dot{Z}_{0T} + \%\dot{Z}_1 + \%\dot{Z}_2} \times 100[\%] \tag{15・33}$$

$$= -\frac{4.08[\%] \angle +78.41[°]}{271.2 + 0.82 + j\,3.997 + 2\times(2.851 + j\,6.606)[\%]} \times 100[\%] \tag{15・34}$$

$$\left|\frac{\dot{V}_0}{\dot{E}_{SA}}\right| \fallingdotseq \frac{4.08[\%]}{278[\%]} \times 100[\%] = 1.47[\%] \tag{15・35}$$

　このように，地絡故障の検出目標値に相当するケースでは，地絡故障点に約700[A]もの大電流が流れていますが，440 V母線のZVTで検出できるV_0の絶対値は1.5[%]以下ですから，<u>OVGリレーの確実な動作は期待できません</u>。

9. 適切な地絡故障の検出方式とELCBとの役割分担

　前の8項で求まった1.5[%]以下の小さなV_0の値に応動できる整定値でOVGリレーを運用すると，常時現れる残留V_0により誤動作をします。そのため，中性点<u>直接接地式回路の地絡故障の検出方法として，ZVTとOVGリレーにて行う設計方法は不適切であり</u>，先の図15・1に示した<u>中性線に単相CT</u>を施設し，その二次回路に<u>HOCGリレーを設ける方法</u>が適切です。

　次に，地絡保護の役割分担について解説します。先に，図15・1で示した440 V電路の引出口に漏電遮断機能付き過電流遮断器(ELCB)を施設してあります。そして，漏電電流値が約数10[mA]~数[A]の絶縁不良に対し，ELCBにより選択遮断を実施します。一方，漏電電流値が<u>数[A]以上</u>の故障時は，ELCB内の

ZCT用鉄心に磁気飽和を生じ，地絡検出も遮断も不可能になります。そのため，図15・1で示した設計例では，数[A]〜340[A]の範囲はELCBと中性線のHOCGリレーの双方共に地絡検出が不可能となる"地絡保護の盲点"が存在しています。

実際の絶縁劣化時の漏洩電流は，突然に数[A]以上が流れることは少なく，最初は約数[mA]の状態から徐々に増加すると考えられます。この外(ほか)のケースとして，充電部が露出した部分にねずみやへび等が接触した場合には，直ちに大きなアークを生じて340[A]以上が流れ，HOCGリレーの正動作が可能です。

もしも，上記の"地絡保護の盲点"がない施設を設計する場合には，前述の1 000/5 AのCTとは別に，左の図15・4に示す50/5 AのCTも併設し，その二次回路にHOCGR-2を接続して，地絡故障電流値が5〜360[A]の範囲の検出と，CBの引き外しの役を分担する方法があります。

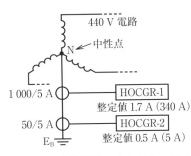

図15・4　地絡保護の盲点がない構成

この50/5 AのCT一次導体に，想定最大値である8.8 kAの大電流が通過すると，CT鉄心は完全に磁気飽和を生じ，針状波の異常電圧が発生します。

その異常電圧の対策として，CTの二次端子に放電ギャップ等を施設する方法が考えられますが，高圧キュービクル内は一般的に狭隘なことが多く，価格が上昇すること等の理由により，図15・4に示したCTを2組設ける例はあまり見られません。一般的な施設例としては，図の1 000/5 Aに相当するCTの1組分を施設し，上記の"地絡保護の盲点"に対しては，絶縁不良がさらに進展して340[A]以上流れた段階で，図のHOCGR-1に相当する地絡保護リレーにより地絡故障を検出してCBを引き外し，故障点を電源回路から分離しています。

なお，この講義15で示したアーク抵抗R_a[mΩ]の想定値や大地の抵抗R_G[mΩ]等の想定値は，設計内容を一例として紹介した値であり，それらは高圧キュービクルに求められる信頼性や予算額に応じて微調整されています。

講義 16

1線地絡故障計算の例題とその解法

　この講義16では，これまでに紹介した対称座標法の公式を応用して，1線地絡故障計算の例題，及びその解法を解説します。不平衡故障には，1線地絡，2線短絡，2線地絡の3種類がありますが，その中で通信線に対する電磁誘導現象が最大のもの，及び，故障中の健全相の対地電圧上昇率が最大のものが，これから解説する1線地絡故障です。そのことを反映してか，過去の電験第一種，第二種に出題された不平衡故障の問題のうち，この1線地絡故障が最多の出題数です。この講義では，最初は容易に解ける例題をとり挙げ，その解法を理解された後に，徐々に難易度を上げる方法で編集してあります。

例題 1

　次の**図1**に示す電力系統の275 kVの点Fにて1線地絡故障が発生したとき，図の電源から点Fに流れる地絡電流I_G[kA]の大きさを求めなさい。なお，図の点Fから電源側を見る1 000[MV・A]基準のZ[pu]の値のうち，零相分のZ_0は0.14[pu]，正相分のZ_1は0.10[pu]，逆相分のZ_2は0.10[pu]であり，抵抗分は全て無視し，リアクタンス分のみとする。また，地絡故障が発生する直前の電源の電圧値は，公称電圧値と同じであるものとする。その他の定数は，故障点のアーク抵抗値，発電所の接地抵抗値を含めて全て無視できるものとする。

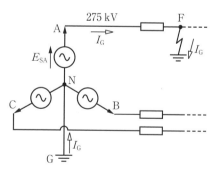

図1　1線地絡故障を生じた系統図

　解法と解説　1線地絡故障電流I_G[kA]の大きさを求めるよう指定されていますから，その電流$\dot{I}_G$を求める公式を次に再掲します。

$$\dot{I}_A = \dot{I}_G = 3\dot{I}_0[\text{pu}] = \frac{3\dot{E}_{\text{SA}}[\text{pu}]}{\dot{Z}_0 + \dot{Z}_1 + \dot{Z}_2[\text{pu}]} \qquad 再掲(11\cdot 20)$$

　この公式の分子の $\dot{E}_{\text{SA}}[\text{pu}]$ は，単位法による"電源の故障相の相電圧値"です。設問の図では，A 相の地絡故障ですから，$\dot{E}_{\text{SA}}$ に A 相の相電圧値を適用します。ここで，故障を発生する直前の系統電源の電圧値は，題意により「電源電圧値は，公称電圧値と同じ」と指定されていますから，$\dot{E}_{\text{SA}} = 1[\text{pu}]$ です。この設問に限らず，電源の電圧値が明記されていない場合は，1[pu]として計算を進めます。

　設問の図に変圧器の記号が描かれていませんから，設問で与えられた"点 F から電源側を見る各 Z[pu]の値"を，上記の再掲(11·20)式の分母に代入できます。その値は，題意により「抵抗分は全て無視し，リアクタンス分のみとする。」と指定されていますから，再掲(11·20)式の分母の各 $\dot{Z}$[pu]の値は，次式のように表すことができます。

$$再掲(11\cdot 20)式の\atop 分母に代入する値 \begin{cases} 零相分 & \dot{Z}_0 = +j\,0.14[\text{pu}] & (1)\\ 正相分 & \dot{Z}_1 = +j\,0.10[\text{pu}] & (2)\\ 逆相分 & \dot{Z}_2 = +j\,0.10[\text{pu}] & (3)\end{cases}$$

　上記の(1)式〜(3)式の右辺の各値を，再掲(11·20)式の分母の各対称分 Z に代入し，1 線地絡故障電流 $\dot{I}_G$[kA]の値を，次式のように展開して求めます。

$$\dot{I}_G = \frac{3\times 1[\text{pu}]}{+j(0.14+0.10+0.10)[\text{pu}]} = \frac{3[\text{pu}]}{+j\,0.34[\text{pu}]} \tag{4}$$

$$= \frac{3[\text{pu}]}{+j\,0.34[\text{pu}]} \times \frac{-j\,1}{-j\,1} = \frac{-j\,3[\text{pu}]}{0.34[\text{pu}]} = -j\,8.824[\text{pu}] \tag{5}$$

　この計算結果は，"1 線地絡故障電流 $\dot{I}_G$[kA]の大きさは，<u>基準電流値の 8.824 倍</u>であり，その位相角は A 相の相電圧 $\dot{E}_{\text{SA}}$ に対して遅れ 90[°]である"ことを表しています(虚数記号は 90[°]を表し，<u>負値は遅れ位相</u>を表します)。

　設問により「%Z 値を表す基準容量値は 1 000[MV·A]であり，1 線地絡故障電流 I_G[kA]の大きさを求める故障点 F の線間電圧値は 275 kV」と指定されていますから，その基準電流 I_N[kA]の値は，次式で求めます。

$$I_N = \frac{1\,000[\text{MV·A}]}{\sqrt{3}\times 275[\text{kV}]} = 2.100[\text{kA}] \tag{6}$$

　1 線地絡故障電流 I_G[kA]の大きさ(絶対値)は，次式で求まります。

$$|\dot{I}_G| = 2.100[\text{kA}]\times 8.824[\text{pu}] \fallingdotseq 18.53[\text{kA}] \tag{7}$$

例題2

図1に示す電力系統の275 kVの点Fに1線地絡故障が発生したときに流れる地絡電流 I_G[kA]の大きさを求めなさい。なお，この図の発電機，変圧器，送電線路の各部分の零相分の%Z_0，正相分の%Z_1，逆相分の%Z_2の各対称分%Z値は，図示のとおりであり，全て基準容量を1 000[MV·A]で表している。また，抵抗分は全て無視し，図に明示した定数以外も無視できるものとする。

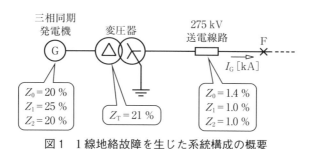

図1　1線地絡故障を生じた系統構成の概要

解法と解説　この設問は，"変圧器のZ値をどのように扱うか"がキーポイントです。発電所の発電機昇圧用の変圧器は，発電機側が一次側で△結線式，送電線路側が二次側でY結線式が標準です。この△—Y結線式の変圧器の%Z値は，零相分，正相分，逆相分の三つが互いに同じ値で電力回路に作用します。

その△—Y結線式の変圧器から発電機側に存在する零相分のZ_0が，電力回路へどのように影響するかは，右ページの図2に示すように考えます。すなわち，図2の右端の地絡故障点Fにて，3相分の電力線を一括して接続し，その接続箇所と大地の点Gの間に，試験のための交流の単相電圧V_0を印加したと考えます。そのとき，△—Y結線式の変圧器部分に零相分電流I_0が流れる経路を図2に示しました。すなわち，大地を表す点Gから$3I_0$が変圧器の中性線と中性点Nを経由して，Y結線式の二次巻線に三つのI_0が流れ，さらに送電線路を経て，点Fに戻る閉回路を形成しています。そのY結線の部分に流れる三つのI_0による起磁力を打ち消すように，△結線の内部を単相電流のI_0が環流しますが，△結線の外部には流出しません。したがって，設問の図には発電機のZ_0の値が示されていますが，発電機のZ_0の値は零相分回路や1線地絡故障電流I_Gの値に影響を与えません(ただし，後の例題4のY—Y—△結線式の変圧器の場合で，発

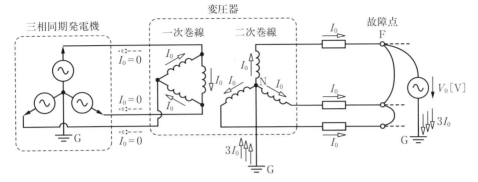

図2 △—Y結線式変圧器は，発電機側へ I_0 を通過させない

電機側の電路に零相分回路が閉回路を成す場合には，I_G の値に影響を与えます）。

1線地絡故障電流 $\dot{I}_G[\mathrm{kA}]$ を求める公式を，次に再掲して表します。

$$\dot{I}_A[\mathrm{pu}] = \dot{I}_G[\mathrm{pu}] = \frac{3\dot{E}_{SA}[\mathrm{pu}]}{\dot{Z}_0 + \dot{Z}_1 + \dot{Z}_2[\mathrm{pu}]} \qquad 再掲(11\cdot 20)$$

単位法表示の各対称分の $Z[\mathrm{pu}]$ を，次式のように %Z[%]の表示に代えます。

$$\dot{I}_A[\mathrm{pu}] = \dot{I}_G[\mathrm{pu}] = \frac{3\dot{E}_{SA}[\mathrm{pu}] \times 100[\%]}{\dot{Z}_0 + \dot{Z}_1 + \dot{Z}_2[\%]} \tag{1}$$

(1)式の右辺の分母に代入する各対称分の%Z値は，題意により次のとおりです。

零相分 $\dot{Z}_0 = +j(1.4+21) = +j\,22.4[\%]$ (2)

正相分 $\dot{Z}_1 = +j(1.0+21+25) = +j\,47.0[\%]$ (3)

逆相分 $\dot{Z}_2 = +j(1.0+21+20) = +j\,42.0[\%]$ (4)

上記の(2)式～(4)式の右辺の各値を，(1)式の分母の各対称分の %Z に代入して，1線地絡故障電流 $\dot{I}_G[\mathrm{kA}]$ を，次式にて求めます。

$$\dot{I}_G = \frac{3[\mathrm{pu}] \times 100[\%]}{+j(22.4+47.0+42.0)[\%]} = -j\,2.693[\mathrm{pu}] \tag{5}$$

この計算結果は，"1線地絡故障電流 $\dot{I}_G[\mathrm{kA}]$ の大きさは，基準電流値の 2.693 倍であり，その位相角は A 相の電源の相電圧 $\dot{E}_{SA}$ に対して遅れ 90[°]である"ことを表しています。そして，基準容量値は 1 000[MV·A]，点 F の電圧値は 275 kV ですから，1線地絡故障電流 $I_G[\mathrm{kA}]$ の大きさ(絶対値)は，次式で求まります。

$$|\dot{I}_G| = \frac{1\,000[\mathrm{MV\cdot A}]}{\sqrt{3}\times 275[\mathrm{kV}]} \times 2.693[\mathrm{pu}] \fallingdotseq 5.65[\mathrm{kA}] \tag{6}$$

例題 3

図1に示す電力系統があり，送電線路の受電端の変圧器Bの二次側（△結線側）の遮断器(CB)は全て開路状態である。この状態で，図の点Fにおける故障電流値として，3線短絡電流値に対する1線地絡電流値の倍数値を答えなさい。なお，図中の発電機及び送電線路の零相分の$\%Z_0$[%]，正相分の$\%Z_1$[%]，逆相分の$\%Z_2$[%]の各値，並びに変圧器の漏れ$\%Z_{TA}$[%]，及び$\%Z_{TB}$[%]の値は，同一の基準容量で表した値であり，その抵抗分は無視することができ，かつ，図に明示した定数以外は全て無視できるものとする。

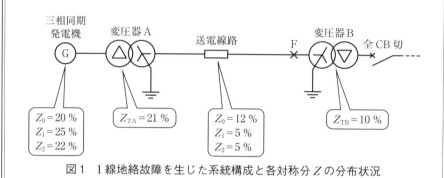

図1 1線地絡故障を生じた系統構成と各対称分Zの分布状況

解法と解説 この設問は，"**受電端の変圧器BのZ値をどのように扱うか**"がキーポイントです。左端の変圧器Aは，先の例題2で解説したように，I_0は△結線内を環流しますが，△結線の外部には流出しませんから，変圧器Aの零相分Z_0値のみ1線地絡故障電流値に影響を与え，発電機のZ_0は影響しません。

一方の変圧器Bは，題意により「二次側のCBは，全て開路状態である」と明記されていますから，雰囲気的には1線地絡故障電流値に影響を与えないような気持ちになりそうですが，それがこの問題の**落とし穴**です。1線地絡故障電流$\dot{I}_G$の値に影響を与えるか否かは，次ページの図2に示すように考えます。この図の故障点Fにて3相分の電力線を一括接続し，その接続点と大地Gとの間に測定試験のための単相電圧V_0を印加します。その電力回路に，零相分電流I_0の電流分布を描いて，$\dot{I}_G$の値に影響を与える零相分回路の範囲を考えます。

この図2に示したように，変圧器Bの二次側CBが全て開路状態であっても，変圧器Bの一次巻線のI_0により生じた磁束を打ち消すように，二次巻線の△結線内をI_0が環流しますから，$\dot{Z}_{TB}$の漏れZ値は$\dot{I}_G$の値に影響します。

設問の図1の点Fから左側部分の零相分$\%\dot{Z}_0$[%]の合成値は，送電線路の

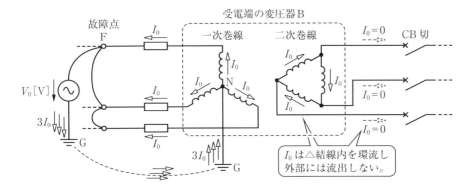

図 2　Y—△結線式の変圧器が零相分回路に影響する範囲

$+j12[\%]$ と変圧器 A の $+j21[\%]$ との和の $+j33[\%]$ です。一方，点 F から右側部分の零相分 $\%\dot{Z}_0[\%]$ は，変圧器 B のみの $+j10[\%]$ です。そして，変圧器 A 側の $3\dot{I}_{0A}$ と変圧器 B 側の $3\dot{I}_{0B}$ とが故障点 F の所で並列に流れますから，その両者を並列合成した $\%\dot{Z}_0$ の値を，次式で求めます。

$$\%\dot{Z}_0 = +j\frac{33 \times 10}{33 + 10} = +j\,7.674[\%] \tag{1}$$

正相分電流と逆相分電流は，図 1 の発電機のみから供給され，$\%\dot{Z}_1$，$\%\dot{Z}_2$ の合成値は，点 F から発電機までの対称分 Z 値を集計し，次式で求まります。

$$\%\dot{Z}_1 = +j(5+21+25) = +j\,51[\%] \tag{2}$$
$$\%\dot{Z}_2 = +j(5+21+22) = +j\,48[\%] \tag{3}$$

1 線地絡故障電流値 $\dot{I}_G[\mathrm{pu}]$ は，次の再掲式に各対称分 Z 値を代入して求めます。

$$\dot{I}_A[\mathrm{pu}] = \dot{I}_G[\mathrm{pu}] = \frac{3\dot{E}_{SA}[\mathrm{pu}] \times 100[\%]}{\dot{Z}_0 + \dot{Z}_1 + \dot{Z}_2[\%]} \qquad 再掲(11\cdot20)$$

$$= \frac{3 \times 1[\mathrm{pu}] \times 100[\%]}{+j(7.674+51.0+48.0)[\%]} = -j\,2.812\,3[\mathrm{pu}] \tag{4}$$

点 F の 3 線短絡故障電流値 $\dot{I}_{3S}[\mathrm{pu}]$ を，次式で求めます。

$$\dot{I}_{3S} = \frac{\dot{E}_{SA}[\mathrm{pu}] \times 100[\%]}{\%\dot{Z}_1[\%]} = \frac{1[\mathrm{pu}] \times 100[\%]}{+j\,51.0[\%]} = -j\,1.960\,8[\mathrm{pu}] \tag{5}$$

最後に，$\dot{I}_{3S}[\mathrm{pu}]$ に対する $\dot{I}_G[\mathrm{pu}]$ の倍数値を，次式で求めます。

$$\frac{\dot{I}_G}{\dot{I}_{3S}} = \frac{-j\,2.812\,3[\mathrm{pu}]}{-j\,1.960\,8[\mathrm{pu}]} \fallingdotseq 1.434[倍] \tag{6}$$

例題 4

図1に示す電力系統の点Fにて1線地絡故障が発生したとき，その点Fに流れる地絡電流I_G[kA]の大きさを求めなさい。なお，発電機と送電線路の各対称分%Z値は，1 000[MV·A]基準の値で表し，変圧器の漏れ%Z値は下欄の枠内の容量値を基準にして表している。それら全ての%Z値の抵抗分は無視することができ，さらにこの図に明示した定数以外は全て無視することができるものとする。

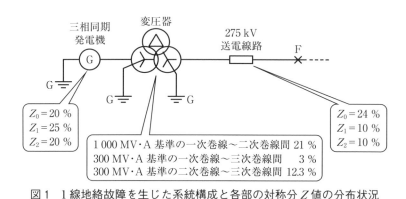

図1 1線地絡故障を生じた系統構成と各部の対称分Z値の分布状況

解法と解説 この問題も"三巻線式変圧器のZ値の扱い方"がキーポイントです。発電所の変圧器は発電機側が一次巻線，送電線路側が二次巻線，△結線は三次巻線です。その漏れ%Z値を，等価的な1巻線分の一次巻線を%$\dot{Z}_P$，二次巻線を%$\dot{Z}_S$，三次巻線を%$\dot{Z}_T$とし，次式で基準容量1 000[MV·A]の値に換算します。

一次巻線〜二次巻線間　　$\%\dot{Z}_P + \%\dot{Z}_S = +j21[\%]$　　　　　　　　　(1)

一次巻線〜三次巻線間　　$\%\dot{Z}_P + \%\dot{Z}_T = +j3 \times \dfrac{1\,000}{300} = +j10.0[\%]$　(2)

二次巻線〜三次巻線間　　$\%\dot{Z}_S + \%\dot{Z}_T = +j12.3 \times \dfrac{1\,000}{300} = +j41.0[\%]$ (3)

(1)式〜(3)式の左右両辺の総和は，次式で表されます(これがコツ)。

$$\%2\dot{Z}_P + \%2\dot{Z}_S + \%2\dot{Z}_T = +j72.0[\%] \qquad (4)$$

次に，等価的な1巻線分の%$\dot{Z}_P$，%$\dot{Z}_S$，%$\dot{Z}_T$の値を，次の方法で求めます。

(4)式 − 2×(3)式により，$2\%\dot{Z}_P = -j10.0[\%]$，∴ %$\dot{Z}_P = -j5.0[\%]$　(5)

(4)式 − 2×(2)式により，$2\%\dot{Z}_S = +j52.0[\%]$，∴ %$\dot{Z}_S = +j26.0[\%]$　(6)

(4)式 − 2×(1)式により，$2\%\dot{Z}_T = +j30.0[\%]$，∴ %$\dot{Z}_T = +j15.0[\%]$　(7)

(5)式の%$\dot{Z}_P$が負値で求まりましたが，これは本来二つの巻線間の漏れ磁束により決まる値を，以後の計算を容易にするために，便宜的に1巻線分の値で表した結果，一次巻線分が負値になったのであって，変圧器がコンデンサに化けたのではありません。前記の(5)式～(7)式で求まった1巻線分の%Z値を使用して，等価的な零相分回路を図2に示します。この図の点Tから，発電機側と変圧器の中性点接地側の2回路にI_0が分流して流れます。その点Tからの2回路分の並列合成値を，次式で求めておきます。

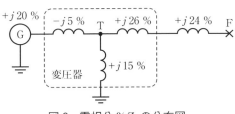

図2　零相分%$\dot{Z}_0$の分布図

$$+j\frac{(20-5)\times 15}{(20-5)+15}[\%] = +j\frac{15}{2}[\%] = +j\,7.50[\%] \tag{8}$$

地絡故障点の点Fから電源側を見る合成の%$\dot{Z}_0[\%]$，%$\dot{Z}_1[\%]$，%$\dot{Z}_2[\%]$の各対称分の値を，次式で求めます。

$$\%\dot{Z}_0 = +j(24+26+7.50) = +j\,57.5[\%] \tag{9}$$

$$\%\dot{Z}_1 = +j(10+21+25) = +j\,56.0[\%] \tag{10}$$

$$\%\dot{Z}_2 = +j(10+21+20) = +j\,51.0[\%] \tag{11}$$

1線地絡故障電流$\dot{I}_G[\text{kA}]$の大きさを求める公式を，次に再掲します。

$$\dot{I}_A[\text{pu}] = \dot{I}_G[\text{pu}] = \frac{3\dot{E}_{SA}[\text{pu}]\times 100[\%]}{\dot{Z}_0+\dot{Z}_1+\dot{Z}_2[\%]} \qquad 再掲(11\cdot 20)$$

再掲(11・20)式の右辺の分母に，(9)式～(11)式の右辺の各合成値を代入し，次式にて1線地絡故障電流$\dot{I}_G[\text{pu}]$の値を求めます。

$$\dot{I}_G = \frac{3\times 1[\text{pu}]\times 100[\%]}{+j(57.5+56.0+51.0)[\%]} = -j\,1.823\,7[\text{pu}] \tag{12}$$

この計算結果は，"1線地絡故障電流$\dot{I}_G[\text{pu}]$の大きさは，基準電流値の1.8237倍であり，その位相角はA相の相電圧$\dot{E}_{SA}$に対して遅れ90[°]である"ことを表します。そして，題意により基準容量値は1 000[MV・A]，点Fの電圧値は275 kVですから，基準電流値の1.823 7倍に相当する1線地絡故障電流$I_G[\text{kA}]$の大きさ(絶対値)を，次式で求めることができます。

$$|\dot{I}_G| = \frac{1\,000[\text{MV}\cdot\text{A}]}{\sqrt{3}\times 275[\text{kV}]} \times 1.823\,7[\text{pu}] \fallingdotseq 3.83[\text{kA}] \tag{13}$$

例題 5

図1に示す電力系統の154 kV送電線路の点Fにて1線地絡故障を生じたとき,点Fに流れる地絡電流$\dot{I}_\mathrm{G}$[A]のベクトル値,及び健全2相の電力線の対地電圧$\dot{E}_\mathrm{B}$[pu],$\dot{E}_\mathrm{C}$[pu]のベクトル値を,平常時の相電圧に対する倍数値で求めなさい。ただし,$\dot{I}_\mathrm{G}$,$\dot{E}_\mathrm{B}$,$\dot{E}_\mathrm{C}$を求める条件は次の(1)〜(3)項のとおりとする。

(1) 点Fから電源側を見る各対称分のZ値は図の下欄に示す値であり,そのうち零相分$\dot{Z}_\mathrm{0TL}$[%]には中性点接地抵抗器(NR)の抵抗値を含んでいない。

(2) 地絡故障発生の直前の電源のA相の相電圧値を1[pu]とし,その位相を0[°]として,$\dot{I}_\mathrm{G}$,$\dot{E}_\mathrm{B}$,$\dot{E}_\mathrm{C}$の各ベクトルの位相角を表して解答する。

(3) NRの抵抗値R_Nは222[Ω]であり,その他の抵抗分は全て無視する。

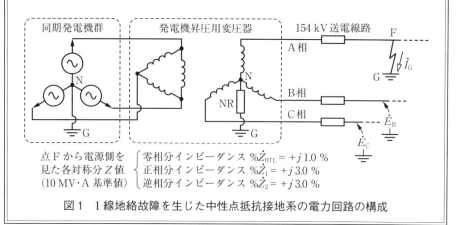

図1 1線地絡故障を生じた中性点抵抗接地系の電力回路の構成

解法と解説 1線地絡故障電流$\dot{I}_\mathrm{G}$の概数値として,154 kV系の相電圧値88.91[kV]をR_Nの222[Ω]で除算して約400[A]と求めておき,この数%小さな値が正解ですから,後に確め算に利用します。題意のR_Nの値を3倍して,10[MV・A]基準値の1相当たりの零相分の3%R_N[%/相]とし,次式で求めます。

$$3\%R_\mathrm{N} = \frac{3\times 222[\Omega]\times 10\,000[\mathrm{kV\cdot A}]}{10\times 154^2[\mathrm{kV}^2]} = 28.08[\%] \qquad (1)$$

1線地絡故障電流$\dot{I}_\mathrm{G}$[kA]の値を求める公式を,次に再掲します。

$$\dot{I}_\mathrm{A}[\mathrm{pu}] = \dot{I}_\mathrm{G}[\mathrm{pu}] = \frac{3\dot{E}_\mathrm{SA}[\mathrm{pu}]\times 100[\%]}{\%\dot{Z}_0 + \%\dot{Z}_1 + \%\dot{Z}_2[\%]} \qquad \text{再掲}(11\cdot 20)$$

この式の分母の%$\dot{Z}_0$,%$\dot{Z}_1$,%$\dot{Z}_2$に代入する値を,次のように求めます。

$$\%\dot{Z}_0 = 3\%R_N + \%\dot{Z}_{0TL} = 28.08 + j\,1.0\,[\%] = 28.10\,[\%]\angle + 2.04\,[°\,] \tag{2}$$

$$\%\dot{Z}_1 = \%\dot{Z}_2 = 0 + j\,3.0\,[\%] = 3.0\,[\%]\angle + 90\,[°\,] \tag{3}$$

$$\%\dot{Z}_0 + \%\dot{Z}_1 + \%\dot{Z}_2 = 28.08 + j(1.0 + 3.0 + 3.0)\,[\%] \tag{4}$$

$$= 28.08 + j\,7.0\,[\%] = 28.94\,[\%]\angle + 14.00\,[°\,] \tag{5}$$

(5)式の最右辺の値を再掲(11・20)式に代入し,$\dot{I}_G[pu]$を次式にて求めます。

$$\dot{I}_A = \dot{I}_G = \frac{3 \times 1\,[pu] \times 100\,[\%]}{28.94\,[\%]\angle + 14.00\,[°\,]} = 10.366\,[pu]\angle - 14.00\,[°\,] \tag{6}$$

$$|\dot{I}_G| = \frac{10\,000\,[kV \cdot A]}{\sqrt{3} \times 154\,[kV]} \times 10.366\,[pu] \fallingdotseq 389\,[A] \tag{7}$$

この値は,先の概数値400[A]の約97[%]であり,確め算の結果は良と判断します。

次に,故障相から**遅れ120[°]**側のB相の対地電圧$\dot{E}_B$の公式にて計算します。

$$\frac{\dot{E}_B}{\dot{E}_{SA}}[pu] = \frac{(\sqrt{3}\angle - 150°)\%\dot{Z}_0 + (\sqrt{3}\angle - 90°)\%\dot{Z}_2\,[\%]}{\%\dot{Z}_0 + \%\dot{Z}_1 + \%\dot{Z}_2\,[\%]} \quad 再掲(11 \cdot 24)$$

$$= \frac{(\sqrt{3}\angle - 150°) \times (28.10\,\%\angle + 2.04°) + (\sqrt{3}\angle - 90°) \times (3.0\,\%\angle + 90°)}{28.94\,\%\angle + 14.00°} \tag{8}$$

$$= 1.681\,8\,[pu]\angle - 161.96\,[°\,] + 0.179\,5\,[pu]\angle - 14.00\,[°\,] \tag{9}$$

$$= (-1.599\,1 - j\,0.520\,8) + (+0.174\,2 - j\,0.043\,4)\,[pu] \tag{10}$$

$$= -1.424\,9 - j\,0.564\,2\,[pu] \fallingdotseq \underline{1.533\,[pu]\angle - 158\,[°\,]} \tag{11}$$

次に,故障相から**進み120[°]**側のC相の対地電圧$\dot{E}_C$の公式にて計算します。

$$\frac{\dot{E}_C}{\dot{E}_{SA}}[pu] = \frac{(\sqrt{3}\angle + 150\,[°\,])\%\dot{Z}_0 + (\sqrt{3}\angle + 90\,[°\,])\%\dot{Z}_2}{\%\dot{Z}_0 + \%\dot{Z}_1 + \%\dot{Z}_2} \quad 再掲(11 \cdot 28)$$

$$= \frac{(\sqrt{3}\angle + 150°) \times (28.10\,\%\angle + 2.04°) + (\sqrt{3}\angle + 90°) \times (3.0\,\%\angle + 90°)}{28.94\,\%\angle + 14.00°} \tag{12}$$

$$= 1.681\,8\,[pu]\angle + 138.04\,[°\,] + 0.179\,5\,[pu]\angle + 166.00\,[°\,] \tag{13}$$

$$= (-1.250\,6 + j\,1.124\,5) + (-0.174\,2 + j\,0.043\,4)\,[pu] \tag{14}$$

$$= -1.424\,8 + j\,1.167\,9\,[pu] \tag{15}$$

$$\fallingdotseq \underline{1.842\,[pu]\angle + 141\,[°\,]} \tag{16}$$

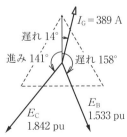

図2 1線地絡故障時の健全相対地電圧ベクトル

$\dot{I}_G$, $\dot{E}_B$, $\dot{E}_C$の計算結果を左の**図2**に示します。地絡故障相に対して**進み120[°]**側のC相の対地電圧$\dot{E}_C$は,平常時の**線間電圧値**よりも6.4[%]ほど**大きく**現れています。

例題 6

図1に示す電力系統の電力ケーブルの未補償分の対地充電容量値が 11 869 [kV·A/相]であるとき,点Fにて1線地絡故障を生じた。その点Fに流れる地絡電流 $\dot{I}_G$[A]のベクトル値,及び,健全2相の電力線の対地電圧 $\dot{E}_B$[pu], $\dot{E}_C$[pu]のベクトル値を,平常時の相電圧に対する倍数値で求めなさい。ただし,$\dot{I}_G$, $\dot{E}_B$, $\dot{E}_C$ を求める計算の条件は,次の(1)〜(4)項のとおりとする。

(1) 点Fから電源側を見る零相分 $\dot{Z}_0$ 値は,NRの抵抗値の 222[Ω],及び上記の未補償分の充電容量値の2要素のみを考慮し,その他は全て無視する。

(2) 点Fから電源側の正相分 %$\dot{Z}_1$,逆相分 %$\dot{Z}_2$ は,共に $0+j3$[%]である。

(3) 地絡故障発生の直前の電源のA相の相電圧値を1[pu]とし,その位相を0[°]として,$\dot{I}_G$, $\dot{E}_B$, $\dot{E}_C$ の各ベクトルの位相角を表して解答する。

(4) 上記の各%Z値は 10[MV·A]基準値であり,その他の定数は全て無視する。

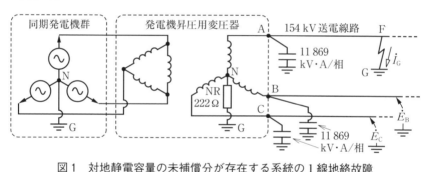

図1 対地静電容量の未補償分が存在する系統の1線地絡故障

解法と解説 短亘長の電力ケーブルの対地静電容量は個別補償をせずにおき,未補償分の合計が目標値に達するまで,この例題のように残置しています。前の例題5にて,NRの 222[Ω]を 10[MV·A]基準値の 3%R_N[%]の算出結果の 28.08 [%/相]を利用します。題意の未補償分の 11 869[kV·A/相]の値から %$\dot{Z}_C$[%]の値,及び,零相分 %$\dot{Z}_0$[%]の値を,3%R_N[%]と %$\dot{Z}_C$[%]の並列合成値で求めます。

$$\%\dot{Z}_C[\%] = -j\frac{10\,000[\text{kV·A}]}{3[\text{相}] \times 11\,869[\text{kV·A/相}]} \times 100[\%] = -j\,28.08[\%] \quad (1)$$

$$\%\dot{Z}_0[\%] = \frac{28.08 \times (-j\,28.08)}{28.08 + (-j\,28.08)} = 19.856\,\% \angle -45° = 14.040 - j\,14.040[\%] \quad (2)$$

$$\%\dot{Z}_1 = \%\dot{Z}_2 = 0 + j\,3.0[\%] = 3.0[\%] \angle +90[°\,] \quad (3)$$

$$\%\dot{Z}_0 + \%\dot{Z}_1 + \%\dot{Z}_2 = 14.040 + j(-14.040 + 3.0 + 3.0)[\%] \quad (4)$$
$$= 14.040 - j\,8.040[\%] = 16.179[\%]\angle -29.80[°] \quad (5)$$

次の再掲(11・20)式に，上記の各値を代入して，$\dot{I}_\text{G}[\text{kA}]$ の値を求めます。

$$\dot{I}_\text{A}[\text{pu}] = \dot{I}_\text{G}[\text{pu}] = \frac{3\dot{E}_\text{SA}[\text{pu}]\times 100[\%]}{\%\dot{Z}_0 + \%\dot{Z}_1 + \%\dot{Z}_2[\%]} \quad \text{再掲(11・20)}$$

$$= \frac{3\times 1[\text{pu}]\times 100[\%]}{16.179[\%]\angle -29.80[°]} = 18.543[\text{pu}]\angle +29.80[°] \quad (6)$$

$$|\dot{I}_\text{G}| = \frac{10\,000[\text{kV}\cdot\text{A}]}{\sqrt{3}\times 154[\text{kV}]}\times 18.543[\text{pu}] \fallingdotseq 695[\text{A}] \quad (7)$$

上記の I_G の値を，例題5の I_G の値と比べると，約1.8倍に増大しています。

次に，故障相から**遅れ120[°]**側のB相の対地電圧 $\dot{E}_\text{B}$ の公式にて計算します。

$$\frac{\dot{E}_\text{B}}{\dot{E}_\text{SA}}[\text{pu}] = \frac{(\sqrt{3}\angle -150°)\%\dot{Z}_0 + (\sqrt{3}\angle -90°)\%\dot{Z}_2[\%]}{\%\dot{Z}_0 + \%\dot{Z}_1 + \%\dot{Z}_2[\%]} \quad \text{再掲(11・24)}$$

$$= \frac{(\sqrt{3}\angle -150°)\times(19.856\%\angle -45°)+(\sqrt{3}\angle -90°)\times(3.0\%\angle +90°)}{16.179\%\angle -29.80°} \quad (8)$$

$$= 2.126[\text{pu}]\angle -165.20[°] + 0.321\,2[\text{pu}]\angle +29.80[°] \quad (9)$$
$$= (-2.055 - j\,0.5431) + (+0.278\,7 + j\,0.159\,6)[\text{pu}] \quad (10)$$
$$= -1.776\,3 - j\,0.383\,5[\text{pu}] \fallingdotseq \underline{1.817[\text{pu}]\angle -168[°]} \quad (11)$$

次に，故障相から進み120[°]側のC相の対地電圧 $\dot{E}_\text{C}$ の公式にて計算します。

$$\frac{\dot{E}_\text{C}}{\dot{E}_\text{SA}}[\text{pu}] = \frac{(\sqrt{3}\angle +150[°])\%\dot{Z}_0 + (\sqrt{3}\angle +90[°])\%\dot{Z}_2}{\%\dot{Z}_0 + \%\dot{Z}_1 + \%\dot{Z}_2} \quad \text{再掲(11・28)}$$

$$= \frac{(\sqrt{3}\angle +150°)\times(19.856\%\angle -45°)+(\sqrt{3}\angle +90°)\times(3.0\%\angle +90°)}{16.179\%\angle -29.80°} \quad (12)$$

$$= 2.126[\text{pu}]\angle +134.80[°] + 0.321\,2[\text{pu}]\angle +209.80[°] \quad (13)$$
$$= (-1.498\,1 + j\,1.508\,5) + (-0.278\,7 - j\,0.159\,6)[\text{pu}] \quad (14)$$
$$= -1.776\,8 + j\,1.348\,9[\text{pu}] \fallingdotseq \underline{2.23[\text{pu}]\angle +143[°]} \quad (15)$$

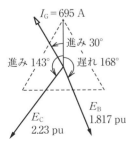

図2　1線地絡故障時の健全相対地電圧ベクトル

$\dot{I}_\text{G}$，$\dot{E}_\text{B}$，$\dot{E}_\text{C}$ の計算結果を左の**図2**に示します。この系統は大きな対地静電容量の未補償分があること，及び，地絡故障点のアーク抵抗値を0[Ω]としたため，地絡故障相に対して**進み120[°]**側のC相の対地電圧 $\dot{E}_\text{C}$ は，平常時の**線間電圧値**よりも**29[%]**ほど大きく現れました。

講義 17

抵抗接地系の DG リレーの $\dot{V}_0$, $\dot{I}_0$ の結線方法

この講義17では,今までに解説した1線地絡故障時に現れる $\dot{V}_0$ と $\dot{I}_0$ の現象を基にして,22〜154 kV の系統に最も多く適用されている中性点抵抗接地系に用いられている地絡方向継電器(DG リレー)の $\dot{V}_0$ と $\dot{I}_0$ を入力する方法について解説し,保護継電器関係の実務に役立てていただきます。

1. $\dot{I}_0$ は $\dot{V}_0$ を電源として流れる,と考えるのは誤りである

保護継電器の初学者が,最も誤りやすい事項が,この表題の現象です。すなわ

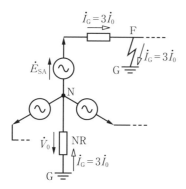

図 17・1　1線地絡故障電流の経路

ち,図 17・1 に示すように,A 相に1線地絡故障が発生した際に,その地絡故障点 F に流れる電流 $\dot{I}_G$ は,これまでに述べてきたように $3\dot{I}_0$ で表されます。その地絡電流 $\dot{I}_G = 3\dot{I}_0$ は,故障相の相電圧 $\dot{E}_{SA}$ を電源として供給されるため,中性点接地抵抗器(NR)の大地 G 側から系統の中性点 N に向かって流れます。その結果,NR の両端に電圧降下としての $\dot{V}_0$ が,中性点 N から大地 G の方向に現れます。

つまり,$\dot{V}_0$ を電源として $\dot{I}_G = 3\dot{I}_0$ が流れるのではなく,相電圧 $\dot{E}_{SA}$ を電源として $\dot{I}_G = 3\dot{I}_0$ が流れ,その結果として電圧降下の $\dot{V}_0$ が図の方向に現れるのです。この電気現象の"原因と結果"を取り違えると,これから述べる地絡方向継電器(DG リレー)の接続を誤ることに繋がってしまいます。

ここで,図 17・1 に示した電源の $\dot{E}_{SA}$ が正の半サイクル間,すなわち $\dot{E}_{SA}$ の矢印が図の上向きの半サイクル間を考えると,NR 部分に現れる電圧降下の $\dot{V}_0$ の矢印は図の下向き,すなわち中性点 N から大地 G の方向に発生します。その結果,図の $\dot{E}_{SA}$ と $\dot{V}_0$ の矢印の向きは互いにほぼ逆方向,つまりほぼ逆位相の関係

になります。この現象を，先に講義07で示した(7・30)式の $\dot{V}_0 = -\dot{Z}_0 \cdot \dot{I}_0$ の負符号と共に正しく理解することが，DGリレーの結線方法の理解にきわめて重要です。

2. 地絡保護継電器の入力電圧である V_0 を検出する方法

前述の地絡電流 $\dot{I}_G = 3\dot{I}_0$ の供給源は相電圧 $\dot{E}_{SA}$ ですが，この $\dot{E}_{SA}$ は平常運用時にも現れています。一方の $\dot{V}_0$ は，地絡電流 $\dot{I}_G = 3\dot{I}_0$ が流れたときのみ，NRの両端に現れます。そのため，地絡故障の発生を検出する役を担う地絡過電圧継電器（OVGリレー）の入力電圧として，相電圧 $\dot{E}_{SA}$ は使用できず，$\dot{V}_0$ を使用しています。また，DGリレーは，（後に詳述するように）VT一次側に発生する $-\dot{V}_0$ を基準位相にした $\dot{I}_0$ の位相角に応じて，地絡故障発生の方向を判定しています。このように地絡保護継電器にとって，$\dot{V}_0$ は重要な電圧情報です。

一般的な22～77kV系は，1点集中接地方式を採用していますから，その $\dot{V}_0$ を検出する方法として，先に図17・1で示したNRの両端に現れる電圧を，単相の計器用変圧器（VT）にて検出する方法では，系統の電源となる拠点の発変電所のみにしか適用できません。ここで，零相分電圧 $\dot{V}_0$ を表す公式を再掲します。

$$\dot{V}_0 = \frac{1}{3}(\dot{E}_A + \dot{E}_B + \dot{E}_C) \qquad 再掲(5・7)$$

この公式の意味は，「零相分電圧 $\dot{V}_0$ は，3相分の対地電圧 $\dot{E}_A$, $\dot{E}_B$, $\dot{E}_C$（電源の各相電圧の $\dot{E}_{SA}$, $\dot{E}_{SB}$, $\dot{E}_{SC}$ ではない！）のベクトル和の1/3倍の値である。」ということです。そのため，次の図17・2に示すように，発変電所の母線と大地Gとの間に3相分のVTを施設しています。この図のVT一次巻線の接地側端子が，電源の中性点Nに接続しているのではない，ということがとても重要です。そして，図中にやや太線で表した三次巻線を直列に接続することにより，再掲(5・7)式の右辺の（　）内で表した「3相分の対地電圧のベクトル和」を検出して

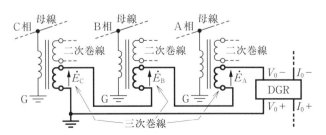

図17・2　VT三次巻線とDGRの V_0 入力回路

います。その接続方法で得られる $3\dot{V}_0$ を，地絡故障時の電圧情報として，地絡保護継電器の電圧コイルへ供給しています。

3. 地絡保護継電器の入力電流である I_0 を検出する方法

DGリレーにより，故障方向の内部，外部の判定を行うためには，電圧情報の $\dot{V}_0$ だけでなく，電流情報の $\dot{I}_0$ も必要です。その $\dot{I}_0$ の公式を次に再掲します。

$$\dot{I}_0 = \frac{1}{3}(\dot{I}_A + \dot{I}_B + \dot{I}_C) \qquad 再掲(5\cdot13)$$

この式の意味は，「零相分電流 $\dot{I}_0$ は，3相分の線電流 $\dot{I}_A$，$\dot{I}_B$，$\dot{I}_C$ のベクトル和の1/3倍である。」ということです。次の**図17·3**に，再掲(5·13)式で表した $\dot{I}_0$ 情報を，DGリレーに入力するための変流器(CT)の二次回路を示します。DGリレー(DGR)の入力電流は，各相の線電流 $\dot{I}_A$，$\dot{I}_B$，$\dot{I}_C$ のベクトル和の $3\dot{I}_0 = \dot{I}_G$ に比例した電流であり，その電流が流れる点G1～点G2の部分を**残留回路**と言います。

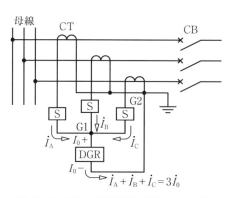

図17·3 CT二次回路に接続するDGR

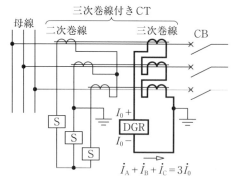

図17·4 三次巻線付きCTの使用例

図17·3では，短絡保護継電器Sと地絡保護継電器のDGRとが共通のCT比で構成しています。しかし，電力線の導体断面積が耐熱アルミの810 mm² 以上の場合は，**図17·4**に示すように，短絡保護継電器用のCT比と地絡保護継電器用のCT比を個別に選定できる**三次巻線付きCT**を使用することがあります。この図の太線で表した三次巻線回路は，3相分を直列に接続してあります。そのため，図のDGRの電流コイルに供給される電流は，再掲(5·13)式の右辺の( )内に示した3相分の線電流 $\dot{I}_A$，$\dot{I}_B$，$\dot{I}_C$ のベクトル和に比例した電流となり，地絡電流 $\dot{I}_G = 3\dot{I}_0$ に比例した電流をDGリレーに入力できます。

4. 地絡方向継電器の位相特性

特別高圧で受電する一般的な需要家は，送電線路から常時 1 回線で受電しているため，地絡保護上から見ると系統の末端に位置しています。そのため，受電点を通過する零相分電流 I_0 を，方向性がない地絡過電流継電器（OCG リレー）で検出し，故障遮断をしています。

一方，図 17·5 に示す 2 回線構成の送電線路用の地絡保護継電器には，地絡電流の $\dot{I}_{G1}$，$\dot{I}_{G2}$ の方向が，内部方向か外部方向かの方向判別をしなければならず，その役割を担うものが DG リレー（図中の DGR）です。次の図 17·6 に，DG リレーの位相特性（方向判別機能を表す特性）を VT の一次側に換算したベクトル図で示します。図の水平の右方向が基準位相であり，VT の一次側（主回路側）を表す場合にはこの図のように $-\dot{V}_0$ を適用し，DG リレー単体の特性を表す場合は $+\dot{V}_0$ を適用しますから，この基準位相の使い分けに注意してください。つまり，先に図 17·1 で示した VT 一次側（主回路側）においては，"$-\dot{V}_0$ と $\dot{I}_0$ は同方向" と考えられます。

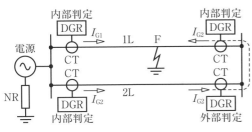

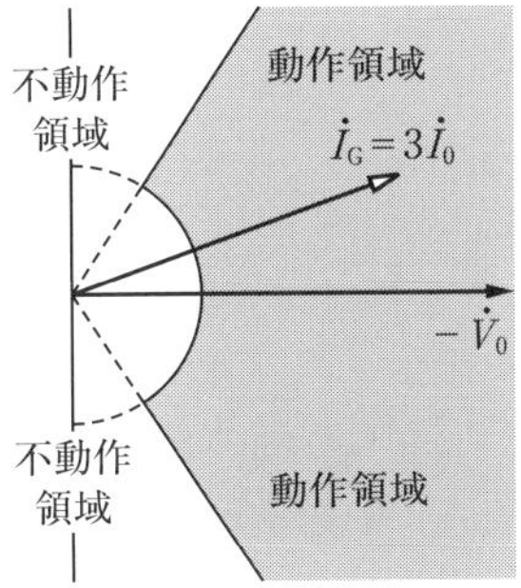

図 17·5 2 回線送電線路の DGR の動作状況

図 17·6 DG リレーの位相特性（VT 一次側）

この図 17·6 に示した $3\dot{I}_0$ の大きさが，図の左端に半円状の白色で示した最小動作電流値以上であり，かつ，VT 一次側に現れる $-\dot{V}_0$ を基準位相にして表した $\dot{I}_G = 3\dot{I}_0$ の位相角が，図の灰色の "動作領域" に向いていれば，DG リレーは内部故障を判定し，線路用遮断器を引き外す条件の一つを成立させます。一方，VT 一次側に現れる $-\dot{V}_0$ を基準にした $\dot{I}_0$ の位相角が，図の白色の "不動作領域" に向いていれば，図 17·5 の 2L 受電端の DG リレーのように外部故障と判定し，線路用遮断器の引き外しを阻止させています。

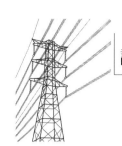

講義 18

6.6 kV 配電線路の 1 線地絡故障時の等価回路図

この講義 18 では, 6.6 kV の高圧配電線路に 1 線地絡故障が発生したとき, 地絡方向継電器(DG リレー)の $\dot{V}_0$ と $\dot{I}_0$ の入力を求め, 動作の可否を検討する方法を解説します。その高圧配電系統は, 中性点非接地方式を適用しているため, 1 線地絡故障電流 $\dot{I}_G$ の値が数[A]〜10 数[A]と極めて小さく, 故障点の抵抗値が数[kΩ]と大きなことが特徴です。零相分 Z 値がきわめて大きいため, 正相分回路と逆相分回路の影響をあまり受けず, ほぼ零相分回路のみで $\dot{I}_G$ の値が求まります。そのため, この講義 18 では対称座標法を使用せずに, 通常の回路計算法で解説し, 一般送配電会社だけでなく, 特別高圧受電の需要家の高圧配電線路用 DG リレーの実務に役立つ等価回路図を中心に解説します。

1. GVT の制限抵抗値を一次側へ換算する方法

我が国の 6.6 kV 高圧配電線路は, 低圧電路を結合する変圧器の内部故障時に, 低圧電路に高圧が侵入する危険性を回避するため, 高圧系統に中性点非接地方式を適用し, 低圧電路に B 種接地工事を施しています。その高圧系統の正式な接地方式の名称は"中性点非接地方式"ですが, 実務としては"制限抵抗器及び対地静電容量接地方式"と考えて解きます。その高圧系統内に 1 線地絡故障が発生したとき, これまでに解説したように, 故障相の相電圧を電源として, 1 線地絡故障電流の $\dot{I}_G = 3\dot{I}_0$ が故障点に向かって流れます。その $\dot{I}_G = 3\dot{I}_0$ は, 故障点のアーク抵抗を介して大地に流れ込み, 大地の中を電力線とは逆方向に流れ, 配電用変電所の接地型計器用変圧器(GVT)の接地点に戻る, という閉回路を流れます。その $\dot{I}_G = 3\dot{I}_0$ が流れる経路には, 次の二つがあります。

経路 1 GVT の三次巻線回路に接続した制限抵抗器を流れる経路

経路 2 1 相分の対地静電容量を 3 倍した $3\omega C_0$ を流れる経路

次の**図 18・1** に, 上記の**経路 1** に相当する"GVT の三次巻線回路の制限抵抗器を $\dot{I}_G = 3\dot{I}_0$ が流れる経路"を示します。この図の制限抵抗器の抵抗値 $r_3[\Omega]$ を, GVT 一次側の中性線部分, すなわち系統の中性点 N と大地 G 点との間の部分に

等価的に換算した抵抗値 $R_N[\Omega]$ を経由して流れます。その $R_N[\Omega]$ の抵抗器は，特別高圧系統の中性点接地抵抗器（NR）に相当します。

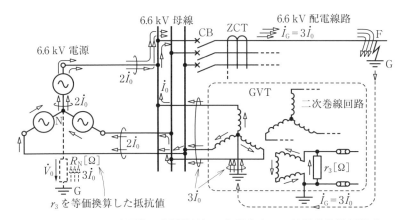

図 18・1　GVT 三次回路の制限抵抗 r_3 を経由する 1 線地絡故障電流分

上図の中の制限抵抗器の抵抗値 r_3 の標準的な値は 25〜50$[\Omega]$ 程度です。その $r_3[\Omega]$ を，同図の左端に点線で示した中性点 N と大地 G との間に等価換算した $R_N[\Omega]$ に，次の手順で置き換えて表現します。

手順1　図 18・2 に示すように，制限抵抗器の $r_3[\Omega]$ を，平等に 3 等分して $r_3/3[\Omega]$ にし，3 相の各相に分配する。

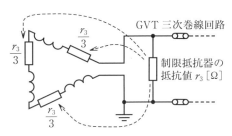

図 18・2　抵抗値 r_3 を 3 相分に平等分配する

手順2　図 18・3 に示すように，$r_3/3[\Omega]$ を GVT 一次巻線側の 1 相分の抵抗値に換算する。標準的な GVT の変成比は，完全地絡時に三次巻線の開放三角結線の端子間に 190[V] を発生するので，1 相分の変成比は 6 600 V/110 V である。$r_3/3[\Omega]$ を，一次巻線側に換算した 1 相分の値は，次式で表される。

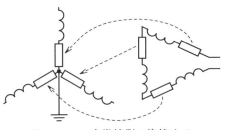

図 18・3　一次巻線側に換算する

$$\text{一次側換算の抵抗値} = \frac{r_3}{3} \times \left(\frac{6\,600[\text{V}]}{110[\text{V}]}\right)^2 [\Omega/\text{相}] \tag{18・1}$$

手順3 (18・1)式で表した抵抗器3個が並列状態の抵抗値を，1/3倍して並列合成値にし，次式にて1個の中性点抵抗値$R_N[\Omega]$に等価換算する。

$$R_N = \frac{1}{3} \times \frac{r_3}{3} \times \left(\frac{6\,600}{110}\right)^2 = \frac{r_3}{9} \times 60^2 = 400 \times r_3 [\Omega] \tag{18・2}$$

(18・2)式で示した$R_N[\Omega]$は，GVT1台分の値です。一般的に，検討対象の配変バンク1台当たりのGVT設備数は，2台又は3台です。その場合には，制限抵抗値の並列合成値を求め，その値を(18・2)式で示したように400倍して，一次側の中性線部分の1個の抵抗器の$R_N[\Omega]$に等価換算します。

2. 対地静電容量による地絡電流の成分

図18・4に示すように，地絡故障を生じた点Fにて，配電線路の3相分の導体を一括接続し，その接続点と大地Gとの間に，測定用の単相交流電圧$\dot{V}_0$を図の方向に印加したと考えます。その配電線路の1相分の電力線導体と大地Gの間にある対地静電容量$C_0[\text{F}/\text{相}]$に充電電流$\dot{I}_{0C}[\text{A}/\text{相}]$が流れます。この状態の零相分回路に作用する容量性リアクタンス値は$-j1/\omega C_0[\Omega/\text{相}]$です。

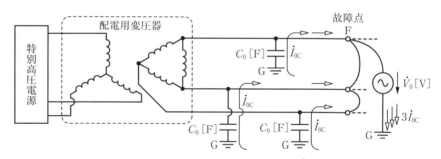

図18・4 対地静電容量$C_0[\text{F}/\text{相}]$に零相分電流$\dot{I}_{0C}$が流れる様子

また，図18・4の点Fから交流電源を経て大地Gへ流れる電流は$3\dot{I}_{0C}[\text{A}]$です。その$3\dot{I}_{0C}[\text{A}]$の電流は(後の図18・6に示すように)等価的な中性点部分に流れます。つまり，前項で解説した等価的な中性点接地抵抗器(NR)の抵抗値$R_N[\Omega]$と，3相分の対地静電容量に基づく容量性リアクタンスの成分である$-j1/3\omega C_0[\Omega]$が，並列に接続した状態で中性線部分に存在します。

前ページの図 18·4 は，$\dot{I}_\mathrm{G}=3\dot{I}_0$ が流れる二つの経路のうち**経路 2** の "3 相分の対地静電容量の $3C_0$ を流れる経路" を図示したものです。ここで，$R_\mathrm{N}[\Omega]$ の値は(18·1)式と(18·2)式で解説したとおり，"中性線部分に等価換算した値" ですから，さらに 3 倍することは不要です。一方，対地静電容量の 1 相分が C_0[F/相] ですから，その 3 相分を一括して大地 G との間に存在する合成の静電容量値は $3C_0$[F] であり，その容量性リアクタンスは $-j(1/3\omega C_0)$[Ω] です。合成の対地静電容量値を表すときの係数 "3" を忘れないように注意してください。

3. 健全 2 相の対地静電容量 C_0 を 3 倍する理由

前項にて，"1 相分の対地静電容量を C_0[F/相] とした場合，それを中性線部分に等価換算する際に 3 倍することを忘れないように" と注意しました。

ここで，故障点の抵抗値が 0[Ω] の完全地絡故障が A 相の電力線に生じたとき，各相の対地静電容量に流れる充電電流分を考えてみます。

先の図 18·4 で示したとおり，"対地静電容量" は電力線と大地 G との間に存在しますし，A 相の完全地絡故障時の A 相の対地電圧は 0[V] です。つまり，A 相の対地静電容量には，電圧が印加されていない状態ですから，その充電電流値は 0[A] です。その結果，A 相の完全地絡故障時には，健全相である B 相と C 相の対地静電容量の 2 相分の充電電流が流れるのです。しかし，中性線部分に等価換算する対地静電容量値は "1 相分を 2 倍する" 計算方法は誤りです。その正しい計算方法は，"1 相分を 3 倍する" のです。その理論的な根拠を，次の図 18·5 で解説します。

この図の B 相の対地電圧 $\dot{E}_\mathrm{B}$ は，配電線路の電源の相電圧 E_S の $\sqrt{3}$ 倍に上昇しています。そのため，B 相の充電電流 $\dot{I}_\mathrm{B}$ も，電源の相電圧 E_S を印加したときの充電電流値 $I_{0\mathrm{C}}$ の $\sqrt{3}$ 倍が流れ，C 相の充電電流値 $I_{0\mathrm{C}}$ も $\sqrt{3}$ 倍が流れます。

ここで，A 相の完全地絡時の B 相の $\dot{E}_\mathrm{B}$ と C 相の $\dot{E}_\mathrm{C}$ とは 60[°] の位相差がありますから，充電電流の B 相分の $\dot{I}_\mathrm{B}$ と C 相分の $\dot{I}_\mathrm{C}$ にも 60[°] の位相差があります。その健全 2 相の充電電流のベクトル和は，図 18·5 に示したように $3\dot{I}_{0\mathrm{C}}$ になるのです。

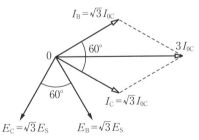

図 18·5 2 相分の対地充電電流のベクトル和が 1 相分の 3 倍になる説明図

前述の理論的根拠により，完全地絡故障時の健全2相の対地静電容量に流れる2組の充電電流のベクトル和は，電源の相電圧 E_s を3相分を並列接続の対地静電容量に印加したときに流れる充電電流 $3I_{0C}$ と同じ値になるのです。

4. 等価回路図で表す中性点部分

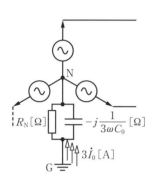

図 18・6　中性点部分を等価的に表した図

高圧配電線路の1線地絡故障電流 $\dot{I}_G = 3\dot{I}_0 [\text{A}]$ が，等価的に表した中性線部分を流れる様子を，左の図 18・6 に示します。この図は，制限抵抗器を中性線部分に等価換算した $R_N [\Omega]$ の経路と，3相分の対地静電容量に流れる分の2要素に分けて表現しています。

前述のように，高圧配電線路の正式な中性点接地方式の名称は"中性点非接地方式"ですが，実務としては"制限抵抗器及び対地静電容量接地方式"と考えて解くことを，この図で表しています。

5. 故障点の電流値と，ZCT を通過する電流値との相違

高圧配電線路の1線地絡故障電流 $\dot{I}_G = 3\dot{I}_0 [\text{A}]$ の値は，次の図 18・7 に示すように，GVT 三次回路の制限抵抗器を経由する $\dot{I}_{NR} [\text{A}]$ と，3相分の対地静電容量を経由する $+j3I_{0C} [\text{A}]$ に分けられます。

そして，このベクトル図に示したように，$\dot{I}_{NR} [\text{A}]$ は負の零相分電圧 $-\dot{V}_0$ と同位相で流れます。一方の $+j3I_{0C} [\text{A}]$ は，$-\dot{V}_0$ に対して 90[°] 進み位相で流れます。この二つの電流は，位相角が 90[°] 異なっていますから，$\dot{I}_G = 3\dot{I}_0 [\text{A}]$ の値は $I_{NR} [\text{A}]$ と $3I_{0C} [\text{A}]$ のスカラー和ではなく，"ベクトル和"で求めなければなりません。

この図 18・7 にピタゴラスの定理を適用して，1線地絡故障電流 $\dot{I}_G = 3\dot{I}_0 [\text{A}]$ の値は(18・3)式で表されます。また，$-\dot{V}_0$ を基準位相にして表す $\dot{I}_G = 3\dot{I}_0 [\text{A}]$ の位相角 $\theta [°]$ は，逆三角関数の $\tan^{-1}$ (アーク・タンジェント)を使用して，(18・4)式で表されます。この位相角 $\theta [°]$ は，後に述べる DG リレーの位相特性を基にした動作の可否の検討に応用します。

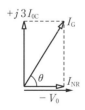

図 18・7　1 線地絡故障電流 $\dot{I}_G$ のベクトル図

$$\dot{I}_G = \dot{I}_{NR} + j3\dot{I}_{0C} [\text{A}] \tag{18·3}$$

$$\theta = \tan^{-1}\frac{3I_{0C}}{I_{NR}} [°] \tag{18·4}$$

　一般的に，配電用変電所の高圧母線から複数のフィーダ(配電線路)が引き出されています。その1フィーダごとに，対地静電容量に応じた地絡電流の充電電流分が流れます。しかし，それら全部の充電電流分が，故障フィーダのZCTを通過するのはありません。故障フィーダのZCTを通過する電流 $\dot{I}_{ZCT1}$ は，図 18·8 に示すように，健全フィーダの充電電流分の和です。つまり，故障フィーダ分の充電電流は，自身のZCTを通過せず，DGリレーの入力にはなりません。その様子を図 18·9 のベクトル図で表します。

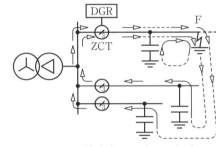

図 18·8　対地充電電流分の経路

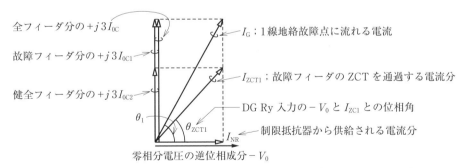

図 18·9　1線地絡故障電流 $\dot{I}_G$ と，故障フィーダのZCTを通過する電流 $\dot{I}_{ZCT}$

　この図に示した"故障フィーダのZCTに流れる電流 $\dot{I}_{ZCT1}$"は，制限抵抗器分の $\dot{I}_{NR}$ と，健全フィーダ分の対地静電容量分の $+j3I_{0C2}$ とのベクトル和です。この図に基づき，DGリレーの入力値から動作の可否を検討する際に利用する等価回路図を，次ページに表します。

6. 1線地絡故障時の DG リレーの入力を検討する等価回路図

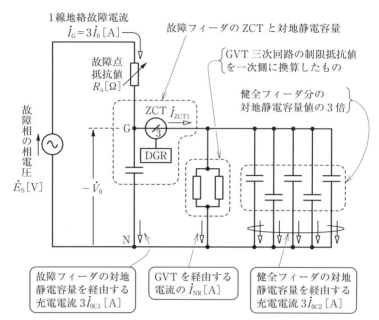

図 18·10　1線地絡故障時の DG リレー入力検討用の等価回路図

図 18·10 は，1線地絡故障時に DG リレーに入力される $-\dot{V}_0$ と $\dot{I}_{ZCT1}$ の値を，この図から計算して求め，DG リレーの動作の可否を検討する際に利用しています。この図の要点を，次に列記します。

(1)　1線地絡故障電流 $\dot{I}_G = 3\dot{I}_0$ は，故障相の電源の相電圧 $E_S = 3\,810\,[\mathrm{V}]$ を電源として供給され，故障点でアーク抵抗値 $R_a[\Omega]$ を介して大地 G へ流入する。

(2)　$\dot{I}_G = 3\dot{I}_0$ は，制限抵抗値を一次側へ換算した $R_N[\Omega]$ を流れる $\dot{I}_{NR}[\mathrm{A}]$ と，3相分の対地静電容量を流れる $+j3I_{0C}[\mathrm{A}]$ に分けられる。

(3)　$R_N[\Omega]$ を流れる $\dot{I}_{NR}[\mathrm{A}]$ は，$-\dot{V}_0$ と同位相で流れる。

(4)　充電電流分の $+j3I_{0C}$ は，$-\dot{V}_0$ に対して 90 [°] 進み位相で流れる。

(5)　故障フィーダの ZCT を通過する電流 $\dot{I}_{ZCT1}$ は，制限抵抗器経由分の $\dot{I}_{NR}$ と，健全フィーダの対地静電容量を経由分の $+j3I_{0C2}$ とのベクトル和である。

(6)　健全フィーダ分の $+j3I_{0C2}$ は，全フィーダ分の $+j3I_{0C}$ から故障フィーダ分の $+j3I_{0C1}$ を差し引いて求めることができる。

(7)　故障フィーダの対地充電電流分 $+j3I_{0C1}$ は，故障フィーダの ZCT を通過し

ないが，しかし，1線地絡の故障点 F には流れる。この電流現象が，1線地絡の故障点に流れる電流 $\dot{I}_G$ と，故障フィーダの ZCT を通過する電流 $\dot{I}_{ZCT1}$ とが異なる要因である。

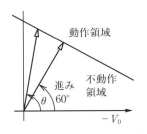

図 18·11　DG リレーの位相特性（一次側表示の例）

(8)　$-\dot{V}_0$ を基準にした DG リレーの位相特性が図 18·11 に示す直線状であるとき，地絡故障の検出感度が最もよい電流位相角を DG リレーの最大感度角と言い，進み 60[°] のものが多い。

(9)　$\dot{I}_{ZCT1}$ の位相角 θ が進み 60[°] から大きく外れている場合には，$I_{ZCT1}[A] \times \cos(60-\theta)[°]$ の計算により，進み 60[°] の成分に換算し，動作の可否の検討を行う。

(10)　図 18·11 の位相特性は，GVT，ZCT の一次側ベクトルで表しているが，同じ位相特性を DG リレー単体として表す場合には，図の基準ベクトルの $-\dot{V}_0$ を $+\dot{V}_0$ に代えなければならない。よって，ただ単に"位相特性の図"として見てはならず，表示対象が"GVT，ZCT の一次側現象"か，それとも"DG リレー単体"かについて注意を集中して判読すべきである。

図 18·10 は，ZCT の通過電流を見やすくするために ZCT を大地 G 側に描いたこと，及び，中性点 N と大地 G の間に発生する $\dot{V}_0$ の方向が前述の図 18·1 と一致しないなど，少々の不都合な事項を含んでいます。しかし，その図を基にして DG リレーの電圧，電流の入力値を算出し，その動作可否の検討を行う際に，大変に有益で使いやすい等価回路図ですから，保護継電器業務に広く応用されています。

なお，22～154 kV 系の中性点抵抗接地方式と比較して，中性点非接地式を適用している高圧配電線路は，次の事象が大きく異なっています。

(1)　配電線路には絶縁電線を使用する法的義務があるため，故障点抵抗 $R_a[\Omega]$ の値が大きく，DG リレーの検出目標値を 4[kΩ] 程度に設定している。

(2)　一次側へ等価換算した R_{NR} が数千[Ω] と大きく，そこを流れる電流 I_{NR} が数[A] と大変に小さいため，零相変流器(ZCT)にて $\dot{I}_{ZCT1}$ を検出している。

(3)　高圧配電線路のケーブル化工事の進展と共に，バンク合計の対地静電容量値が増大傾向にあり，故障点抵抗値を 4[kΩ] に想定した場合，発生する V_0 の値が 10[V] (5.3[%]) 以下の例があり，地絡故障の検出が困難化している。

講義 19

高圧電路の零相分残留電圧の発生原因と対策

　中性点非接地方式を適用する構内の高圧電路に試験用の単相電力ケーブルを一時的に接続すると，対地静電容量に不平衡を生じます。その不平衡が原因で，連続的に零相分電圧 V_0 が発生し，地絡過電圧継電器（OVG リレー）が動作し，タイマと組み合わせた地絡保護回路により地絡遮断が生じます。この講義 19 では，上記の不具合現象を事前検討する際の予測計算法，及び対策方法を解説します。

1. 3相分の対地静電容量が不平衡の状態

　次の図 19・1 に，特別高圧受電の需要家構内の高圧電路，又は送配電会社の発変電所の所内高圧電路を示します。

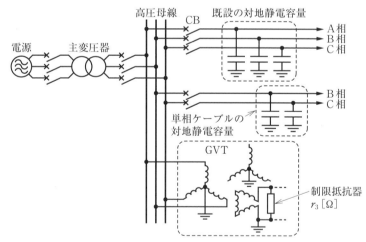

図 19・1　高圧電路の既設対地静電容量と単相ケーブルによる増加分の対地静電容量

　この高圧電路は，前の講義で述べた中性点非接地方式を適用しています。既設電路の対地静電容量は，3 相が平衡状態ですから，零相分電圧 V_0 が連続的に発生することはありません。しかし，絶縁耐力試験等のために単相の高圧ケーブル

を追加接続すると，対地静電容量値が2相分だけ増加します．その結果，3相の対地静電容量値が不平衡状態になり，零相分電圧 V_0 が発生します．その V_0 は，試験用の単相ケーブルを加圧中は連続的に発生しますから，**零相分残留電圧**（以降は「残留 V_0」と略記する）と言います．

図19・1に示した単相ケーブル分の対地静電容量値が，既設分の対地静電容量値に対して，60%程度以上の場合には，地絡過電圧継電器（OVGリレー）を動作させるに十分な残留 V_0 が発生します．その OVGリレー動作が数秒～10秒間ほど継続すると，地絡保護機能により，高圧電路の遮断器を自動的に引き外す操作が行われ，工場内の製造ラインの一部が停止する不具合を生じます．その不具合の発生を予防するため，事前に残留 V_0 の大きさと OVGリレー動作の可否を検討し，対策が必要な場合には事前にその準備をしておきます．

2. 制限抵抗値の一次側中性線への等価換算法

残留 V_0 の値を予測計算する際に，前の講義18にて解説した接地型計器用変圧器（GVT）の三次巻線回路に接続してある制限抵抗器の抵抗値 $r_3[\Omega]$ を，GVTの一次巻線側の中性線部分に等価換算した $R_N[\Omega]$ の値を求める方法を利用します．一般的な GVT の1相分の変成比は 6 600 V/110 V であり，その変成比の場合の換算式を次に再掲して表します．

$$R_N = \frac{r_3}{3 \times 3} \times n^2 = \frac{r_3}{9} \times \left(\frac{6\,600}{110}\right)^2 = 400 \times r_3 [\Omega] \qquad 再掲(18・2)$$

3. 残留 V_0 に影響を与える単相ケーブルの対地静電容量

残留 V_0 の値に影響を与える単相ケーブルの電路を図19・2に示します．この

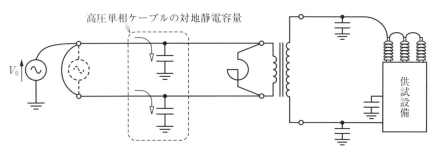

図19・2　単相ケーブル電路部分の対地静電容量

図のように，高圧単相ケーブルの電源側端子の2相分を一括接続し，その接続点と大地との間に試験のための単相交流電圧 V_0 を印加した，と考えます。そのとき，試験用の絶縁変圧器により，電源側回路と供試設備側の電路は絶縁されているため，供試設備側の対地静電容量値は残留 V_0 に無関係です。また，耐圧試験時に流れる充電電流を補償するためのリアクトルを，高圧単相ケーブルの線間に接続しますが，これも残留 V_0 には無関係です。つまり，残留 V_0 に関係する要素は，高圧単相ケーブルの対地静電容量のみとなります。

4. 残留 V_0 値を求める三相回路

図 19·3 に示すように，高圧電路の各相の対地静電容量を $C_A[F]$，$C_B[F]$，$C_C[F]$ とし，そこに流れる充電電流値を $\dot{I}_{CA}[A]$，$\dot{I}_{CB}[A]$，$\dot{I}_{CC}[A]$，それら3相分の充電電流のベクトル和を $3\dot{I}_{0C}[A]$ で表します。その $3\dot{I}_{0C}[A]$ は，零相分電流の3倍の値を意味します。そして，$3\dot{I}_{0C}[A]$ が流れる経路は，図 19·3 に示した各相の対地静電容量の大地 G 側から地中を流れ，電源変電所の中性点を接地した点 G

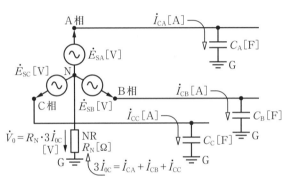

$\dot{E}_{SA}$，$\dot{E}_{SB}$，$\dot{E}_{SC}$：高圧電路の電源の各相電圧
C_A，C_B，C_C：各相の対地静電容量（不平衡）
R_N：制限抵抗器の抵抗値を一次側に等価変換した値

図 19·3　高圧電路の対地静電容量値が不平衡な状態

から中性点抵抗器(NR)を経由して，電源の中性点 N に流れます。その経路に $3\dot{I}_{0C}[A]$ が流れることにより，NR の N 点から G 点の方向に電圧降下分が現れ，それが残留 $\dot{V}_0$ です。図 19·3 に示したように，残留 $\dot{V}_0$ の発生方向を点 N から点 G の方向に定めます。その結果，A 相の対地静電容量の $C_A[F]$ に印加される電圧は $\dot{E}_{SA} - \dot{V}_0$ となり，A 相の充電電流値 $\dot{I}_{CA}[A]$ は，次式で表されます。

$$\dot{I}_{CA} = j\omega C_A(\dot{E}_{SA} - \dot{V}_0)[A] \tag{19·1}$$

以下同様に，B 相と C 相の充電電流値 $\dot{I}_{CB}$，$\dot{I}_{CC}[A]$ は，次式で表されます。

$$\dot{I}_{CB} = j\omega C_B(\dot{E}_{SB} - \dot{V}_0)[A] \tag{19·2}$$

$$\dot{I}_{CC} = j\omega C_C(\dot{E}_{SC} - \dot{V}_0)[A] \tag{19·3}$$

この残留 $\dot{V}_0$ は，NR の両端に現れる電圧降下分であり，その値は $3\dot{I}_{0C}$ と R_N の積で求められますから，次式で表されます。

$$\dot{V}_0 = 3\dot{I}_{0C} \cdot R_N [\text{V}], \quad \therefore 3\dot{I}_{0C} = \frac{\dot{V}_0}{R_N} [\text{A}] \tag{19・4}$$

この式の $3\dot{I}_{0C}$ は，3相分の充電電流値 $\dot{I}_{CA}[\text{A}]$，$\dot{I}_{CB}[\text{A}]$，$\dot{I}_{CC}[\text{A}]$ のベクトル和ですから，次式で表されます。

$$3\dot{I}_{0C} = \frac{\dot{V}_0}{R_N} = \dot{I}_{CA} + \dot{I}_{CB} + \dot{I}_{CC} [\text{A}] \tag{19・5}$$

この式の右辺に，先の(19・1)～(19・3)式の右辺を代入します。

$$\frac{\dot{V}_0}{R_N} = j\omega C_A(\dot{E}_{SA} - \dot{V}_0) + j\omega C_B(\dot{E}_{SB} - \dot{V}_0) + j\omega C_C(\dot{E}_{SC} - \dot{V}_0) [\text{A}] \tag{19・6}$$

この式の右辺の( )内の $\dot{V}_0$ の項を，まとめて表します。

$$\frac{\dot{V}_0}{R_N} = j\omega C_A \dot{E}_{SA} + j\omega C_B \dot{E}_{SB} + j\omega C_C \dot{E}_{SC} - j\omega(C_A + C_B + C_C)\dot{V}_0 [\text{A}] \tag{19・7}$$

この式の右辺の $\dot{V}_0$ の項を，左辺に移項します。

$$\left\{\frac{1}{R_N} + j\omega(C_A + C_B + C_C)\right\}\dot{V}_0 = j\omega(C_A \cdot \dot{E}_{SA} + C_B \cdot \dot{E}_{SB} + C_C \cdot \dot{E}_{SC}) [\text{A}] \tag{19・8}$$

この式の左右両辺を，$j\omega$ で除算します。

$$\left\{\frac{1}{j\omega \cdot R_N} + (C_A + C_B + C_C)\right\}\dot{V}_0 = C_A \cdot \dot{E}_{SA} + C_B \cdot \dot{E}_{SB} + C_C \cdot \dot{E}_{SC} [\text{A}] \tag{19・9}$$

左辺を $\dot{V}_0$ の項のみにするため，{ }の中を右辺の分母に移項します。

$$\dot{V}_0 = \frac{C_A \cdot \dot{E}_{SA} + C_B \cdot \dot{E}_{SB} + C_C \cdot \dot{E}_{SC}}{\left\{\frac{1}{j\omega \cdot R_N} + (C_A + C_B + C_C)\right\}} [\text{V}] \tag{19・10}$$

この式の"分母のさらに分母にある $+j$"を分子に移項して $-j$ に変えます。

$$\dot{V}_0 = \frac{C_A \cdot \dot{E}_{SA} + C_B \cdot \dot{E}_{SB} + C_C \cdot \dot{E}_{SC}}{C_A + C_B + C_C - j\dfrac{1}{\omega \cdot R_N}} [\text{V}] \tag{19・11}$$

ここで，対地静電容量 C_A，C_B，C_C の3相分がもしも平衡状態である場合，その値を"C"で表し，(19・11)式の右辺の分数式の分子部分は次式になります。

$$C_A \cdot \dot{E}_{SA} + C_B \cdot \dot{E}_{SB} + C_C \cdot \dot{E}_{SC} = C(\dot{E}_{SA} + \dot{E}_{SB} + \dot{E}_{SC}) \tag{19・12}$$

この式の $\dot{E}_{SA}$, $\dot{E}_{SB}$, $\dot{E}_{SC}$ は，各相の電力線の対地電圧ではなく，添字に"電源 source の頭文字 S"が付いていますから"電源の各相の相電圧"です。それらは"3 相分が対称の電圧"であり，(19·12)式の( )内のベクトル和はゼロです。つまり，対地静電容量が平衡状態ならば残留 $\dot{V}_0$ は発生しません。

話を本論に戻して，先に図 19·1 に示した例では，(19·11)式の対地静電容量値の C_B と C_C は，既設の対地静電容量に単相ケーブルの対地静電容量値を加算した値を代入します。つまり B 相と C 相が大きく，A 相が小さな値です。

ここで，3 相が対称の相電圧のうち，A 相の電源の相電圧 $\dot{E}_{SA}$ を基準位相にして 1[pu]で表すと，B 相の相電圧 $\dot{E}_{SB}$ と C 相の相電圧 $\dot{E}_{SC}$ は，次式で表されます。

$$\dot{E}_{SA}=1[\mathrm{pu}], \quad \dot{E}_{SB}=-\frac{1}{2}-j\frac{\sqrt{3}}{2}[\mathrm{pu}], \quad \dot{E}_{SC}=-\frac{1}{2}+j\frac{\sqrt{3}}{2}[\mathrm{pu}] \quad (19\cdot13)$$

これらの式を，先の(19·11)式の右辺の分子に代入し，次式で表します。

$$\dot{V}_0=\frac{C_A+C_B\left(-\frac{1}{2}-j\frac{\sqrt{3}}{2}\right)+C_C\left(-\frac{1}{2}+j\frac{\sqrt{3}}{2}\right)}{C_A+C_B+C_C-j\frac{1}{\omega\cdot R_N}}[\mathrm{pu}] \quad (19\cdot14)$$

右辺の分子の実数部同士，及び虚数部同士をまとめて，次式で表します。

$$\dot{V}_0=\frac{\left(C_A-\frac{C_B}{2}-\frac{C_C}{2}\right)+j\frac{\sqrt{3}}{2}(C_C-C_B)}{C_A+C_B+C_C-j\frac{1}{\omega\cdot R_N}}[\mathrm{pu}] \quad (19\cdot15)$$

この(19·15)式が，A 相の電源の相電圧 $\dot{E}_{SA}$ を基準位相にして，残留 $\dot{V}_0$ をベクトル量で表す一般式です。ここで，先に図 19·1 に示したケースでは，$C_B=C_C$ であり，かつ $C_A<C_B$ の状態です。さらに，OVG リレーは残留 $\dot{V}_0$ の絶対値に応動しますから，(19·15)式を絶対値の式に変換すると，次式で表されます。

$$|V_0|=\frac{C_B-C_A}{\sqrt{(C_A+C_B+C_C)^2+\left(\frac{1}{\omega\cdot R_N}\right)^2}}[\mathrm{pu}] \quad (19\cdot16)$$

5. 特別高圧受電の需要家の残留 V_0 の計算例

一般的な特別高圧受電の需要家構内の 60 Hz の高圧電路を想定して，残留 V_0 の絶対値を事前検討する際の具体的な計算例を紹介します。

検討対象の高圧電路の各定数は，次のように想定します．

(1) GVT 三次回路の制限抵抗値の一次側中性線への等価換算

6.6 kV GVT の設備数は 1 台，三次回路の制限抵抗値は一般的な 50[Ω]，GVT の 1 相分の変成比は標準的な 6 600 V/110 V とし，一次側の中性線部分に等価換算した R_N[Ω]の値は，次式で求まります．

$$R_N = \frac{50[\Omega]}{9} \times \left(\frac{6\,600[V]}{110[V]}\right)^2 = 20\,000[\Omega] \tag{19・17}$$

(2) 地絡過電圧継電器（OVG リレー）の動作値

GVT 三次回路に接続した OVG リレーの整定値は，一般的な 25[V] とし，6.6 kV の GVT の 1 相分の変成比が 6 600 V/110 V の場合，完全地絡故障時の開放三角結線の出力端子に 190[V]が発生しますから，相電圧値を 1[pu]とした OVG リレーの動作値は，次式で表されます．

$$|V_0| \geq \frac{25[V]}{190[V]} = 0.131\,6[pu] \tag{19・18}$$

ここで，単相高圧ケーブルを接続する以前に発生している微小な残留 $\dot{V}_0$ の値に，(19・15)式の残留 $\dot{V}_0$ 分がベクトル加算されること，及び OVG リレーの単体に 5[%]ほどの誤差が許容されていることを考慮して，(19・18)式の値に余裕の 10[%]分を見込んで，0.9 倍の値を"対策要否の閾値"と考えて次式で求めます．

$$\text{対策要否の } V_0 \text{ の閾値} = 0.131\,6 \times 0.9 = 0.118\,4[pu] \fallingdotseq 22.5[V] \tag{19・19}$$

つまり，完全地絡故障時の 11.84[%]以上の残留 V_0 が発生する場合には，後述の"対地静電容量を平衡化する対策"が必要，と判断します．

(3) 既設の対地静電容量値

既設の 6.6 kV の CVT ケーブルの導体太さは 100[mm²]，対地静電容量値は 0.45[μF/km]，ケーブル亘長は 25[m]と想定します．この定数から，既設の高圧ケーブルの 1 相分の対地静電容量値は，次式で求まります．

$$0.45[\mu F/km] \times \frac{25}{1\,000}[km] = 0.011\,25[\mu F/相] \tag{19・20}$$

(4) 追加接続する高圧の単相ケーブルの対地静電容量値

ケーブルの導体断面積は 22[mm²]，対地静電容量値は 0.27[μF/km]，ケーブル亘長は 150[m]と想定し，その 1 相分の対地静電容量値は次式で求めます．

$$0.27[\mu F/km] \times \frac{150}{1\,000}[km] = 0.040\,5[\mu F/相] \tag{19・21}$$

(5) 各相の対地静電容量値

先に図1で示したように,高圧の単相ケーブルをB相とC相に接続し,A相には平衡用の単相コンデンサを接続していない状態とします。この状態で,(19·16)式に代入する各相の対地静電容量値は,次のとおりです。

$$C_A = 0.011\,25\,[\mu F] \tag{19·22}$$

$$C_B = C_C = 0.011\,25 + 0.040\,5 = 0.051\,75\,[\mu F] \tag{19·23}$$

この対地静電容量値は,B,C相を基準にしたA相の値は約22[%]です。

(6) 零相分残留電圧の計算

絶対値の残留 V_0 は,先の(19·16)式に上記の各定数を代入して求めます。

$$|V_0| = \frac{C_B - C_A}{\sqrt{(C_A + C_B + C_C)^2 + \left(\frac{1}{\omega \cdot R_N}\right)^2}}\,[pu] \qquad 再掲(19·16)$$

この式の分子と分母を個別に計算します。

$$分子 = C_B - C_A = 0.405 \times 10^{-7}\,[F] \tag{19·24}$$

次に,(19·16)式の分母は,次式にて求めます。

$$分母 = \sqrt{(C_A + C_B + C_C)^2 + \left(\frac{1}{\omega \cdot R_N}\right)^2} = \sqrt{(C_A + 2C_B)^2 + \left(\frac{1}{\omega \cdot R_N}\right)^2} \tag{19·25}$$

$$= \sqrt{\{(0.011\,25 + 2 \times 0.051\,75) \times 10^{-6}\}^2 + \left(\frac{1}{2 \times 3.141\,6 \times 60 \times 20\,000}\right)^2} \tag{19·26}$$

$$= \sqrt{1.317 \times 10^{-14} + 1.759 \times 10^{-14}} = 1.753\,8 \times 10^{-7} \tag{19·27}$$

$$\therefore\ |V_0| = \frac{0.405 \times 10^{-7}}{1.753\,8 \times 10^{-7}} = 0.230\,9\,[pu] \doteqdot 44\,[V] \tag{19·28}$$

以上で残留 V_0 値が 0.230 9[pu] と求まり,対策要否の閾値の 0.118 4[pu] を超過していますから,次の"対地静電容量の平衡化対策"が必要と判断します。

6. 残留 V_0 を軽減するための対地静電容量の平衡化対策

対地静電容量値を平衡化させるには,次の二つの対策方法があります。

[対策方法1] 高圧電源に,単相ケーブルを使用せずに,CVTケーブルを使用することにより,対地静電容量値を平衡化させます。

[対策方法2] A相に単相コンデンサを接続し,対地静電容量を平衡化させます。

7. 対地静電容量値が完全に平衡していない場合の残留 V_0 の概数値

この検討例は，前項の"対策方法2"に相当し，A相に平衡用の単相コンデンサを接続して対地静電容量値をB，C相の約60[%]以上に平衡化させた場合について，残留 V_0 の絶対値を次のように求めます。

$$C_B = C_C = 0.011\,25 + 0.040\,5 = 0.051\,75\,[\mu F] \tag{19・29}$$

$$C_A = 0.6 \times 0.051\,75 = 0.031\,05\,[\mu F] \tag{19・30}$$

$$|V_0| = \frac{C_B - C_A}{\sqrt{(C_A + C_B + C_C)^2 + \left(\dfrac{1}{\omega \cdot R_N}\right)^2}}\,[pu] \qquad 再掲(19・16)$$

$$= \frac{(0.051\,75 - 0.031\,05) \times 10^{-6}}{\sqrt{\{(0.031\,05 + 2 \times 0.051\,75) \times 10^{-6}\}^2 + 1.759 \times 10^{-14}}} \tag{19・31}$$

$$= \frac{0.020\,70 \times 10^{-6}}{\sqrt{1.810 \times 10^{-14} + 1.759 \times 10^{-14}}} = \frac{0.207\,3 \times 10^{-7}}{1.889 \times 10^{-7}} \tag{19・32}$$

$$= 0.109\,7\,[pu] \fallingdotseq 21\,[V] \tag{19・33}$$

以上の検討結果から，残留 V_0 の絶対値は，OVGリレーの動作値を基に定めた"対策要否の閾値"の 0.118 4[pu] = 22.5[V]以下の値に収まりました。

筆者が所属していた電力会社の備品倉庫に，耐圧試験装置の付属品として，単相高圧CVケーブルの2条分と共に平衡用単相コンデンサがありましたが，それら3相分の静電容量値は完全平衡状態にはなりませんでした。上述の対策例のように，完全平衡状態でなくてもよいのです。例えば，A相の静電容量値を，B，C相の80[%]程度に改善すれば，残留 V_0 の値は 0.052 6[pu] = 10[V]に低減でき，OVGリレーは正不動作を保ち，GVT三次巻線も過電流の状態ではありません。

ここで注意事項を補足します。制限抵抗 r_3 を 25[Ω]より小さくすれば，$R_N[\Omega]$ の値も減少し，残留 V_0 の値を求める(19・16)式の分母が少々大きくなり，残留 V_0 を少しだけ減少できます。しかし，$r_3[\Omega]$ 値の減少はGVT三次巻線の電流値が定格値を超過し，その状態が10分間継続するため，三次巻線が過熱焼損します。よって，上述の対策例のように平衡用コンデンサの接続により対策すべきです。

講義20

2線短絡故障と 2線地絡故障の相違点

　対称座標法で解く不平衡故障には，既に解説した"1線地絡故障"，そしてこれから解説する"2線短絡故障"と"2線地絡故障"があります。この三つのうち，2相故障である"2線短絡故障"と"2線地絡故障"は，電気的な現象が全く異なりますから，正しく区別する必要があります。そこで，この講義20では，両者の相違点を明確にし，次の講義21以降の正しい理解に繋げます。

　ここで，A相とB相の2相故障時の故障点抵抗値が0[Ω]の場合の現象として，2線短絡故障を図20・1に，2線地絡故障を図20・2に示します。

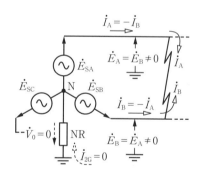

図20・1　A, B相2線短絡故障の状況

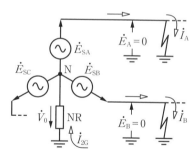

図20・2　A, B相2線地絡故障の状況

　上記の二つの図に示した2相に亘る故障の両者について，対称座標法を応用する視点で捉えた主な相違点は，次のとおりです。

(1)　零相分電流 $\dot{I}_0$，及び零相分電圧 $\dot{V}_0$ の発生は，2線短絡故障時には現れず，2線地絡故障時には現れる。この現象が最大の相違点である。

(2)　故障点の対地電圧は，2線短絡故障時は $\dot{E}_A = \dot{E}_B \neq 0[V]$ の状態であるが，2線地絡故障時は $\dot{E}_A = \dot{E}_B = 0[V]$ の状態である。

(3)　2線短絡故障時は，$\dot{I}_A$ と $\dot{I}_B$ が互いに往路電流と復路電流の関係であるため，$\dot{I}_A = -\dot{I}_B$ の状態であるが，2線地絡故障時は $\dot{I}_A \neq -\dot{I}_B$ の状態である。

"2線短絡故障"と"2線地絡故障"の現象を，電力系統を運用する視点で捉えた主な相違点を，次の図20·3に示します。

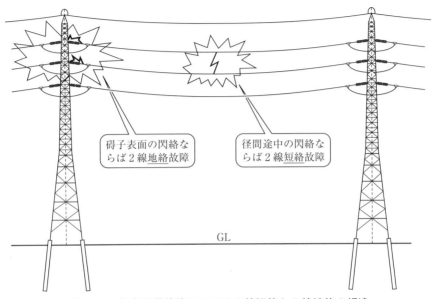

図20·3 架空送電線路における2線短絡と2線地絡の相違

上図に示すように，線路の径間にて，スリート・ジャンプ又はギャロッピング等に起因して，2相の電力線が気中にて接触した場合には，故障箇所が大地から絶縁された状態ですから，2線短絡故障です。この故障時は，自動事故記録装置の記録波形のうち，零相分電圧 V_0 は発生せず，零相分電流 I_0 も現れないため，2線短絡故障と判断できます。さらに，故障点標装置の評定結果と合わせて，架空送電線路の巡視部署へ"径間途中を重点的に巡視する"ように連絡しています。

一方，上図の送電線路の2相分の碍子の表面にて閃絡した場合は，故障箇所が腕金を介して大地に繋がっている状態ですから，2線地絡故障です。この故障時は，記録波形のうち V_0 が発生し，I_0 も現れるため，2線地絡故障と判断し，線路巡視部署へ"碍子表面を重点的に巡視する"ように連絡しています。

上述のように，2線短絡故障と2線地絡故障とでは，対称座標法で扱う電気現象の面，及び，送電線路の保守面において大きく異なっていますから，この両者を正しく区別する必要があります。なお，図20·1，図20·2に示した"2相に亘る故障"を，対称座標法の慣例に基づき"2線短絡故障"，"2線地絡故障"と表記することとします。

講義21

2線短絡故障の公式と等価回路図

　前の講義で解説した"2線短絡故障"と"2線地絡故障"の現象の相違点を基にして，この講義21では対称座標法を応用して"2線短絡故障時の線電流値と対地電圧値"を解く際に利用する公式，及びその等価回路図について解説します。

1. 2線短絡故障時の電力回路の状態

　次の図21・1に，これから解説する2線短絡故障時の状態を示します。

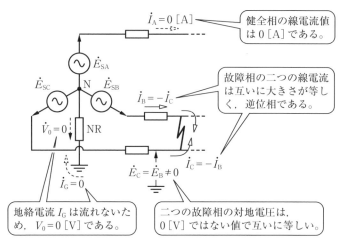

図21・1　B相とC相に2線短絡故障が発生した状態

　上図に示した2線短絡故障時の各相の対地電圧，各相の線電流の状況を，右ページの図21・2のベクトル図に概要を示します。これから，対称座標法の各対称分電圧，対称分電流の公式を，図21・1と図21・2に適用して，2線短絡故障時の対地電圧，及び線電流を表す公式の説明をしますが，その数式や展開順序は，決して暗記する必要はなく，説明文を読みながら納得するだけで結構です。なお，これ以後の数式は，単位法で表示しますが，その単位[pu]の表示は省略します。

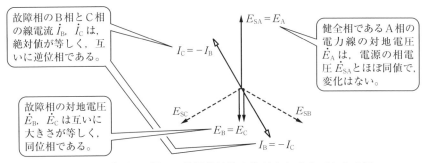

図 21・2 B 相と C 相に 2 線短絡故障を生じたときのベクトル図

初めに，2 線短絡故障時の状態を，次のように数式で表します。

2 線短絡故障時の状態を表す式
$$\begin{cases} \dot{I}_A = 0 & (21\cdot1) \\ \dot{I}_B = -\dot{I}_C, \quad \therefore \dot{I}_B + \dot{I}_C = 0 & (21\cdot2) \\ \dot{E}_B = \dot{E}_C & (21\cdot3) \end{cases}$$

ここで，零相分電流 $\dot{I}_0$ を表す公式を，次に再掲します。

$$\dot{I}_0 = \frac{1}{3}(\dot{I}_A + \dot{I}_B + \dot{I}_C) \qquad 再掲(5\cdot13)$$

この式に，(21・1)式の $\dot{I}_A=0$ と，(21・2)式の $\dot{I}_B+\dot{I}_C=0$ を適用し，$\dot{I}_0$ を表します。

$$\dot{I}_0 = \frac{1}{3}(0+0) = 0 \qquad (21\cdot4)$$

ここで，B 相と C 相の線電流を表す公式を，次に再掲します。

$$\dot{I}_B = \dot{I}_0 + a^2\dot{I}_1 + a\dot{I}_2 \qquad 再掲(5\cdot17)$$
$$\dot{I}_C = \dot{I}_0 + a\dot{I}_1 + a^2\dot{I}_2 \qquad 再掲(5\cdot18)$$

これら再掲式の右辺に，(21・4)式で表した $\dot{I}_0=0$ を適用し，次式で表します。

$$\dot{I}_B = a^2\dot{I}_1 + a\dot{I}_2 \qquad (21\cdot5)$$
$$\dot{I}_C = a\dot{I}_1 + a^2\dot{I}_2 \qquad (21\cdot6)$$

(21・2)式で求めた $\dot{I}_B+\dot{I}_C=0$ の式に，(21・5)式と(21・6)式の右辺を代入します。

$$a^2\dot{I}_1 + a\dot{I}_2 + a\dot{I}_1 + a^2\dot{I}_2 = (a^2+a)\dot{I}_1 + (a+a^2)\dot{I}_2 = 0 \qquad (21\cdot7)$$
$$(a^2+a)(\dot{I}_1+\dot{I}_2) = 0 \qquad (21\cdot8)$$

この式の (a^2+a) のベクトルは，次ページの図 21・3 に示すように "−1" ですから，(21・8)式は $(\dot{I}_1+\dot{I}_2)$ の方がゼロであり，そのことを次式で表します。

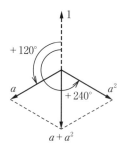

図21·3 $a+a^2$ のベクトル

$$\dot{I}_1 + \dot{I}_2 = 0 \qquad (21·9)$$
$$\therefore \dot{I}_1 = -\dot{I}_2 \qquad (21·10)$$

次に，電圧の計算に移ります。発電機の基本公式のうち，零相分電圧 $\dot{V}_0$ を表す公式を，次に再掲し，その式に $\dot{I}_0 = 0$ を適用します。

$$\dot{V}_0 = -\dot{Z}_0 \cdot \dot{I}_0 \qquad 再掲(7·30)$$
$$= -\dot{Z}_0 \times 0 = 0 \qquad (21·11)$$

先に図21·1で示した故障相のB相とC相の対地電圧を表す公式を，次に再掲します。

$$\dot{E}_B = \dot{V}_0 + a^2\dot{V}_1 + a\dot{V}_2 \qquad 再掲(5·11)$$
$$\dot{E}_C = \dot{V}_0 + a\dot{V}_1 + a^2\dot{V}_2 \qquad 再掲(5·12)$$

この二つの再掲式に，(21·11)式で求めた $\dot{V}_0 = 0$ を適用し，次式で表します。

$$\dot{E}_B = a^2\dot{V}_1 + a\dot{V}_2 \qquad (21·12)$$
$$\dot{E}_C = a\dot{V}_1 + a^2\dot{V}_2 \qquad (21·13)$$

ここで，先の図21·1，及び図21·2に示した2線短絡故障中の故障相であるB相とC相の対地電圧 $\dot{E}_B$，$\dot{E}_C$ は，(21·3)式に示したとおり互いに等しいため，$\dot{E}_B$ と $\dot{E}_C$ のベクトル差はゼロです。その状態を，次式で表します。

$$\dot{E}_B - \dot{E}_C = (a^2\dot{V}_1 + a\dot{V}_2) - (a\dot{V}_1 + a^2\dot{V}_2) = (a^2 - a)\dot{V}_1 + (a - a^2)\dot{V}_2 \qquad (21·14)$$
$$= (a^2 - a)\dot{V}_1 + (-a + a^2)(-\dot{V}_2) = (a^2 - a)(\dot{V}_1 - \dot{V}_2) = 0 \qquad (21·15)$$

この式の $(a^2 - a)$ のベクトルは，**図21·4**に示すように $-j\sqrt{3}$ ですから，$\dot{V}_1 - \dot{V}_2$ の方がゼロであり，それを次式で表します。

$$\dot{V}_1 - \dot{V}_2 = 0 \qquad (21·16)$$
$$\dot{V}_1 = \dot{V}_2 \qquad (21·17)$$

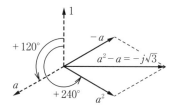

図21·4 a^2-a のベクトル

ここで，発電機の基本公式を再掲します。

$$\dot{V}_1 = \dot{E}_{SA} - \dot{Z}_1 \cdot \dot{I}_1 \qquad 再掲(7·31)$$
$$\dot{V}_2 = -\dot{Z}_2 \cdot \dot{I}_2 \qquad 再掲(7·32)$$

上の(21·17)式で $\dot{V}_1 = \dot{V}_2$ と求まりましたから，再掲(7·31)式と再掲(7·32)式を等式で結んで，次式で表します。

$$\dot{E}_{SA} - \dot{Z}_1 \cdot \dot{I}_1 = -\dot{Z}_2 \cdot \dot{I}_2 \qquad (21·18)$$

この式に，先に(21·10)式で求めた $\dot{I}_1 = -\dot{I}_2$ を代入して，次式で表します。

$$\dot{E}_{SA} - \dot{Z}_1 \cdot \dot{I}_1 = \dot{Z}_2 \cdot \dot{I}_1 \qquad (21·19)$$

$$\dot{I}_1 = \frac{\dot{E}_{SA}}{\dot{Z}_1 + \dot{Z}_2} \tag{21·20}$$

$$\dot{I}_2 = -\dot{I}_1 = \frac{-\dot{E}_{SA}}{\dot{Z}_1 + \dot{Z}_2} \tag{21·21}$$

ここで，(21·17)式の $\dot{V}_1 = \dot{V}_2$ に，再掲(7·32)式の $\dot{V}_2 = -\dot{Z}_2 \cdot \dot{I}_2$ を適用します。さらに，その式の $\dot{I}_2$ に，(21·21)式の右辺を適用して，$\dot{V}_1, \dot{V}_2$ を次式で表します。

$$\dot{V}_1 = \dot{V}_2 = -\dot{Z}_2 \cdot \dot{I}_2 = (-\dot{Z}_2) \times \frac{-\dot{E}_{SA}}{\dot{Z}_1 + \dot{Z}_2} = \frac{\dot{Z}_2}{\dot{Z}_1 + \dot{Z}_2} \dot{E}_{SA} \tag{21·22}$$

これまでに求めた2線短絡故障時の各対称分電圧，各対称分電流を，次の**図21·5**の等価回路図で表します。

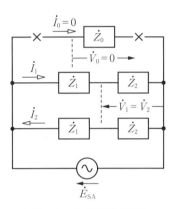

図21·5　2線短絡故障の等価回路図

先に解説した1線地絡故障時の等価回路図と同様に，図21·5の等価回路図を基にして解き始めるのではなく，これまでに解いた結果を，図に表したことに注意してください。この等価回路図により，2線短絡故障時の特徴である $I_0 = 0, \dot{I}_1 = -\dot{I}_2$ の状況がよく分かります。

さて，これから目的の2線短絡故障中のB相とC相の線電流 $\dot{I}_B, \dot{I}_C$，及び各相の対地電圧 $\dot{E}_A, \dot{E}_B, \dot{E}_C$ を表す公式を導き出します。

先に(21·5)式で求めたB相の線電流 $\dot{I}_B$ を表す式を，次に再掲します。

$$\dot{I}_B = a^2 \dot{I}_1 + a \dot{I}_2 \qquad\qquad 再掲(21·5)$$

この式に，先に(21·10)式で求めた $\dot{I}_1 = -\dot{I}_2$ を適用し，次式で表します。

$$\dot{I}_B = a^2 \dot{I}_1 - a \dot{I}_1 = (a^2 - a) \dot{I}_1 \tag{21·23}$$

この式の $\dot{I}_1$ に，上記の(21·20)式の右辺を代入して，次式で表します。

$$\dot{I}_B = \frac{a^2 - a}{\dot{Z}_1 + \dot{Z}_2} \dot{E}_{SA} \tag{21·24}$$

この式の $a^2 - a$ のベクトルは，既に前ページの図21·4に示したように $-j\sqrt{3}$ です。また，先に図21·1と図21·2に示したように，2線短絡故障電流は往路電流と復路電流の関係にあるため $\dot{I}_B = -\dot{I}_C$ ですから，B相の線電流 $\dot{I}_B$，C相の線電流 $\dot{I}_C$ は，次式で表されます。

$$\dot{I}_B = -\dot{I}_C = \frac{-j\sqrt{3}}{\dot{Z}_1 + \dot{Z}_2}\dot{E}_{SA}[\text{pu}] \tag{21·25}$$

$$\dot{I}_C = -\dot{I}_B = \frac{j\sqrt{3}}{\dot{Z}_1 + \dot{Z}_2}\dot{E}_{SA}[\text{pu}] \tag{21·26}$$

この線電流 $\dot{I}_B$, $\dot{I}_C$ を求める公式は，電源の A 相の相電圧 $\dot{E}_{SA}$ を基準にして表しましたが，その $\dot{E}_{SA}$ の $-j\sqrt{3}$ 倍は線間電圧の $\dot{V}_{BC}$ であり，$\dot{E}_{SA}$ の $+j\sqrt{3}$ 倍は線間電圧の $\dot{V}_{CB}$ ですから，次式で表せます。

$$\dot{I}_B[\text{A}] = \frac{\dot{V}_{BC}[\text{V}]}{\dot{Z}_1 + \dot{Z}_2[\Omega]}, \quad \dot{I}_C[\text{A}] = \frac{\dot{V}_{CB}[\text{V}]}{\dot{Z}_1 + \dot{Z}_2[\Omega]} \tag{21·27}$$

(21·27)式は[V][A][Ω]単位法で表しましたが，もしも単位法[pu]の式で表すならば，分子の $\dot{V}_{BC}$, V_{CB} に係数 $\sqrt{3}$ の乗算を忘れないように注意してください。

ここで，2 線短絡故障を生じた位置が，100 万 kW 以上の同期発電機群から電気的に遠い 77 kV 以下の系統では，故障点から電源側を見る総合の Z 値が，変圧器の漏れ Z 値と送電線路の作用 Z 値が大半を占めます。それらの Z 値は，相回転方向に無関係なため，正相分の $\dot{Z}_1$ と逆相分の $\dot{Z}_2$ の値が互いにほぼ等しい値です。その $\dot{Z}_1 \fallingdotseq \dot{Z}_2$ を，(21·25)式と(21·26)式に適用し，2 線短絡電流の絶対値 I_{2S} を，3 相短絡電流の絶対値 I_{3S} と比較すると，次式で表せます。

$$|I_{3S}| = \frac{1}{Z_1}E_{SA}, \quad |I_{2S}| = \frac{\sqrt{3}}{2Z_1}E_{SA} \tag{21·28}$$

$$|I_{2S}| = \frac{\sqrt{3}}{2} \times |I_{3S}| = 0.866 \times |I_{3S}| \tag{21·29}$$

この(21·29)式に示したように，I_{2S} は I_{3S} より 13[%]ほど小さいため，遮断器の定格遮断電流値の選定や，母線の短絡電磁力の設計は，I_{3S} の値で行っています。

次に，B，C 相 2 線短絡故障時の対地電圧 $\dot{E}_A$, $\dot{E}_B$, $\dot{E}_C$ を表す公式を解説します。初めに，健全相である A 相の $\dot{E}_A$ を表す公式を，次に再掲します。

$$\dot{E}_A = \dot{V}_0 + \dot{V}_1 + \dot{V}_2 \qquad \text{再掲}(5·10)$$

この再掲式に，先に(21·11)式で求めた $\dot{V}_0 = 0$ を適用して，次式で表します。

$$\dot{E}_A = \dot{V}_1 + \dot{V}_2 \tag{21·30}$$

ここで，先に求めた(21·22)式を再掲します。

$$\dot{V}_1 = \dot{V}_2 = \frac{\dot{Z}_2}{\dot{Z}_1 + \dot{Z}_2}\dot{E}_{SA} \qquad \text{再掲}(21·22)$$

この再掲(21·22)式の右辺を，(21·30)式の右辺に代入し，次式で表します。

$$\dot{E}_\mathrm{A} = \dot{V}_1 + \dot{V}_2 = \frac{2\dot{Z}_2}{\dot{Z}_1 + \dot{Z}_2}\dot{E}_\mathrm{SA} \tag{21・31}$$

この式に，77 kV 以下の系統の $\dot{Z}_1 \fallingdotseq \dot{Z}_2$ を適用すると，2線短絡故障中の健全相の対地電圧 $\dot{E}_\mathrm{A}$ は，次式のように電源の相電圧 $\dot{E}_\mathrm{SA}$ とほぼ等しくなります。

$$\dot{E}_\mathrm{A} = \frac{2\dot{Z}_2}{\dot{Z}_2 + \dot{Z}_2}\dot{E}_\mathrm{SA} \fallingdotseq \dot{E}_\mathrm{SA} \tag{21・32}$$

次に，2線短絡故障時の故障相の対地電圧 $\dot{E}_\mathrm{B}$, $\dot{E}_\mathrm{C}$ を表す式を再掲します。

$$\dot{E}_\mathrm{B} = a^2\dot{V}_1 + a\dot{V}_2 \qquad \text{再掲}(21・12)$$
$$\dot{E}_\mathrm{C} = a\dot{V}_1 + a^2\dot{V}_2 \qquad \text{再掲}(21・13)$$

この再掲式に，先に (21・17) 式で求めた $\dot{V}_1 = \dot{V}_2$ を適用し，次式で表します。

$$\dot{E}_\mathrm{B} = a^2\dot{V}_1 + a\dot{V}_1 = (a^2 + a)\dot{V}_1 \tag{21・33}$$
$$\dot{E}_\mathrm{C} = a\dot{V}_1 + a^2\dot{V}_1 = (a + a^2)\dot{V}_1 = \dot{E}_\mathrm{B} \tag{21・34}$$

この両式の $(a + a^2)$ のベクトルは，先の図 21・3 で示したように "-1" です。さらに，$\dot{V}_1$ の値に再掲 (21・22) 式を適用し，$\dot{E}_\mathrm{B}$, $\dot{E}_\mathrm{C}$ は次式で表されます。

$$\dot{E}_\mathrm{B} = \dot{E}_\mathrm{C} = -\dot{V}_1 = -\dot{V}_2 = \frac{-\dot{Z}_2}{\dot{Z}_1 + \dot{Z}_2}\dot{E}_\mathrm{SA} \fallingdotseq \frac{-\dot{E}_\mathrm{A}}{2} \tag{21・35}$$

この (21・35) 式は，"2線短絡故障中の故障相の対地電圧 $\dot{E}_\mathrm{B}$, $\dot{E}_\mathrm{B}$ は互いに等しく，健全相の対地電圧 $\dot{E}_\mathrm{A}$ のほぼ半分の大きさで，かつ，$\dot{E}_\mathrm{A}$ に対して逆位相で現れる" ことを表しています。

以上の計算結果が，先に図 21・2 で示したベクトルのとおりであることを，皆さん自身で確認してください。

皆さんが，2線短絡故障の問題を解く際の**重要公式**は，次の三つです。

2線短絡故障を解く際の重要公式
- 故障相の線電流　　$\dot{I}_\mathrm{B} = -\dot{I}_\mathrm{C} = \dfrac{-j\sqrt{3}}{\dot{Z}_1 + \dot{Z}_2}\dot{E}_\mathrm{SA}$　　再掲 (21・25)
- 健全相の対地電圧　$\dot{E}_\mathrm{A} = \dfrac{2\dot{Z}_2}{\dot{Z}_1 + \dot{Z}_2}\dot{E}_\mathrm{SA}$　　再掲 (21・31)
- 故障相の対地電圧　$\dot{E}_\mathrm{B} = \dot{E}_\mathrm{C} = \dfrac{-\dot{E}_\mathrm{A}}{2} = \dfrac{-\dot{Z}_2}{\dot{Z}_1 + \dot{Z}_2}\dot{E}_\mathrm{SA}$　再掲 (21・35)

講義 22

2線短絡故障計算の例題とその解法

3種類の不平衡故障のうち,前の講義で解説した2線短絡故障時の対地電圧値,線電流値を解く公式を応用して,この講義22では例題の解き方を解説します。最初の例題1は,比較的容易に解ける問題をとり挙げ,その解法を理解された後に,例題2にてやや難易度の高い問題に移ります。

例題 1

図1に示す電力系統の66 kVの点Fにて,B相とC相の2線短絡故障を生じたとき,その点Fに流れる電流$\dot{I}_{2S}$[A]の大きさ,及び電源のA相の相電圧$\dot{E}_{SA}$を基準位相にした$\dot{I}_{2S}$の位相角を求めなさい。なお,中性点接地抵抗器(NR)の抵抗値R_Nは95.3[Ω],図の点Fから電源側を見る10[MV・A]基準の合成Z[pu]値のうち,R_Nを含まない零相分の$\dot{Z}_0$は0.14[pu],正相分の$\dot{Z}_1$は0.10[pu],逆相分の$\dot{Z}_2$は0.11[pu]である。また,NR以外の抵抗分は全て無視できるものとし,短絡故障発生直前の電源電圧値は,公称電圧値と同値とし,その他の定数は全て無視できるものとする。

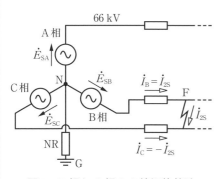

図1 B相とC相の2線短絡故障

解法と解説 この問題は,B相とC相の2線短絡故障ですから,線電流の$\dot{I}_B$と$\dot{I}_C$は,大きさが互いに等しく,かつ,互いに逆位相の関係があります。また,2線短絡故障時の故障点は,大地から絶縁された状態ですから,この問題で与えられたNRのR_N[Ω]や零相分の$\dot{Z}_0$の値は,解答値に全く不必要です。

題意により,2線短絡故障時の電流値$\dot{I}_{2S}$[A]を,B相の線電流値$\dot{I}_B$と同じ電流ベクトルに定めていますから,その$\dot{I}_B$を算出する公式を,次に再掲します。

$$\dot{I}_B = -\dot{I}_C = \frac{-j\sqrt{3}}{\dot{Z}_1 + \dot{Z}_2}\dot{E}_{SA}[\text{pu}] \qquad 再掲(21\cdot25)$$

この公式の $\dot{E}_{SA}$ は,"A 相の電源の相電圧ベクトル"です。この設問は,"$\dot{E}_{SA}$ を基準位相にした $\dot{I}_{2S}$ の位相角を求めなさい"と指定していますから,上記の再掲 (21・25) 式をそのまま使用して解きます (もしも,"線間電圧 $\dot{V}_{BC}$ を基準位相にした $\dot{I}_{2S}[\text{pu}]$ を求める問題"の場合には,再掲 (21・25) 式の $\dot{E}_{SA}$ を $\dot{V}_{BC}$ に代え,$-j$ を削除し,$\sqrt{3}$ の係数を残した式で [pu] 単位の $\dot{I}_{2S}$ の値を算出します)。

題意により,"故障発生直前の系統電源の電圧値は,公称電圧と同値"ですから,$\dot{E}_{SA} = 1[\text{pu}]$ です (電源電圧値の指定がない場合も 1[pu] とします)。

設問で与えられた"点 F から電源側を見る各 $Z[\text{pu}]$ の合成値"を,上記の再掲 (21・25) 式に代入します。また,題意により"抵抗分は全て無視し,リアクタンス分のみとする"と指定がありますから,**"誘導性リアクタンスの値"**となり,正相分は $\dot{Z}_1 = +j0.10[\text{pu}]$,逆相分は $\dot{Z}_2 = +j0.11[\text{pu}]$ となります。

上記の各値を,再掲 (21・25) 式の $\dot{Z}_1$,$\dot{Z}_2$ に代入して,2 線短絡故障電流 $\dot{I}_{2S} = \dot{I}_B[\text{pu}]$ の値を,次式にて求めます。

$$\dot{I}_{2S} = \frac{-j\sqrt{3}\times 1[\text{pu}]}{+j(0.10+0.11)[\text{pu}]} = \frac{-j\sqrt{3}\,[\text{pu}]}{+j\,0.21[\text{pu}]}[\text{pu}] \qquad (1)$$

この (1) 式の分母の"$+j$"を分子に移項するときに,± 符号を反転させて"$-j$"に変えます。その結果,2 線短絡故障電流 $\dot{I}_{2S}$ は,次式で表されます。

$$\dot{I}_{2S} = \frac{(-j)\times(-j)\times\sqrt{3}\,[\text{pu}]}{0.21[\text{pu}]} = -8.248[\text{pu}] \qquad (2)$$

この式の $(-j)\times(-j)$ は,"90[°] 遅らせる操作を 2 回繰り返す"ことであり,そのベクトルは"実軸の負の方向"になり,(2) 式の解を負値で表します。

この (2) 式の計算結果は,"2 線短絡故障電流 $\dot{I}_{2S}[\text{A}]$ は,基準電流値の 8.248 倍であり,その位相角は A 相の電源の相電圧 $\dot{E}_{SA}$ に対して 180[°],すなわち逆相である"ことを表しています。そして,題意により"基準容量値は 10[MV·A],短絡故障点 F の電圧値は 66 kV"ですから,$\dot{E}_{SA}$ を基準位相にした $\dot{I}_{2S}[\text{A}]$ のベクトルは,次式で求まります。

$$\dot{I}_{2S} = \frac{10[\text{MV·A}]\times 10^3}{\sqrt{3}\times 66[\text{kV}]}\times(-8.248) \fallingdotseq -722[\text{A}] \qquad (3)$$

以上の結果,$\dot{I}_{2S}$ の値は 722[A],$\dot{E}_{SA}$ を基準にした位相角は 180[°] となります。

例題2

図1に示す電力系統の点Fで,B相とC相にて2線短絡故障が発生したとき,その点Fに流れるB相の線電流ベクトル$\dot{I}_B$[pu],C相の線電流ベクトル$\dot{I}_C$[pu],及びA相,B相,C相の各対地電圧ベクトル$\dot{E}_A$,$\dot{E}_B$,$\dot{E}_C$[pu]を,A相の電源の相電圧$\dot{E}_{SA}$を基準位相にして答えなさい。さらに,それら$\dot{I}_B$,$\dot{I}_C$,$\dot{E}_A$,$\dot{E}_B$,$\dot{E}_C$[pu]のベクトル図を描いて答えなさい。なお,図1の発電機,変圧器,送電線路の各部分の零相分%Z_0,正相分%Z_1,逆相分%Z_2の各値,及び中性点接地抵抗器(NR)の抵抗値は,図示のとおりとし,それらの値は統一基準容量値で表しており,図中に明示した定数以外は全て無視できるものとする。

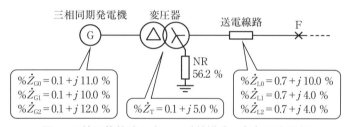

図1 2線短絡故障を生じた系統構成と各部の定数値

解法と解説 この問題の故障種別は,2線短絡故障ですから,故障点Fが大地と絶縁された状態の故障であり,大地に故障電流が流れません。そのため,図中のNRの抵抗値,及び発電機,変圧器,送電線路の各部の零相分%Z_0値は,2線短絡故障時の線電流値,対地電圧値の算出に不必要です(後に解説する2線地絡故障の計算には必要です)。そのため,NRの抵抗値,及び各部の零相分%Z_0値は無視し,正相分の%Z_1,及び逆相分の%Z_2のみで解答値を算出します。

さて,2線短絡故障電流$\dot{I}_{2S}$[A]を求める公式を,次に再掲して表します。

故障相の線電流　　$\dot{I}_B = -\dot{I}_C = \dfrac{-j\sqrt{3}}{\dot{Z}_1 + \dot{Z}_2}\dot{E}_{SA}$[pu]　　　再掲(21・25)

健全相の対地電圧　　$\dot{E}_A = \dfrac{2\dot{Z}_2}{\dot{Z}_1 + \dot{Z}_2}\dot{E}_{SA}$[pu]　　　再掲(21・31)

故障相の対地電圧　　$\dot{E}_B = \dot{E}_C = \dfrac{-\dot{E}_A}{2} = \dfrac{-\dot{Z}_2}{\dot{Z}_1 + \dot{Z}_2}\dot{E}_{SA}$[pu]　　　再掲(21・35)

これらの再掲式の$\dot{Z}_1$,$\dot{Z}_2$に相当する[%]単位の値は,図1から次式で求めます。

$$\%\dot{Z}_1 = 0.1 + 0.1 + 0.7 + j(10.0 + 5.0 + 4.0) = 0.9 + j\,19.0\,[\%] \tag{1}$$

$$\%\dot{Z}_2 = 0.1 + 0.1 + 0.7 + j(12.0 + 5.0 + 4.0) = 0.9 + j\,21.0\,[\%] \tag{2}$$

$$\%\dot{Z}_1 + \dot{Z}_2 = (0.9 + 0.9) + j(19.0 + 21.0) = 1.8 + j\,40.0\,[\%] \tag{3}$$

左ページの再掲(21・25)式の $\dot{Z}_1,\ \dot{Z}_2$[pu]に，上記の(3)式の右辺の%Z[%]値を単位変換して代入し，2線短絡故障電流 $\dot{I}_\mathrm{B},\ \dot{I}_\mathrm{C}$ の値を，次式にて求めます。

$$\dot{I}_\mathrm{B}[\mathrm{pu}] = \frac{-j\sqrt{3} \times \dot{E}_\mathrm{SA}[\mathrm{pu}]}{\dfrac{\%\dot{Z}_1 + \%\dot{Z}_2[\%]}{100[\%]}[\mathrm{pu}]} = \frac{-j\sqrt{3} \times 1[\mathrm{pu}] \times 100[\%]}{1.8 + j\,40.0[\%]} \tag{4}$$

$$= \frac{173.21[\%] \angle -90[°]}{40.04[\%] \angle +87.42[°]} = \frac{173.21}{40.04}[\mathrm{pu}] \angle (-90) - (+87.42)[°] \tag{5}$$

$$\fallingdotseq 4.33[\mathrm{pu}] \angle -177.4[°]\ (\dot{E}_\mathrm{SA}\text{に対する遅れ角}) \tag{6}$$

$$\dot{I}_\mathrm{C} = -\dot{I}_\mathrm{B} = 4.33[\mathrm{pu}] \angle -177.4 + 180[°] = 4.33[\mathrm{pu}] \angle +2.6[°]\ (\text{進み角}) \tag{7}$$

次に，A相，B相，C相の各対地電圧ベクトル $\dot{E}_\mathrm{A},\ \dot{E}_\mathrm{B},\ \dot{E}_\mathrm{C}$[pu]を求めます。左ページの再掲(21・31)式，及び再掲(21・35)式の $\dot{Z}_1,\ \dot{Z}_2$[pu]に，上記の(2)式，(3)式の右辺の%Z[%]値を適用して，次式のように展開します。

$$\dot{E}_\mathrm{A}[\mathrm{pu}] = \frac{2 \times \%\dot{Z}_2[\%]}{\%\dot{Z}_1 + \%\dot{Z}_2[\%]}\dot{E}_\mathrm{SA}[\mathrm{pu}] = \frac{2 \times (0.9 + j\,21.0)}{1.8 + j\,40.0}[\mathrm{pu}] \tag{8}$$

$$= \frac{42.04[\%] \angle +87.55[°]}{40.04[\%] \angle +87.42[°]} = \frac{42.04}{40.04}[\mathrm{pu}] \angle (+87.55) - (87.42)[°] \tag{9}$$

$$\fallingdotseq 1.050[\mathrm{pu}] \angle +0.1[°]\ (\text{進み角}) \tag{10}$$

$$\dot{E}_\mathrm{B}[\mathrm{pu}] = \dot{E}_\mathrm{C}[\mathrm{pu}] = \frac{-\dot{E}_\mathrm{A}[\mathrm{pu}]}{2} \tag{11}$$

$$= 0.525[\mathrm{pu}] \angle -179.9[°]\ (\text{遅れ角}) \tag{12}$$

解答のベクトル図を図2に示します。この図により，2線短絡故障時の特徴である次の(1)～(3)項の現象を確認してください。

(1) 短絡故障電流 $\dot{I}_\mathrm{B},\ \dot{I}_\mathrm{C}$ は，線間電圧 $\dot{V}_\mathrm{BC}$ に対して約90[°]の位相差で流れる。

(2) 健全相であるA相の対地電圧は，同じA相の電源の相電圧 $\dot{E}_\mathrm{SA}$ とほぼ同じである。

(3) 故障相の対地電圧 $E_\mathrm{B},\ E_\mathrm{C}$ は，互いに等しく，故障前の約半分に減少する。

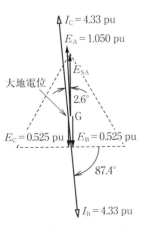

図2　解答のベクトル図

講義 23

2線地絡故障の公式と等価回路図

講義 21 と 22 にて "2線短絡故障" の解説をしましたから，この講義 23 では "2線地絡故障時の線電流値と対地電圧値" を解く際に利用する公式，及びその等価回路図について解説します。その前に，講義 20 で解説した "2線短絡故障" と "2線地絡故障" の相違点を再度整理した後，以下の文をお読みください。

1. 2線地絡故障時の電力回路の状態

次の図 23・1 に，中性点抵抗接地系の2線地絡故障時の状態を示します。

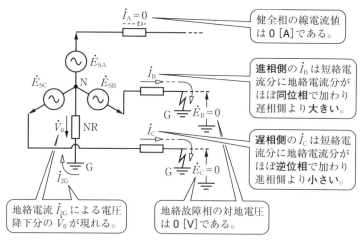

図 23・1　B相とC相に2線地絡故障が発生した状態

この図の2線地絡故障時の対地電圧，線電流の概要を，右ページの図 23・2 に示します。これから，対称座標法の対称分電圧，対称分電流の公式を，図 23・1 と図 23・2 に適用し，2線地絡故障時に応用する公式を説明しますが，2線短絡故障のときと同様に，数式や展開順序を暗記する必要はなく，説明内容を納得されれば結構です。これ以後の数式は単位法の単位[pu]の表示を省略します。

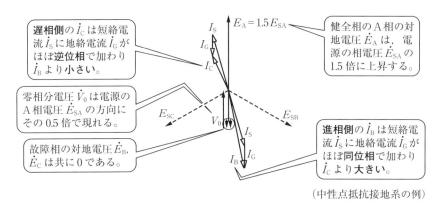

（中性点抵抗接地系の例）

図23・2　B，C相2線地絡故障時の対地電圧と線電流のベクトル図

左の図23・1に示したB相とC相の2線地絡故障時の状態を，次式で表します。

2線地絡故障時
の状態を表す式
$$\begin{cases} \dot{I}_A = 0 & (23\cdot1) \\ \dot{E}_B = 0 & (23\cdot2) \\ \dot{E}_C = 0 & (23\cdot3) \end{cases}$$

対称座標法の各対称分電圧を表す公式を，次に再掲します。

$$\begin{cases} \dot{V}_0 = \dfrac{1}{3}(\dot{E}_A + \dot{E}_B + \dot{E}_C) & 再掲(5\cdot7) \\[4pt] \dot{V}_1 = \dfrac{1}{3}(\dot{E}_A + a\dot{E}_B + a^2\dot{E}_C) & 再掲(5\cdot8) \\[4pt] \dot{V}_2 = \dfrac{1}{3}(\dot{E}_A + a^2\dot{E}_B + a\dot{E}_C) & 再掲(5\cdot9) \end{cases}$$

この再掲式に$\dot{E}_B = 0$，$\dot{E}_C = 0$を適用し，次式で表します。

$$\dot{V}_0 = \dot{V}_1 = \dot{V}_2 = \frac{1}{3}\dot{E}_A \tag{23・4}$$

ここで，対称座標法の発電機の基本公式を，次に再掲します。

$$\begin{cases} \dot{V}_0 = -\dot{Z}_0 \cdot \dot{I}_0 & 再掲(7\cdot30) \\ \dot{V}_1 = \dot{E}_{SA} - \dot{Z}_1 \cdot \dot{I}_1 & 再掲(7\cdot31) \\ \dot{V}_2 = -\dot{Z}_2 \cdot \dot{I}_2 & 再掲(7\cdot32) \end{cases}$$

$\dot{V}_0 = \dot{V}_1 = \dot{V}_2$ですから，上記の再掲式を等式で結び，次式で表します。

$$-\dot{Z}_0 \cdot \dot{I}_0 = \dot{E}_{SA} - \dot{Z}_1 \cdot \dot{I}_1 = -\dot{Z}_2 \cdot \dot{I}_2 \tag{23・5}$$

対称座標法のA相の線電流$\dot{I}_A$を表す公式を，次に再掲します。

$$\dot{I}_A = \dot{I}_0 + \dot{I}_1 + \dot{I}_2 \qquad \text{再掲}(5\cdot16)$$

この再掲式に，健全相の線電流 $\dot{I}_A = 0$ を代入して，次式で表します。

$$\dot{I}_A = \dot{I}_0 + \dot{I}_1 + \dot{I}_2 = 0 \tag{23・6}$$

$$\therefore \dot{I}_2 = -\dot{I}_0 - \dot{I}_1 \tag{23・7}$$

この式の右辺を，先の(23・5)式に適用して，次式で表します。

$$-\dot{Z}_0 \cdot \dot{I}_0 = -\dot{Z}_2 \cdot (-\dot{I}_0 - \dot{I}_1) = \dot{Z}_2 \cdot \dot{I}_0 + \dot{Z}_2 \cdot \dot{I}_1 \tag{23・8}$$

$$-\dot{Z}_0 \cdot \dot{I}_0 - \dot{Z}_2 \cdot \dot{I}_0 = \dot{Z}_2 \cdot \dot{I}_1 \tag{23・9}$$

$$\dot{I}_1 = -\frac{\dot{Z}_0 + \dot{Z}_2}{\dot{Z}_2} \dot{I}_0 \tag{23・10}$$

この式の右辺を，先の(23・5)式の $\dot{I}_1$ に代入して，次式で表します。

$$-\dot{Z}_0 \cdot \dot{I}_0 = \dot{E}_{SA} - \dot{Z}_1 \cdot \dot{I}_1 = \dot{E}_{SA} - \dot{Z}_1 \left(-\frac{\dot{Z}_0 + \dot{Z}_2}{\dot{Z}_2}\right) \dot{I}_0 \tag{23・11}$$

$$-\dot{Z}_0 \cdot \dot{I}_0 = \dot{E}_{SA} + \dot{Z}_1 \left(\frac{\dot{Z}_0 + \dot{Z}_2}{\dot{Z}_2}\right) \dot{I}_0 \tag{23・12}$$

$$-\dot{Z}_0 \cdot \dot{I}_0 = \dot{E}_{SA} + \frac{\dot{Z}_0 \cdot \dot{Z}_1 + \dot{Z}_1 \cdot \dot{Z}_2}{\dot{Z}_2} \dot{I}_0 \tag{23・13}$$

$$-\frac{\dot{Z}_0 \cdot \dot{Z}_1 + \dot{Z}_1 \cdot \dot{Z}_2}{\dot{Z}_2} \dot{I}_0 - \dot{Z}_0 \cdot \dot{I}_0 = \dot{E}_{SA} \tag{23・14}$$

$$\left(-\frac{\dot{Z}_0 \cdot \dot{Z}_1 + \dot{Z}_1 \cdot \dot{Z}_2}{\dot{Z}_2} - \dot{Z}_0\right) \dot{I}_0 = \dot{E}_{SA} \tag{23・15}$$

$$\left(\frac{\dot{Z}_0 \cdot \dot{Z}_1 + \dot{Z}_1 \cdot \dot{Z}_2 + \dot{Z}_2 \cdot \dot{Z}_0}{-\dot{Z}_2}\right) \dot{I}_0 = \dot{E}_{SA} \tag{23・16}$$

$$\dot{I}_0 = \frac{-\dot{Z}_2}{\dot{Z}_0 \cdot \dot{Z}_1 + \dot{Z}_1 \cdot \dot{Z}_2 + \dot{Z}_2 \cdot \dot{Z}_0} \dot{E}_{SA} \tag{23・17}$$

この式の右辺を，先の(23・10)式の右辺の $\dot{I}_0$ に代入して，次式で表します。

$$\dot{I}_1 = -\frac{\dot{Z}_0 + \dot{Z}_2}{\dot{Z}_2} \dot{I}_0 = \frac{\dot{Z}_0 + \dot{Z}_2}{\dot{Z}_2} \times \frac{\dot{Z}_2}{\dot{Z}_0 \cdot \dot{Z}_1 + \dot{Z}_1 \cdot \dot{Z}_2 + \dot{Z}_2 \cdot \dot{Z}_0} \dot{E}_{SA} \tag{23・18}$$

$$= \frac{\dot{Z}_0 + \dot{Z}_2}{\dot{Z}_0 \cdot \dot{Z}_1 + \dot{Z}_1 \cdot \dot{Z}_2 + \dot{Z}_2 \cdot \dot{Z}_0} \dot{E}_{SA} \tag{23・19}$$

先の(23・7)式の右辺の $\dot{I}_0$ に(23・17)式の右辺を代入し，(23・7)式の右辺の $\dot{I}_1$ に(23・19)式の右辺を代入して，次式で表します。

$$\dot{I}_2 = -\dot{I}_0 - \dot{I}_1 = \frac{-(-\dot{Z}_2)-(\dot{Z}_0+\dot{Z}_2)}{\dot{Z}_0\cdot\dot{Z}_1+\dot{Z}_1\cdot\dot{Z}_2+\dot{Z}_2\cdot\dot{Z}_0}\dot{E}_{SA} \tag{23·20}$$

$$= \frac{-\dot{Z}_0}{\dot{Z}_0\cdot\dot{Z}_1+\dot{Z}_1\cdot\dot{Z}_2+\dot{Z}_2\cdot\dot{Z}_0}\dot{E}_{SA} \tag{23·21}$$

以上で三つの対称分電流が求まりましたから,次に対称分電圧を求めます。

先の(23·4)式で求めたとおり,$\dot{V}_0=\dot{V}_1=\dot{V}_2$ですから,これらの対称分電圧のうちの一つを解けば,他の二つは自動的に求まったことになります。

ここで,対称座標法の発電機の基本公式のうち,$\dot{V}_0$を表す式を再掲します。

$$\dot{V}_0 = -\dot{Z}_0\cdot\dot{I}_0 \qquad\qquad 再掲(7·30)$$

この再掲式の$\dot{I}_0$に,$\dot{I}_0$を表す先の(23·17)式の右辺を代入し,次式で表します。

$$\dot{V}_0 = \dot{V}_1 = \dot{V}_2 = (-\dot{Z}_0)\times\frac{-\dot{Z}_2}{\dot{Z}_0\cdot\dot{Z}_1+\dot{Z}_1\cdot\dot{Z}_2+\dot{Z}_2\cdot\dot{Z}_0}\dot{E}_{SA} \tag{23·22}$$

$$= \frac{\dot{Z}_2\cdot\dot{Z}_0}{\dot{Z}_0\cdot\dot{Z}_1+\dot{Z}_1\cdot\dot{Z}_2+\dot{Z}_2\cdot\dot{Z}_0}\dot{E}_{SA} \tag{23·23}$$

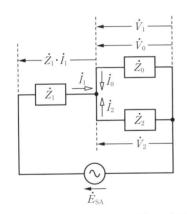

図23·3 2線地絡故障の等価回路図

これまでに求めた各対称分電圧,各対称分電流を,左の**図23·3**の等価回路図に表します。先に解説した1線地絡,2線短絡の等価回路図と同様に,この図23·3を基に<u>解き始めるのではなく,解いた結果を図に表した</u>ものであることに注意してください。この等価回路図にて,2線地絡故障時の特徴の$\dot{V}_0=\dot{V}_1=\dot{V}_2$,及び$\dot{I}_0+\dot{I}_1+\dot{I}_2=0$の状況を分かりやすく表しています。

さて,これから目的の2線地絡故障時のB,C相の線電流$\dot{I}_B$,$\dot{I}_C$,A相の対地電圧$\dot{E}_A$を表す公式を導き出します。

進相側の故障相の線電流$\dot{I}_B$を表す対称座標法の公式を,次に再掲します。

$$\dot{I}_B = \dot{I}_0 + a^2\dot{I}_1 + a\dot{I}_2 \qquad\qquad 再掲(5·17)$$

この式の$\dot{I}_0$に先の(23·17)式の右辺を代入し,同じく$\dot{I}_1$に先の(23·19)式の右辺を代入し,$\dot{I}_2$に先の(23·21)式の右辺を代入して,次式で表します。

$$\dot{I}_\text{B} = \frac{-\dot{Z}_2 + a^2(\dot{Z}_0 + \dot{Z}_2) + a(-\dot{Z}_0)}{\dot{Z}_0 \cdot \dot{Z}_1 + \dot{Z}_1 \cdot \dot{Z}_2 + \dot{Z}_2 \cdot \dot{Z}_0} \dot{E}_\text{SA} \tag{23·24}$$

$$= \frac{(a^2 - a)\dot{Z}_0 + (a^2 - 1)\dot{Z}_2}{\dot{Z}_0 \cdot \dot{Z}_1 + \dot{Z}_1 \cdot \dot{Z}_2 + \dot{Z}_2 \cdot \dot{Z}_0} \dot{E}_\text{SA} \tag{23·25}$$

ここで，次の図 23·4 に示すように，$(a^2 - a)$ は $-j\sqrt{3}$ ですから $\sqrt{3}\angle -90[°]$ に換え，$(a^2 - 1)$ を $\sqrt{3}\angle -150[°]$ に換えて，(23·26)式で表します。

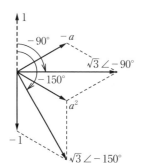 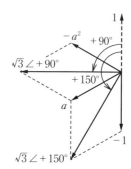

図 23·4　$a^2 - a$, $a^2 - 1$ のベクトル図　　　図 23·5　$a - a^2$, $a - 1$ のベクトル図

$$\dot{I}_\text{B} = \frac{(\sqrt{3}\angle -90[°])\dot{Z}_0 + (\sqrt{3}\angle -150[°])\dot{Z}_2}{\dot{Z}_0 \cdot \dot{Z}_1 + \dot{Z}_1 \cdot \dot{Z}_2 + \dot{Z}_2 \cdot \dot{Z}_0} \dot{E}_\text{SA} \tag{23·26}$$

次に，遅相側の故障相の線電流 $\dot{I}_\text{C}$ を表す公式を，次式に再掲します。

$$\dot{I}_\text{C} = \dot{I}_0 + a\dot{I}_1 + a^2 \dot{I}_2 \qquad 再掲(5·18)$$

この式の $\dot{I}_0$ に先の(23·17)式の右辺を代入し，同じく $\dot{I}_1$ に先の(23·19)式の右辺を代入し，$\dot{I}_2$ に先の(23·21)式の右辺を代入して，次式で表します。

$$\dot{I}_\text{C} = \frac{-\dot{Z}_2 + a(\dot{Z}_0 + \dot{Z}_2) + a^2(-Z_0)}{\dot{Z}_0 \cdot \dot{Z}_1 + \dot{Z}_1 \cdot \dot{Z}_2 + \dot{Z}_2 \cdot \dot{Z}_0} \dot{E}_\text{SA} \tag{23·27}$$

$$= \frac{(a - a^2)\dot{Z}_0 + (a - 1)\dot{Z}_2}{\dot{Z}_0 \cdot \dot{Z}_1 + \dot{Z}_1 \cdot \dot{Z}_2 + \dot{Z}_2 \cdot \dot{Z}_0} \dot{E}_\text{SA} \tag{23·28}$$

上の図 23·5 に示すように，上式の $(a - a^2)$ は $\sqrt{3}\angle +90[°]$ に換え，$(a - 1)$ は $\sqrt{3}\angle +150[°]$ に換えて，次式で表します。

$$\dot{I}_\text{C} = \frac{(\sqrt{3}\angle +90[°])\dot{Z}_0 + (\sqrt{3}\angle +150[°])\dot{Z}_2}{\dot{Z}_0 \cdot \dot{Z}_1 + \dot{Z}_1 \cdot \dot{Z}_2 + \dot{Z}_2 \cdot \dot{Z}_0} \dot{E}_\text{SA} \tag{23·29}$$

次に，健全相の A 相の対地電圧 $\dot{E}_\text{A}$ を表す公式を，次に再掲します。

$$\dot{E}_\text{A} = \dot{V}_0 + \dot{V}_1 + \dot{V}_2 \qquad 再掲(5·10)$$

この再掲(5·10)式に，2線地絡故障時の $\dot{V}_0 = \dot{V}_1 = \dot{V}_2$ を適用し，次式で表します。

$$\dot{E}_A = 3\dot{V}_0 \tag{23·30}$$

この式の $\dot{V}_0$ に，(23·23)式の右辺を代入し，次式で表します。

$$\dot{E}_A = \frac{3 \times \dot{Z}_2 \cdot \dot{Z}_0}{\dot{Z}_0 \cdot \dot{Z}_1 + \dot{Z}_1 \cdot \dot{Z}_2 + \dot{Z}_2 \cdot \dot{Z}_0} \dot{E}_{SA} \tag{23·31}$$

以上に解説した各式は中性点接地方式の種別を問わず適用が可能ですが，22～154 kV系統に標準的に適用されている中性点抵抗接地方式の場合は，$\dot{Z}_0 \gg \dot{Z}_1$，$\dot{Z}_0 \gg \dot{Z}_2$，$\dot{Z}_1 \fallingdotseq \dot{Z}_2$ の状態です。この状態を，$\dot{I}_B$ の(23·26)式，$\dot{I}_C$ の(23·29)式，$\dot{E}_A$ の(23·31)式に適用し，B，C相の2線地絡故障時の公式を次式で表せます。

$$\dot{I}_B \fallingdotseq \frac{(\sqrt{3} \angle -90[°])\dot{Z}_0}{\dot{Z}_0\dot{Z}_1 + \dot{Z}_2\dot{Z}_0} \dot{E}_{SA} = \frac{\sqrt{3} \angle -90[°]}{\dot{Z}_1 + \dot{Z}_2} \dot{E}_{SA} = -j\frac{\sqrt{3}}{2} \times \frac{\dot{E}_{SA}}{\dot{Z}_1} \tag{23·32}$$

$$\dot{I}_C \fallingdotseq \frac{(\sqrt{3} \angle +90[°])\dot{Z}_0}{\dot{Z}_0\dot{Z}_1 + \dot{Z}_2\dot{Z}_0} \dot{E}_{SA} = \frac{\sqrt{3} \angle +90[°]}{\dot{Z}_1 + \dot{Z}_2} \dot{E}_{SA} = +j\frac{\sqrt{3}}{2} \times \frac{\dot{E}_{SA}}{\dot{Z}_1} \tag{23·33}$$

$$\dot{E}_A \fallingdotseq \frac{3 \times \dot{Z}_2\dot{Z}_0 \times \dot{E}_{SA}}{\dot{Z}_0\dot{Z}_1 + \dot{Z}_2\dot{Z}_0} = \frac{3Z_2 E_{SA}}{Z_1 + Z_2} = 1.5 E_{SA} \tag{23·34}$$

ここで，66～154 kV系統の多くが，故障点から系統電源側を見る正相分の $\dot{Z}_1$ のインピーダンス角が進み約80[°]ですから $Z_1 \angle +80[°]$ として表すと，上の(23·32)式の進相側の $\dot{I}_B$ は，次式で表されます。

$$\dot{I}_B = \frac{\sqrt{3} \angle -90[°]}{2} \times \frac{|E_{SA}|}{|Z_1| \angle +80[°]} = \frac{\sqrt{3}}{2} \times \frac{|E_{SA}|}{|Z_1|} \angle -170[°] \tag{23·35}$$

この式の E_{SA}/Z_1 の絶対値は，3相短絡電流 I_{3S} の値です。そのため，$\dot{I}_B$ は I_{3S} の0.866倍の大きさで，先に図23·2に示したように，健全相の $\dot{E}_{SA}$ に対して遅れ約170[°]，すなわち線間電圧 $\dot{V}_{BC}$ に対して遅れ約80[°]の位相角で流れます。

同様に，上の(23·33)式の遅相側の $\dot{I}_C$ は，次式で表されます。

$$\dot{I}_C = \frac{\sqrt{3} \angle +90[°]}{2} \times \frac{E_{SA}}{|Z_1| \angle +80[°]} = \frac{\sqrt{3}}{2} \times \frac{|E_{SA}|}{|Z_1|} \angle +10[°] \tag{23·36}$$

遅相側の $\dot{I}_C$ は，I_{3S} の0.866倍の大きさで，健全相の $\dot{E}_{SA}$ に対して進み約10[°]，すなわち線間電圧 $\dot{V}_{CB}$ に対して遅れ約80[°]の位相角で流れます。

また，抵抗値が R_N のNRを通過する電流 $\dot{I}_{NR} = 3\dot{I}_0$ は，健全相の対地電圧 $\dot{E}_A$ に対してほぼ逆位相で流れ，その概数は $E_A/(3Z_0) = E_{SA}/(2R_N)$ で求まります。そして，2線地絡故障時に発生する V_0 の大きさは，1線地絡故障時の約半分です。

講義 24

2線地絡故障計算の例題とその解法

この講義では，1線地絡，2線短絡，2線地絡の3種類の不平衡故障計算の中で，最も難易度が高い2線地絡故障の解法と注意事項を解説します。最初の例題1の難易度は，電験第二種クラスですが，その解法を理解された後に挑戦していただく例題2及び例題3の難易度は電験第一種クラスです。

例題1

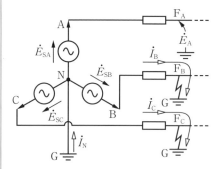

図1 2線地絡故障を生じた系統図

左の**図1**に示す電力系統内の点F_B及び点F_Cにて2線地絡故障を生じた。そのとき，図の電源から故障点に向かって流れる線電流値の$\dot{I}_B$[pu]，及び$\dot{I}_C$[pu]，並びに点F_Aにおける対地電圧$\dot{E}_A$[pu]の各ベクトル値を求め，A相の電源の相電圧$\dot{E}_{SA}$を位相の基準にしたベクトル図に表して答えなさい。なお，図の故障点から電源側を，統一した基準容量で表した零相分$\dot{Z}_0$は$+j0.14$[pu]，正相分$\dot{Z}_1$は$+j0.10$[pu]，逆相分$\dot{Z}_2$は$+j0.11$[pu]である。また，上記の対称分$\dot{Z}$値の抵抗分は無視し，かつ，上記以外の定数は全て無視できるものとする。さらに，故障発生直前の電源電圧値は1[pu]であるものとする。

解法と解説　B，C相の2線地絡故障計算を対称座標法で解く公式を，次に再掲します(電験第一種，第二種の受験者は，下記の3式を確実に暗記する)。

$$\dot{I}_B = \frac{(\sqrt{3}\angle -90[°])\dot{Z}_0 + (\sqrt{3}\angle -150[°])\dot{Z}_2}{\dot{Z}_0\dot{Z}_1 + \dot{Z}_1\dot{Z}_2 + \dot{Z}_2\dot{Z}_0}\dot{E}_{SA} \qquad 再掲(23\cdot26)$$

$$\dot{I}_C = \frac{(\sqrt{3}\angle +90[°])\dot{Z}_0 + (\sqrt{3}\angle +150[°])\dot{Z}_2}{\dot{Z}_0\dot{Z}_1 + \dot{Z}_1\dot{Z}_2 + \dot{Z}_2\dot{Z}_0}\dot{E}_{SA} \qquad 再掲(23\cdot29)$$

$$\dot{E}_\mathrm{A} = \frac{3 \times \dot{Z}_2 \cdot \dot{Z}_0}{\dot{Z}_0 \dot{Z}_1 + \dot{Z}_1 \dot{Z}_2 + \dot{Z}_2 \dot{Z}_0} \dot{E}_\mathrm{SA} \qquad 再掲(23\cdot31)$$

これから，上記の再掲式を応用して解きますが，その前に，この式に代入する各要素について，与えられた回路条件を基に，次のように整理しておきます。

(1) A相の電源の相電圧値 $\dot{E}_\mathrm{SA}$ は，題意により 1[pu] である。

(2) 与えられた対称分の各 $\dot{Z}$[pu]値は，統一した基準容量で表された値のため，解答者が基準容量を統一するための換算を行うことは不要である。

(3) 設問の図には変圧器の表示がないため，計算を行う前に，零相分電流が流れる領域を検討する必要はなく，設問で与えられた零相分の $\dot{Z}_0$[pu]値を，上記の再掲の公式中に直接適用することが可能である。

不平衡故障の公式の中で，2線地絡故障が最も複雑で解答に時間を要しますが，受験場では厳しい時間制限があり，要領のよい解答の手順が重要です。その受験場では，関数電卓の使用は不可ですが，紙面スペースの制約，及び実務的な解法を紹介する目的により，以後の複素数の計算に関数電卓を使用します。

さて，その"要領のよい解き方"ですが，上記の三つの再掲公式の分母部分が"全て同じ形式"であることに着目し，それを"**共通の分母**"として，最初に求めておきます。受験場でも同様に，能率第一で計算を進めてください。なお，これ以降の数式は，横方向に長い数式を1行以内に収めて，数式を見易くするために，計算途中の単位[pu]及び[°]の記入を省略して表すこととします。

話を本論に戻して，上記の"**共通の分母**"の値を，次式にて求めておきます。

$$共通の分母 = \dot{Z}_0 \dot{Z}_1 + \dot{Z}_1 \dot{Z}_2 + \dot{Z}_2 \dot{Z}_0 \qquad (1)$$
$$= (+j\,0.14)(+j\,0.10) + (+j\,0.10)(+j\,0.11) + (+j\,0.11)(+j\,0.14) \qquad (2)$$

この式中の $+j$ は，"大きさを変えずに位相を 90[°]進ませる"という意味ですから，$(+j)(+j)$ は実軸の負の方向になります。その $(+j)(+j)$ は，負値であることを反映して，上記の(2)式を次式のように表すことができます。

$$共通の分母 = (-0.014) + (-0.011) + (-0.0154) = -0.040\,4 \qquad (3)$$

ここで，筆者は系統技術講習会の受講生から，「(3)式の右辺のインピーダンス値(Z値)の解が，負の実数で表されていることは，負の抵抗値を意味するので，その解は誤りではないか？」という質問を，大変に多く受けてきました。

その質問者は，次の点を誤解しています。すなわち，上記の(3)式は，"Z値"ではなく，"Z値を分数式で表したうちの分母部分のみ"を表した値です。その

ため，負値であっても支障はないのです。そして，"Z値の分母部分が**負の実数**"であることの電気理論的な意味は，(後の(8)式で計算するように)分数式の"分子部分の位相角を180[°]反転させる"という変換内容を表しています。

さて，話を本論に戻して，次に$\dot{I}_B$の分子部分の値を，次式で求めておきます。

$\dot{I}_B$ の分子 $= (\sqrt{3}\angle -90)\times(0.14\angle +90)+(\sqrt{3}\angle -150)\times(0.11\angle +90)$ (4)

$= 0.2425\angle 0 + 0.19053\angle -60$ (5)

$= (0.2425+j0)+(0.09527-j0.16500)$ (6)

$= 0.3378-j0.16500 = 0.3759\angle -26.03$ (7)

以上でB相の線電流$\dot{I}_B$の分母と分子が求まったので，$\dot{I}_B$を次式で求めます。

B相の線電流　$\dot{I}_B = \dfrac{0.3759\angle -26.03}{-0.0404}\times 1.0 \fallingdotseq 9.30[\mathrm{pu}]\angle +154.0[°]$ (8)

次に，$\dot{I}_C$の分子部分の値を，次式で求めます。

$\dot{I}_C$ の分子 $= (\sqrt{3}\angle +90)\times(0.14\angle +90)+(\sqrt{3}\angle +150)\times(0.11\angle +90)$ (9)

$= 0.2425\angle 180 + 0.19053\angle -120$ (10)

$= (-0.2425+j0)+(-0.09527-j0.16500)$ (11)

$= -0.3378-j0.16500 = 0.3759\angle -153.97$ (12)

C相の線電流　$\dot{I}_C = \dfrac{0.3759\angle -153.97}{-0.0404}\times 1.0 \fallingdotseq 9.30[\mathrm{pu}]\angle +26.0[°]$ (13)

A相の対地電圧$\dot{E}_A[\mathrm{pu}]$を，次式で求めます。

$\dot{E}_A = \dfrac{3\times(+j0.11)\times(+j0.14)}{-0.0404}\times 1.0 = \dfrac{-0.0462}{-0.0404} = 1.144[\mathrm{pu}]\angle 0[°]$ (14)

図2に，$\dot{E}_{SA}$を基準位相にして，解答のベクトル値を示します。設問の系統は，中性点<u>直接接地</u>方式ですから，2線地絡故障時の健全相の対地電圧$\dot{E}_A$の値は，わずか14.4[%]の上昇に収まっています。また，線電流の$\dot{I}_B$と$\dot{I}_C$のベクトルは，互いに絶対値が等しい状況ですが，位相差が128[°]あります。$\dot{I}_B$と$\dot{I}_C$のベクトル和は8.15[pu]の大きさであり，$\dot{E}_{SA}$に対し進み90[°]の位相で，図1の大地Gから中性点Nに向かって，$\dot{I}_N = \dot{I}_{2G} = 3\dot{I}_0[\mathrm{pu}]$が流れます。

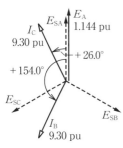

図2　解答のベクトル図

例題 2

図1に示す電力系統の点FのB, C相にて2線地絡故障が発生したとき，その故障点に流れるB相の$\dot{I}_B$[pu]，C相の$\dot{I}_C$[pu]，健全相であるA相の点Fにおける対地電圧$\dot{E}_A$[pu]の各ベクトル値を求めなさい。なお，発電機と送電線路の各対称分%Zは図示のとおりであり，それらの値は全て基準容量を1 000[MV·A]として表した値である。また，変圧器の漏れ%Z値は，図の下欄に示した基準容量で表した値である。それら全ての抵抗分は無視し，この図に明示した定数以外も全て無視できるものとする。また，解答値の位相角は，健全相であるA相の電源の相電圧$\dot{E}_{SA}$を基準位相にしてベクトル値で表すこととする。

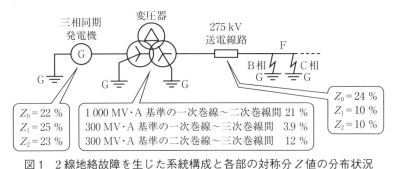

図1　2線地絡故障を生じた系統構成と各部の対称分Z値の分布状況

解法と解説　この問題は"三巻線式変圧器のZ値の扱い"がキーポイントです。発電所の変圧器は発電機側が一次巻線，送電線路側が二次巻線，△結線は三次巻線です。その漏れ%Z値を，等価的な一つの巻線に分割し，その一次巻線分を%$\dot{Z}_P$，二次巻線分を%$\dot{Z}_S$，三次巻線分を%$\dot{Z}_T$として表し，次式にて統一基準容量を1 000[MV·A]の値に換算します。

一次巻線～二次巻線間　　$\%\dot{Z}_P + \%\dot{Z}_S = +j21 [\%]$　　　　　(1)

一次巻線～三次巻線間　　$\%\dot{Z}_P + \%\dot{Z}_T = +j3.9 \times \dfrac{1\,000}{300} = +j13.0 [\%]$　(2)

二次巻線～三次巻線間　　$\%\dot{Z}_S + \%\dot{Z}_T = +j12 \times \dfrac{1\,000}{300} = +j40.0 [\%]$　(3)

(1)式～(3)式の左右両辺の総和を，次式で求めます(これがコツです)。

$\%2\dot{Z}_P + \%2\dot{Z}_S + \%2\dot{Z}_T = +j74.0 [\%]$　　　　　(4)

次に，等価的な $\%\dot{Z}_\mathrm{P}$，$\%\dot{Z}_\mathrm{S}$，$\%\dot{Z}_\mathrm{T}$ の各値を，次の方法で求めます。

(4)式 $-2\times$(3)式により，$\%2\dot{Z}_\mathrm{P} = -j\,6.0[\%]$，$\therefore\ \%\dot{Z}_\mathrm{P} = -j\,3.0[\%]$ (5)

(4)式 $-2\times$(2)式により，$\%2\dot{Z}_\mathrm{S} = +j\,48.0[\%]$，$\therefore\ \%\dot{Z}_\mathrm{S} = +j\,24.0[\%]$ (6)

(4)式 $-2\times$(1)式により，$\%2\dot{Z}_\mathrm{T} = +j\,32.0[\%]$，$\therefore\ \%\dot{Z}_\mathrm{T} = +j\,16.0[\%]$ (7)

ここで，上記の(5)式の一次巻線分の $\%\dot{Z}_\mathrm{P}$ が負値で求まりましたが，275 kV 巻線と 33 kV 巻線間の漏れ磁束を大きく設計することにより，三次巻線回路用の遮断器の定格遮断電流値を 63[kA] 以下にしています。そのため，発電機側巻線と三次巻線間の漏れ磁束量が小さくなり，$\%\dot{Z}_\mathrm{PT}$ の値を分割した等価的な $\%\dot{Z}_\mathrm{P}$ が負値になったのです。決して，変圧器がコンデンサに化けたのではありません。

話を本論に戻して，上記の(5)式～(7)式で求まった1巻線分の各 $\%Z$ 値を使用して表した等価的な零相分回路を，図 2 に示します。この図 2 の点 O から，発電機側と変圧器の中性点接地側の 2 回路に I_0 が分流します。そのため，図 2 の点 O から大地 G までの間の 2 回路分の並列合成値を求めておきます。

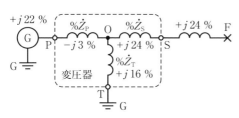

図 2　零相分 $\%Z_0$ の分布図

$$+j\frac{(22-3)\times 16}{(22-3)+16}[\%] = +j\frac{304}{35}[\%] = \underline{+j\,8.69[\%]} \quad (8)$$

地絡故障点 F から電源側を見る合成の $\dot{Z}_0[\%]$，$\dot{Z}_1[\%]$，$\dot{Z}_2[\%]$ の各対称分の値を [pu] 単位で求めます（これがコツです）。

$$\dot{Z}_0 = +j(24+24+\underline{8.69}) = +j\,56.69[\%] = +j\,0.566\,9[\mathrm{pu}] \quad (9)$$

$$\dot{Z}_1 = +j(10+21+25) = +j\,56[\%] = +j\,0.56[\mathrm{pu}] \quad (10)$$

$$\dot{Z}_2 = +j(10+21+23) = +j\,54[\%] = +j\,0.54[\mathrm{pu}] \quad (11)$$

B，C 相 2 線地絡故障時の線電流 $\dot{I}_\mathrm{B}$，$\dot{I}_\mathrm{C}$，及び健全相の対地電圧 $\dot{E}_\mathrm{A}[\mathrm{pu}]$ のベクトル値を求める公式を，次に再掲します。

$$\dot{I}_\mathrm{B} = \frac{(\sqrt{3}\angle-90[°])\dot{Z}_0 + (\sqrt{3}\angle-150[°])\dot{Z}_2}{\dot{Z}_0\cdot\dot{Z}_1 + \dot{Z}_1\cdot\dot{Z}_2 + \dot{Z}_2\cdot\dot{Z}_0}\dot{E}_\mathrm{SA} \quad \text{再掲}(23\cdot26)$$

$$\dot{I}_\mathrm{C} = \frac{(\sqrt{3}\angle+90[°])\dot{Z}_0 + (\sqrt{3}\angle+150[°])\dot{Z}_2}{\dot{Z}_0\cdot\dot{Z}_1 + \dot{Z}_1\cdot\dot{Z}_2 + \dot{Z}_2\cdot\dot{Z}_0}\dot{E}_\mathrm{SA} \quad \text{再掲}(23\cdot29)$$

$$\dot{E}_\mathrm{A} = \frac{3\times\dot{Z}_2\cdot\dot{Z}_0}{\dot{Z}_0\cdot\dot{Z}_1 + \dot{Z}_1\cdot\dot{Z}_2 + \dot{Z}_2\cdot\dot{Z}_0}\dot{E}_\mathrm{SA} \quad \text{再掲}(23\cdot31)$$

前の例題1と同様に，前記三つの再掲式に共通の分母部分を，次式で先に求めておきます(例題1の解説と同様に，数値式の[pu]，[°]の表示は省略します)。

$$\text{共通の分母} = \dot{Z}_0\dot{Z}_1 + \dot{Z}_1\dot{Z}_2 + \dot{Z}_2\dot{Z}_0 [\text{pu}] \quad (12)$$

$$= (+j0.566\,9)(+j0.56) + (+j0.56)(+j0.54)$$
$$+ (+j0.54)(+j0.566\,9) \quad (13)$$

$$= -0.317\,5 - 0.302\,4 - 0.306\,1 = -0.926\,0 \quad (14)$$

次に，$\dot{I}_B$ の分子部分の値を，次式で求めます。

$$\dot{I}_B \text{ の分子} = (\sqrt{3} \angle -90) \times (0.566\,9 \angle +90) + (\sqrt{3} \angle -150) \times (0.54 \angle +90) \quad (15)$$

$$= 0.981\,9 \angle 0 + 0.935\,3 \angle -60 \quad (16)$$

$$= (0.981\,9 + j0) + (0.467\,7 - j0.810\,0) \quad (17)$$

$$= 1.449\,6 - j0.810\,0 = 1.660\,6 \angle -29.20 \quad (18)$$

これで分母と分子が求まりましたから，B相の線電流 $\dot{I}_B$ を次式で求めます。

$$\text{B相の線電流} \quad \dot{I}_B = \frac{1.660\,6 \angle -29.20}{-0.926\,0} \times 1.0 \doteq 1.793[\text{pu}] \angle +151[°] \quad (19)$$

次に，$\dot{I}_C$ の分子部分の値を，次式で求めます。

$$\dot{I}_C \text{ の分子} = (\sqrt{3} \angle +90) \times (0.566\,9 \angle +90) + (\sqrt{3} \angle +150) \times (0.54 \angle +90) \quad (20)$$

$$= 0.981\,9 \angle 180 + 0.935\,3 \angle -120 \quad (21)$$

$$= (-0.981\,9 + j0) + (-0.467\,7 - j0.810\,0) \quad (22)$$

$$= -1.449\,6 - j0.810\,0 = 1.660\,6 \angle -150.80 \quad (23)$$

$$\text{C相の線電流} \quad \dot{I}_C = \frac{1.660\,6 \angle -150.80}{-0.926\,0} \times 1.0 \doteq 1.793[\text{pu}] \angle +29[°] \quad (24)$$

A相の対地電圧 $\dot{E}_A[\text{pu}]$ を，次式で求めます。

$$\dot{E}_A = \frac{3 \times (+j0.54) \times (+j0.566\,9)}{-0.926\,0} \times 1.0 = \frac{-0.918\,4}{-0.926\,0} = 0.992[\text{pu}] \angle 0[°] \quad (25)$$

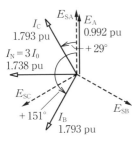

図3 解答のベクトル図

左の図3に，A相の電源の相電圧 $\dot{E}_{SA}$ を基準位相にして，解答のベクトル図を示します。前の例題1は $Z_2 > Z_1$ のため，対地電圧 $\dot{E}_A$ は1[pu]以上でしたが，この例題2は $Z_1 > Z_2$ のため，$\dot{E}_A$ は0.992[pu]に収まっています。また，変圧器の送電線路側巻線の中性線に流れる電流 $\dot{I}_N = \dot{I}_{2G} = 3\dot{I}_0$[pu]の値は，図3の $\dot{I}_B$ と $\dot{I}_C$ のベクトル和により1.738[pu]と求まり，$\dot{E}_{SA}$ に対し進み90[°](反時計方向に90[°])で流れます。

例題 3

図1に示す154 kV送電線路の点 F の A, B 相にて2線地絡故障が発生したとき，A 相の線電流 $\dot{I}_A$[pu]，B 相の線電流 $\dot{I}_B$[pu]，中性点接地抵抗器 (NR) を流れる電流 $\dot{I}_{NR}$[pu]，点 F の C 相の対地電圧 $\dot{E}_C$[pu] の各ベクトル値を，故障発生前の電源の C 相の相電圧 $\dot{E}_{SC}$ を基準位相にして途中は3桁の精度で計算し，最終解答値は2桁の精度でベクトル図に表して答えなさい。なお，500[MV·A]基準値の各部分の零相分 %$\dot{Z}_0$, 正相分 %$\dot{Z}_1$, 逆相分 %$\dot{Z}_2$ の値は図示のとおりとし，NR の定格電流値は400[A]，その他図に明示した定数以外は無視することとする。

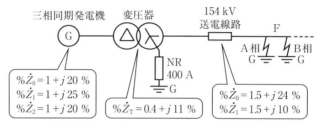

図1　2線地絡故障を生じた系統構成と対称分 Z 値の分布図

解法と解説　図1の△─Y結線式変圧器の %Z 値は，講義16の1線地絡故障の例題2で解説したとおり，零相分，正相分，逆相分が同じ値で電力回路に作用します。その変圧器の△結線の内部を，単相電流の $\dot{I}_0$ が環流し，外部に流出しないため，発電機の $\dot{Z}_0$ 値は零相分回路に影響しません。この設問には，送電線路の %$\dot{Z}_2$ が明示されていません。そのため，"相回転方向に無関係な電力設備は %$\dot{Z}_1$ = %$\dot{Z}_2$ である" と，解答者自身の知識にて判断し，計算を進めてください。

前の例題1，及び例題2に示した B, C 相の2線地絡故障を解く公式の電圧・電流の変数を，全て120[°]進相側に変えます。つまり，$\dot{I}_B$ を $\dot{I}_A$ に，$\dot{I}_C$ を $\dot{I}_B$ に，$\dot{E}_A$ を $\dot{E}_C$ に，$\dot{E}_{SA}$ を $\dot{E}_{SC}$ に置き換えて，次の再掲の変形式のように表します。

$$\begin{cases} \dot{I}_A = \dfrac{(\sqrt{3}\angle-90[°])\dot{Z}_0 + (\sqrt{3}\angle-150[°])\dot{Z}_2}{\dot{Z}_0\cdot\dot{Z}_1 + \dot{Z}_1\cdot\dot{Z}_2 + \dot{Z}_2\cdot\dot{Z}_0}\dot{E}_{SC} & \text{再掲}(23\cdot26)\text{の変形式} \\[2mm] \dot{I}_B = \dfrac{(\sqrt{3}\angle+90[°])\dot{Z}_0 + (\sqrt{3}\angle+150[°])\dot{Z}_2}{\dot{Z}_0\cdot\dot{Z}_1 + \dot{Z}_1\cdot\dot{Z}_2 + \dot{Z}_2\cdot\dot{Z}_0}\dot{E}_{SC} & \text{再掲}(23\cdot29)\text{の変形式} \\[2mm] \dot{E}_C = \dfrac{3\times\dot{Z}_2\cdot\dot{Z}_0}{\dot{Z}_0\cdot\dot{Z}_1 + \dot{Z}_1\cdot\dot{Z}_2 + \dot{Z}_2\cdot\dot{Z}_0}\dot{E}_{SC} & \text{再掲}(23\cdot31)\text{の変形式} \end{cases}$$

初めに，図1のNRの3倍の抵抗値を$\%3R_\text{N}$[%]として，次式で求めます。

$$\%3R_\text{N} = \frac{3 \times \frac{154\,000[\text{V}]}{\sqrt{3} \times 400[\text{A}]} \times 500\,000[\text{kV}\cdot\text{A}]}{10 \times 154^2[\text{kV}^2]} = 1\,406[\%/相] \quad (1)$$

後に，(5)式以降で行う$\dot{Z}$値の乗算は，[%]単位の直交座標表示よりも，[pu]単位の極座標表示の方が格段に便利なため，次式にて変換しておきます（受験場でも同様に，この能率重視の計算方法で進めるよう強く推奨します）。

$\dot{Z}_0 = 1\,406 + 0.4 + 1.5 + j(11+24)[\%] = 1\,408 + j35[\%] = 14.08[\text{pu}]\angle +1.4[°]$ (2)

$\dot{Z}_1 = 1 + 0.4 + 1.5 + j(25+11+10)[\%] = 2.9 + j46[\%] = 0.461[\text{pu}]\angle +86.4[°]$ (3)

$\dot{Z}_2 = 1 + 0.4 + 1.5 + j(20+11+10)[\%] = 2.9 + j41[\%] = 0.411[\text{pu}]\angle +86.0[°]$ (4)

共通の分母部分を，次式で求めておきます（数値式の[pu]，[°]の表示は省略）。

$\text{共通の分母} = \dot{Z}_0\dot{Z}_1 + \dot{Z}_1\dot{Z}_2 + \dot{Z}_2\dot{Z}_0[\text{pu}]$ (5)

$= (14.08\angle +1.4)(0.461\angle +86.4) + (0.461\angle +86.4)$

$\qquad (0.411\angle +86.0) + (0.411\angle +86.0)(14.08\angle +1.4)$ (6)

$= (6.49\angle +87.8) + (0.189\,5\angle +172.4) + (5.79\angle +87.4)$ (7)

$= (0.249 + j6.49) + (-0.187\,8 + j0.025\,1) + (0.263 + j5.78)$ (8)

$= 0.324 + j12.30[\text{pu}] = \underline{12.30[\text{pu}]\angle +88.5[°]}$ (9)

進相側の線電流$\dot{I}_\text{A}$の式の分子部分のみを，次式で求めておきます。

$\dot{I}_\text{A}\text{の分子} = (\sqrt{3}\angle -90)(14.08\angle +1.4) + (\sqrt{3}\angle -150)(0.411\angle +86.0)$ (10)

$= (24.4\angle -88.6) + (0.712\angle -64.0)$ (11)

$= (0.596 - j24.4) + (0.312 - j0.640) = 0.908 - j25.0$ (12)

$= 25.0[\text{pu}]\angle -87.9[°]$ (13)

進相側の線電流$\dot{I}_\text{A}$のベクトル値を，次式で求めます。

$$\dot{I}_\text{A} = \frac{(\sqrt{3}\angle -90[°])\dot{Z}_0 + (\sqrt{3}\angle -150[°])\dot{Z}_2}{\dot{Z}_0\cdot\dot{Z}_1 + \dot{Z}_1\cdot\dot{Z}_2 + \dot{Z}_2\cdot\dot{Z}_0}\dot{E}_\text{SC} \quad \text{再掲（23·26）の変形式}$$

$$= \frac{25.0[\text{pu}]\angle -87.9[°]}{12.30[\text{pu}]\angle +88.5[°]} \times 1[\text{pu}] = 2.03[\text{pu}]\angle -176.4[°] \quad (14)$$

この計算結果は，"進相側の$\dot{I}_\text{A}$は，基準電流$1\,875$[A]の約$\underline{2.0倍}$で，電源の$\dot{E}_\text{SC}$に対し$\underline{遅れ約176[°]}$の位相で流れる"ことを表しています。

次に，遅相側の線電流$\dot{I}_\text{B}$の式の分子部分のみを，次式で求めておきます。

$\dot{I}_\text{B}\text{の分子} = (\sqrt{3}\angle +90)(14.08\angle +1.4) + (\sqrt{3}\angle +150)(0.411\angle +86.0)$ (15)

$= (24.4\angle +91.4) + (0.712\angle -124.0)$ (16)

$$= (-0.596 + j24.4) + (-0.398 - j0.590) = -0.994 + j23.8 \quad (17)$$
$$= 23.8[\text{pu}] \angle + 92.4[°] \quad (18)$$

遅相側の線電流 $\dot{I}_\mathrm{B}$ のベクトル値を，次式で求めます。

$$\dot{I}_\mathrm{B} = \frac{(\sqrt{3} \angle + 90[°])\dot{Z}_0 + (\sqrt{3} \angle + 150[°])\dot{Z}_2}{\dot{Z}_0 \cdot \dot{Z}_1 + \dot{Z}_1 \cdot \dot{Z}_2 + \dot{Z}_2 \cdot \dot{Z}_0} \dot{E}_\mathrm{SC} \qquad 再掲(23 \cdot 29)の変形$$

$$= \frac{23.8[\text{pu}] \angle + 92.4[°]}{12.30[\text{pu}] \angle + 88.5[°]} \times 1[\text{pu}] \fallingdotseq 1.935[\text{pu}] \angle + 3.9[°] \quad (19)$$

この計算結果は，"遅相側の $\dot{I}_\mathrm{B}$ は，基準電流 $1\,875[\mathrm{A}]$ の約 1.94 倍の大きさで，電源の $\dot{E}_\mathrm{SC}$ に対して進み約 $4[°]$ の位相で流れる"ことを表しています。

次に，健全相であるC相の対地電圧 $\dot{E}_\mathrm{C}[\text{pu}]$ を，次式で求めます。

$$\dot{E}_\mathrm{C} = \frac{3 \times \dot{Z}_2 \cdot \dot{Z}_0}{\dot{Z}_0 \cdot \dot{Z}_1 + \dot{Z}_1 \cdot \dot{Z}_2 + \dot{Z}_2 \cdot \dot{Z}_0} \dot{E}_\mathrm{SC} \qquad 再掲(23 \cdot 31)の変形式$$

$$= \frac{3 \times (0.411 \angle + 86.0) \times (14.08 \angle + 1.4)}{12.30 \angle + 88.5} \times 1.0 \quad (20)$$

$$= \frac{17.36 \angle + 87.4}{12.30 \angle + 88.5} \fallingdotseq 1.411[\text{pu}] \angle - 1.1[°] \quad (21)$$

この計算結果は，"健全相の対地電圧 $\dot{E}_\mathrm{C}$ は，$\dot{E}_\mathrm{SC}$ の約 1.41 倍で，遅れ約 $1[°]$ の位相で現れる"ことを表しています。例題1の中性点直接接地方式よりも，この中性点抵抗接地方式は，健全相の対地電圧値が大きく上昇します。

最後に，NR の電流 $\dot{I}_\mathrm{NR} = 3\dot{I}_0$ は，次式で求めます。

$$\dot{I}_\mathrm{NR} = 3\dot{I}_0 = -\frac{3\dot{V}_0}{\dot{Z}_0} = -\frac{\dot{E}_\mathrm{C}}{\dot{Z}_0} = -\frac{1.411 \angle -1.1}{14.08 \angle + 1.4} \quad (22)$$

$$= 0.100\,2[\text{pu}] \angle + 177.5[°] \quad (23)$$

この計算結果は，NR の電流 $\dot{I}_\mathrm{NR} = 3\dot{I}_0$ は，基準電流 $1\,875[\mathrm{A}]$ の約 0.1 倍の大きさで，NR の定格電流 $400[\mathrm{A}]$ の約半分の値です。また，$\dot{I}_\mathrm{NR}$ の位相角は，C相の電源電圧 $\dot{E}_\mathrm{SC}$ に対して，ほぼ逆位相で流れます。以上の計算結果の各ベクトル値を，**図2**に示します。中性点抵抗接地方式の2線地絡故障電流は，$\dot{I}_\mathrm{NR}$ が進相側の短絡電流分とはば同位相で加わるため，進相側の方がやや大きな電流値です。

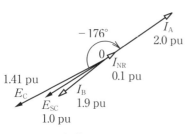

図2 解答のベクトル図

講義 25

大きな単相電流に起因する回転機器の諸問題

　この講義 25 では，大きな単相電流は正相分電流と逆相分電流に分解できること，欠相状態で電動機を始動すると正相分電流と逆相分電流が流れて過熱焼損すること，及び逆相分電流により火力発電機の回転子表面が過熱する現象について解説します。また，この講義の内容を基にして，次の講義 26 で解説する "2 相故障時の奇数次高調波による共振異常現象" の理解に繋げます。

1. 単相電流は，正相分と逆相分に分解できる

　これまでに解説したように，三相 3 線式の電力回路にて，発電機から△—Y結線式変圧器を介して連繫する送電線路に 1 線地絡故障が発生したとき，変圧器の発電機側に単相電流が流れます。また，2 線短絡故障，又は 2 線地絡故障が発生したとき，変圧器の有無に関係なく，発電機から大きな単相電流が流れます。さらに，上記の不平衡故障時だけでなく，平常運用時に大きな単相負荷が接続されることがあります。その代表的な例として，スコット結線式変圧器を介して供給する新幹線の列車駆動用の負荷電流があります。その変圧器の M 座と T 座から供給する瞬時ごとの電力値は等しくありませんから，その差分が単相電流分となって三相 3 線式の電力回路から供給されます。

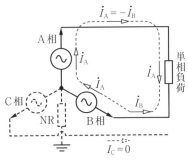

図 25・1　三相 3 線式の電力回路に流れる単相分の電流

　左の図 25・1 に，三相 3 線式の電力回路の A，B 相間に，上述の単相電流が流れた場合を示します。この図の線電流 $\dot{I}_A$ と $\dot{I}_B$ は，互いに往路電流と復路電流の関係にありますから $\dot{I}_A = -\dot{I}_B$ の状態です。

　ここで，対称座標法の正相分電流 $\dot{I}_1$，及び逆相分電流 $\dot{I}_2$ を表す公式を，次ページに再掲します。

$$\dot{I}_1 = \frac{1}{3}(\dot{I}_A + a\dot{I}_B + a^2\dot{I}_C) \qquad \text{再掲}(5\cdot14)$$

$$\dot{I}_2 = \frac{1}{3}(\dot{I}_A + a^2\dot{I}_B + a\dot{I}_C) \qquad \text{再掲}(5\cdot15)$$

この再掲式に，図25・1で示した$\dot{I}_A = -\dot{I}_B$，$\dot{I}_C = 0$を代入し，次式で表します。

$$\dot{I}_1 = \frac{1}{3}\{\dot{I}_A + a(-\dot{I}_A)\} = \frac{1-a}{3}\dot{I}_A \qquad (25\cdot1)$$

$$\dot{I}_2 = \frac{1}{3}\{\dot{I}_A + a^2(-\dot{I}_A)\} = \frac{1-a^2}{3}\dot{I}_A \qquad (25\cdot2)$$

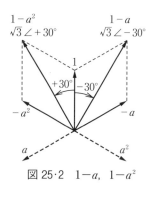

図25・2　$1-a$，$1-a^2$

ここで，左の**図25・2**に示すように，
$$1-a = \sqrt{3}\angle -30[°] \qquad (25\cdot3)$$
$$1-a^2 = \sqrt{3}\angle +30[°] \qquad (25\cdot4)$$

と表せますから，この式の右辺を上記の(25・1)式と(25・2)式の分子に代入し，次式で表します。

$$\dot{I}_1 = \frac{\sqrt{3}\angle -30[°]}{3}\dot{I}_A = \frac{\dot{I}_A\angle -30[°]}{\sqrt{3}} \qquad (25\cdot5)$$

$$\dot{I}_2 = \frac{\sqrt{3}\angle +30[°]}{3}\dot{I}_A = \frac{\dot{I}_A\angle +30[°]}{\sqrt{3}} \qquad (25\cdot6)$$

この(25・5)式，及び(25・6)式に示したように，単相電流$\dot{I}_A$は，正相分電流$\dot{I}_1$と逆相分電流$\dot{I}_2$に分解することができ，その$\dot{I}_1$，$\dot{I}_2$の絶対値は単相電流値を$\sqrt{3}$で除算した値です。

2. 欠相状態で三相誘導電動機を始動すると，過熱焼損する理由

上記の(25・5)式，及び(25・6)式の応用例として，三相誘導電動機を欠相状態で始動すると，過熱焼損事故を生じる現象があります。すなわち，"欠相状態での始動"とは，三相3線式の電源回路の1線が断線状態の下で始動することです。その欠相状態で電動機を始動すると，電源は2相状態ではなく，単相状態ですから，三相電動機に単相電流が流れます。そして，上記の(25・5)式及び(25・6)式に示した正相分電流$\dot{I}_1$と逆相分電流$\dot{I}_2$の絶対値が互いに等しい状態で流れます。

その結果，電動機に発生する始動トルクは，正回転方向と逆回転方向が同時に等しい大きさで発生し，始動は不可能となります。つまり，始動時の回転子は静止状態を継続するため，冷却作用がない状態で，大きな始動電流が流れ続けま

す。もしも，その電動機に，欠相保護継電器により配線用遮断器(MCCB)を自動遮断するなどの欠相保護機能が具備されていない場合には，欠相状態で加圧したときから10数〜20数秒後に，電機子巻線の2相分が過熱状態になり，60秒以内に焼損事故に至ります。ただし，三相誘導電動機を通常状態で運転中に，その電源側回路が突然欠相状態になった場合には，大きな正回転トルクに，小さな逆回転トルクが重畳して発生します。そのため，電動機の出力トルクは減少し，回転速度はやや低下し，電機子巻線の温度は少々上昇します。しかし，欠相直前の電動機が，重負荷でない限り，負荷トルクに比べて電動機の停動トルク(最大トルク)が下回る可能性は少なく，電動機の運転継続は可能なことが多いです。

3. 三相同期発電機の構造概要

　第1項で述べたように"単相電流は，正相分電流 $\dot{I}_1$ と逆相分電流 $\dot{I}_2$ に分解できる"のですが，その $\dot{I}_1$ と $\dot{I}_2$ の供給源の大半は三相同期発電機ですから，その構造概要を次の図25・3で説明し，回転子表面の過熱現象の理解に繋げます。火力機の回転子はこの図のように2極機であり，原子力機は4極機です。その回転子は，巨大な遠心力に耐えるように，直径が小さな円筒形の単一鋼塊で製造されます。しかし，円筒形回転子では界磁巻線を描きにくく，理解しにくいため，左の図は突極形回転子にして模式的に表しています。

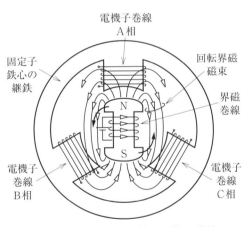

図25・3　三相同期発電機の電機子巻線と界磁巻線の模式図

　回転子の外側に，実際には分布巻式で3相分の電機子巻線が施してありますが，この図は見易くするために集中巻式で表しています。

　ここで，"発電機から単相電流を供給する"ことは，この図の"電機子巻線から正相分電流 $\dot{I}_1$ と，逆相分電流 $\dot{I}_2$ を供給する"ことと同じです。

4. 電機子巻線に平衡三相電流が流れるとき発生する回転磁束

前項で述べた電機子巻線に正相分電流 I_1，すなわち下記の図 25・4 に示す平衡三相電流が流れたとき，3 相分の電機子巻線の各相に発生する交番磁束，及び，その 3 相分の合成磁束が回転する状況を，右ページの図 25・5 で説明します。

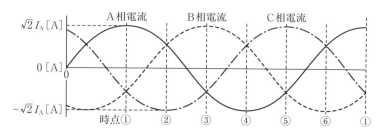

図 25・4　電機子巻線に流れる平衡三相電流の波形と位相

図 25・4 の横軸の左端にある時点①から右端の時点①までの 1 サイクル間を，6 分割し，各時点において電機子巻線が発生する磁束を考えます。

上図の時点①では，電機子巻線の A 相電流が正の最大値の 1 pu です。その時の A 相電機子巻線が発生する磁束は，右ページの①の小図に示すように，アンペア右手の法則により図の発電機中央から外側方向に発生します。一方，上図の B 相と C 相の電流は，負の 0.5 pu ですから，右図の①に示すように発生磁束は中央向きです。その 3 相分の磁束の合成値は，図の上向きに 1.5 pu で発生します。

次に，上図の時点②では，電機子巻線の C 相電流が負の最大値であり，右ページの②の小図に示すとおり C 相巻線の発生磁束は，中央方向に 1 pu です。一方，上図の A 相と B 相の電流は，正の 0.5 pu であり，右図の②の小図に示す方向に 0.5 pu ずつ生じます。その 3 相分の合成磁束は，図の斜め左上方向に 1.5 pu が発生します。

以下同様に，上図の時点③から時点⑥まで，各相の電流の正負と大きさを，右図の③から⑥までのそれぞれの電機子巻線に適用すると，3 相分の電機子磁束を合成した磁束は，右図の①から⑥に示すように図の反時計方向，すなわち正回転方向に回転します。その 3 相分の合成磁束は，大きさは常に 1.5 pu の一定値であり，上図の 1 サイクル間に右図の合成磁束が 1 回転します。

上記の要点として，三相の回転機器の電機子巻線に，正相分電流 I_1 が流れると，1 相分の電機子巻線には非回転磁束である交番磁束が発生しますが，3 相分

の交番磁束を合成した磁束は，大きさが常に 1.5 pu の一定値で，回転子と同じ方向に，かつ，回転子と同じ回転速度で回転する**回転磁束**になります。

以上は，電機子巻線に正相分電流 I_1 が流れたときの磁気現象を述べましたが，電機子巻線に逆相分電流 I_2 が流れたときには，合成磁束の回転方向が，回転子とは逆方向に回転する点が大きく異なります。しかし，その他の磁気現象は正相分電流が流れた場合と全く同様に生じます。

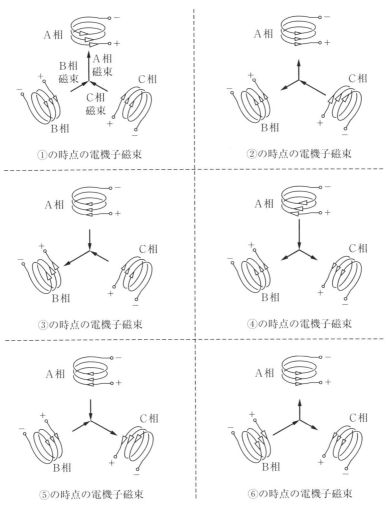

図 25・5　電機子磁束が回転子と同方向に同期速度で回転する様子

5. 電機子巻線に逆相分電流が流れるとき,回転子に流れる被誘導電流

前述のように,"単相電流は,正相分電流I_1と逆相分電流I_2に分解する"ことができました。

そのうちの正相分電流I_1により発生する3相分の電機子磁束の合成値は,回転子と同じ方向に,同じ回転速度で回転する磁束でしたから,回転子と合成磁束の間に相対的な速度差はないため,その両者間にファラディーの電磁誘導現象は発生せず,回転子の表面に被誘導電流が流れることもありません。

単相電流を二つに分解した,今一つの逆相分電流I_2により発生する電機子磁束3相の合成磁束は,回転子とは逆方向に,同じ回転速度で回転する磁束でしたから,回転子との相対的な速度差は,回転子速度の2倍の速さです。そのため,回転する合成磁束と回転子の間には,ファラディーの電磁誘導の法則により,定格周波数の2倍の周波数の被誘導電流が,回転子の表面に流れます。

6. 制動巻線の本来の目的と,回転子過熱の防止効果

前項で述べたように,逆相分電流I_2により,回転子の表面に被誘導電流が流れ,ジュール熱による過熱が問題になります。その対策として,回転子の表面に,次の図25・6に示す制動巻線を施してあります。これは,かご形誘導電動機のかごと同じ形状の太い導体を,回転子の磁極先端部に埋め込んだもので,かご状導体の端同士を円形導体の端絡環で連結し,複数の1巻コイルが連なっている構造です(この図では,回転子の鉄心と界磁巻線を省略しています)。我が国の電気事業用の同期発電機は,太平洋戦争以前のものには制動巻線がありませんでしたが,終戦後に製造した事業用の同期発電機には,水力用の突極機を含めて,全て制動巻線を施してあります。そのように,制動巻線を施した同期発電機に,逆相分電流I_2を含む不平

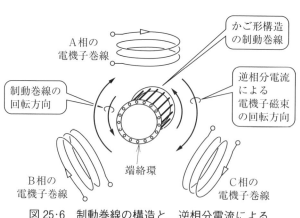

図25・6 制動巻線の構造と,逆相分電流による電機子磁束の回転方向

衡の負荷電流が電機子巻線に流れると，2倍の周波数の被誘導電流は，抵抗値が極めて小さな制動巻線に多く流れ，回転子の表面に流れる分を小さくすることができ，その結果回転子の過熱を予防することができます。

この制動巻線の本来の目的は，次の**図25・7**に示すように，同期発電機に電力動揺が発生したとき，その**動揺を制動する**ことですが，この主目的とは別の効果として，逆相分電流による回転子表面の過熱予防の効果も得られています。

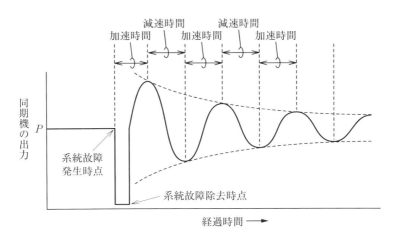

図25・7　系統故障時の同期機の電力動揺抑制の例

上の図25・7により，制動巻線の本来の目的を説明します。図中に示す"回転子が加速時間中"には，**フレミング右手の法則**により，制動巻線に被誘導電流が流れます。その被誘導電流と，その付近に存在する磁束との間に，**フレミング左手の法則**により，回転子の回転方向とは逆方向に電磁力を発生します。その結果，電力動揺を制動する作用を発揮します。

一方，上図の"回転子が減速時間中"にも，フレミング右手の法則により，制動巻線に被誘導電流が流れます。その被誘導電流と，その付近に存在する磁束との間に，フレミング左手の法則により，回転子と**同方向**に電磁力が生じ，それは"加速力"として電力動揺を制動する作用を発揮します。

その制動巻線は，系統安定度が厳しい大容量の事業用発電機の全てに施設してありますが，回転子は元々厳しい冷却条件の下で運転するため，逆相分電流過大に応動する保護継電器により警報音を吹鳴し，運転員に注意を喚起しています。

講義 26

2相故障時の奇数次高調波による共振異常電圧の発生原因

　前の講義で解説した"単相電流は正相分電流と逆相分電流に分解できる"ことを基にして，この講義26では三相同期発電機から2相故障電流が供給されるとき，奇数次の高調波により共振現象が生じ，系統電圧が異常に歪む事象を解説し，対称座標法のより深い理解に繋げます。

1．2相故障発生時の系統構成と発電所の運用状況

　電力系統の2相故障時に，第5調波の下で共振現象が生じ，系統電圧の波形が異常に歪んだ故障解析を，過去に筆者が行いました。その系統構成の概要，及び当時の発電機の運用状況について，次の図26・1により説明します。

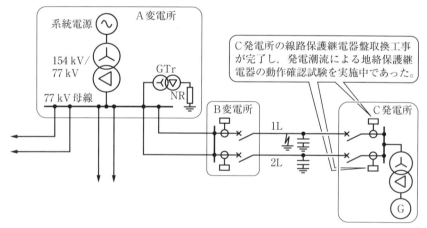

図26・1　2相故障時に高調波共振異常電圧を発生した系統図

　上図に示すローカル的な拠点変電所であるA変電所にて，77 kVの接地用変圧器(GTr)を介し，1点集中接地式の中性点抵抗接地系で運用中でした。そのA変電所の77 kV母線から，B変電所の母線を経由してC発電所まで，<u>大変に長い距離</u>の平行2回線構成の77 kV架空送電線路が施設してありました（現在は，途中に中間開閉所を新設し，短亘長になっています）。そのC発電所では，<u>制動</u>

巻線を有しない同期発電機を3台施設してあり，そのうちの1台をA変電所の77 kV系へ連繋し，他の2台は別の系統へ連繋して運転中でした。

そのC発電所の線路保護継電器盤は，故障発生の前日に取換工事が完了し，当日は自所の発電機1台分の発電潮流を利用して，継電器盤のテスト端子を操作する方法により，零相分電圧の $-V_0$ と零相分電流の I_0 を人工的に同時に作り出し，地絡回線選択継電器(HSGリレー)及び地絡方向継電器(DGリレー)の保護方向の最終的な確認試験を実施中でした。その継電器は，試験中に強制動作させるため，継電器盤から1・2号線の線路遮断器へ伝送する遮断指令を，極短時間だけ不使用状態にして，確認試験を行っていました。

その確認試験中に，運悪くC発電所とB変電所の間の架空送電線路の1号線に1線地絡故障を生じました（事故原因は，直後の線路巡視の結果カラスと判明）。その故障発生時に，B変電所側の線路保護継電器盤は平常使用の状態でしたから，B変電所側の1号線は本来の高速度地絡遮断を実施できました。

しかし，C発電所側は上述のとおり1・2号線の遮断指令を不使用状態で運用中であったため，故障点のアークは継続して発生し，高温化したアークが送電線路の上側の相の碍子に達し，<u>2線地絡故障に移行</u>しました。その時点で，B変電所の2号線は，短絡方向距離継電器(DZリレー)による後備保護機能により，整定時限の0.7秒後に，B変電所の2号線遮断器が引き外されました。

その時点以後から，C発電所の発電機は，1・2号線の<u>線路静電容量を伴った状態で</u>，<u>中性点非接地状態</u>になりました。その2線地絡の故障点は，鉄塔の腕金と脚を介して，電気的に大地に接続された状態ですが，中性点非接地の状態になったため，基本波分の零相分電流 $3I_0$ は，対地静電容量分の微小な電流値しか流れず，<u>2線短絡故障とほぼ同じ状態</u>でした。

1分間ほど故障継続の後に，事前に工事実施部所と発電所側とで打ち合わせておいた"継電器不使用中の実故障発生時の措置"に基づき，C発電所の運転員が線路用遮断器を手動遮断し，故障点と発電機が分離されました。

この故障時の自動事故記録装置の記録結果を見ると，C発電所の発電機が単独系統を構成した時点から，運転員が手動遮断を実施時までの間に，第5調波が卓越して現れ，単独系統側の電圧波形が大きく歪んでいました。

2. 前の講義で解説した重要事項の整理

上述の奇数次高調波による共振現象の解説を行う際に，これまでに述べてき

次の事項を基礎にしますから，その要点を箇条書きにして整理します。

(1) 2相短絡，又は2線地絡の故障時に，三相同期発電機から大きな単相電流が供給される。
(2) 単相電流は，正相分電流 I_1 と，逆相分電流 I_2 に分けることができる。
(3) 正相分電流 I_1 と，逆相分電流 I_2 は，共に平衡三相電流である。
(4) 三相同期発電機に正相分電流 I_1 が流れたとき，電機子巻線が発生する各相の交番磁束の3相分をベクトル合成した磁束は，1相分の1.5倍の大きさの一定値であり，回転子と同方向に，同期速度で回転する回転磁束である。
(5) 正相分電流 I_1 により発生する合成磁束は，回転子との相対的な速度差がないため，ファラディーの電磁誘導の法則に基づく誘導現象は生じない。
(6) 電機子巻線に逆相分電流 I_2 が流れたとき，各相にて発生する交番磁束の3相分をベクトル合成した磁束は，回転子とは逆方向に同期速度で回転する。
(7) 逆相分電流 I_2 による合成磁束は，回転子との相対速度差が，同期速度の2倍であるため，回転子にファラディーの電磁誘導の法則に基づく誘導現象が発生し，回転子表面に定格周波数の2倍の周波数の被誘導電流を流す。
(8) 回転子の磁極表面に，制動巻線を施した発電機は，上記(7)項の被誘導電流の多くが制動巻線に流れるため，回転子表面や界磁巻線に流れる電流分を減少させることができ，回転子の温度上昇の緩和効果がある。

事業用の三相同期発電機のうち，火力機や原子力機に適用されている円筒形回転子は，その冷却が特に厳しいため，上記の(8)項の効果を目的にして，回転子の磁極表面に制動巻線を施しています。

一方，水力機の回転子に適用している界磁鉄心は，厚さ0.5mmほどの薄い方向性珪素鋼板を積層した構造であり，その珪素鋼板は渦電流損を減少させるため，表面に絶縁ワニスを塗布してあります。その絶縁ワニスのために，界磁磁極の軸方向には被誘導電流が流れません。

なお，太平洋戦争後に製造した水力発電所用の三相同期発電機には，制動巻線が施されてありますが，C発電所のように戦前に製造した発電機には制動巻線はありません。そのように制動巻線がない発電機から2相故障電流を供給する際には，界磁巻線に定格周波数の2倍の周波数の被誘導電流が流れ，これから解説する奇数次の高調波による共振現象が発生する要因になります。

3. 逆相分電流による高調波共振異常現象の発生メカニズム

制動巻線を有しない三相同期発電機から，逆相分電流 I_2 を含む故障電流を供給する際に，奇数次の高調波による共振現象が発生し，発電機の出力電圧波形を大きく歪ませる現象の発生メカニズムを，以下に順を追って解説します。

(1) C発電所の制動巻線を有しない同期発電機から，架空送電線路の2相故障点へ，単相状態の故障電流を供給したが，その単相電流は正相分電流 I_1 と逆相分電流 I_2 に分解することができる。このように分解できることは，周波数が50 Hz，60 Hz，さらに周波数が2倍，3倍，4倍，5倍…等の<u>高調波</u>についても同様に，<u>単相電流は I_1 と I_2 に分解できる</u>(ここが重要！)。

(2) 2相故障時に流れる**逆相分電流値**は，故障電流値を $\sqrt{3}$ で除した値である。

(3) 電機子巻線に**逆相分電流**が流れる際に発生する合成磁束は，発電機の回転子に対して逆方向に回転するため，回転子の鉄心に巻いた**界磁巻線**に定格周波数の**2倍の周波数**の単相の被誘導電流を流す作用をする。

(4) 上記(3)項の界磁巻線に流れた"2倍周波数の単相の被誘導電流"は，その絶対値を $\sqrt{3}$ で除した大きさの"**2倍周波数の正相分電流** I_{1f2}"と"**2倍周波数の逆相分電流** I_{2f2}"に分解することができる。

(5) 上記(4)項の"2倍周波数の逆相分電流 I_{2f2}"により発生する界磁磁束は，回転子に乗った状態で，回転子とは逆方向に，同期速度の2倍で回転する。

そのため，静止している電機子巻線に1倍の周波数の誘起電圧を生じるが，それは高周波電圧ではないため，共振現象の発生要因にはならない。

(6) 上記(4)項の"**2倍周波数の正相分電流** I_{1f2}"により発生する界磁磁束は，回転子に乗った状態で，回転子と同方向に，回転子の2倍の速度で回転する。

その結果，静止している電機子巻線から見ると**3倍周波数で回転**する磁束であるため，電機子巻線へ**3倍周波数**の誘起電圧を生じ，C発電所から送電線路の2相故障点へ**3倍周波数**の単相状態の**故障電流**を供給する。

(7) 上記(6)項の3倍周波数の単相電流は，その絶対値を $\sqrt{3}$ で除した"**3倍周波数の正相分電流** I_{1f3}"と"**3倍周波数の逆相分電流** I_{2f3}"に分解できる。

(8) 上記(7)項の"**3倍周波数の逆相分電流** I_{2f3}"は，回転子と**逆方向**に，同期速度の3倍で回転し，界磁巻線との相対速度差は同期速度の**4倍**となる。

その結果，界磁巻線に**4倍周波数の単相電流**を被誘導電流として流す。

(9) 界磁巻線に流れた4倍周波数の"単相の被誘導電流"は，その絶対値を $\sqrt{3}$

で除した"**4倍周波数の正相分電流** I_{1f4}"と"**4倍周波数の逆相分電流** I_{2f4}"に分解することができる。

⑽ 上記⑼項の"**4倍周波数の正相分電流** I_{1f4}"により発生する界磁磁束は、回転子に乗った状態で、回転子と同方向に、回転子の4倍の速度で回転する。

その結果、静止している電機子巻線に5倍周波数の誘起電圧を生じ、C発電所から2相故障点へ**5倍周波数**の単相状態の**故障電流を供給**する。

以上に述べたように、同期発電機から送電線路の2相故障点に流れる単相電流分が、制動巻線を有しない同期機の電機子巻線から供給されるとき、界磁巻線回路に定格周波数の2倍、4倍、6倍の偶数次の高調波誘導電圧を誘起し、偶数次の高調波励磁電流が流れ、偶数次の高調波界磁磁束を発生しながら、正回転の方向に、同期速度で回転する磁束になります。

一方、電機子巻線回路には、定格周波数の3倍、5倍、7倍の奇数次の高調波誘導電圧を誘起し、2相故障点へ奇数次の高調波電流を供給します。

この状況を、次の**図26・2**に示すように、"電機子巻線という名の壁"と"界磁巻線という名の壁"が互いに対向する二つの壁の間を、スカッシュ・ゲームのボールが相互反射を繰り返す様子を模式図で表します。

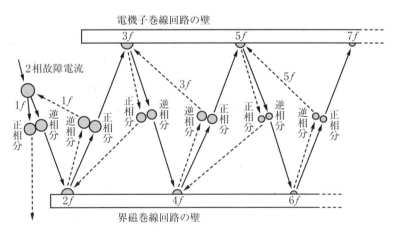

図 26・2　電機子巻線回路に奇数次の高調波が発生する模式図

4. 第5高調波の下で共振現象が発生する条件

次の図26・3に示すように，C発電所の同期発電機は，定格周波数以外の高周波で回転子と回転磁界との間にスリップがある状況の下では，正相分に対しても逆相分リアクタンスで作用し，定格周波数に対する値を$+jX_{G2}$[pu]とします。

また，発電機昇圧用の変圧器の定格周波数における漏れリアクタンスを$+jX_T$[pu]とします。故障復旧後の線路巡視の結果，発電所から比較的近い場所の碍子にアーク痕があったため，概数値としては線路インピーダンス分を含めないことにします。ただし，線路1回線分の正相分の静電容量C_1[F/相]は考慮します。

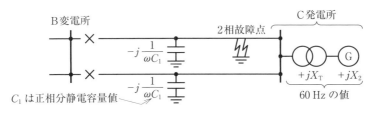

図26・3　第5調波の下で共振現象を発生した電力回路の構成

上図に示したC発電所からB変電所の線路用遮断器までの単独系統にて，定格周波数の5倍の周波数の下で，次式をほぼ満足する状況でした。そのため，単独系統内の健全相に，第5高調波による共振現象が発生した，と考えられます。

$$|5 \times (X_{G2} + X_T)| \fallingdotseq \left| \frac{1}{5 \times 2\omega C_1} \right| \tag{26・1}$$

当日の単独系統内に施設してあった自動事故記録装置の記録結果を見ると，次の図26・4に示すように，2相故障中の健全相に，基本周波数(60 Hz)の5倍の周波数(300 Hz)の成分が拡大されて現れており，その第5高調波が基本周波数に重畳していました。

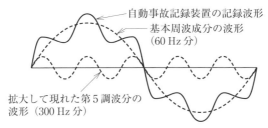

図26・4　2相故障時の単独系統側の健全相の電圧波形

講義 27

高圧配電線路の末端故障検出用の逆相過電流継電器

　この講義 27 では，6.6 kV の高圧配電線路の末端にて 2 相短絡，又は 2 相地絡故障を生じたとき，その故障を過電流継電器(OC リレー)で検出することが難しい理由を述べます。さらに，その末端故障の検出用に開発された逆相過電流継電器(I2 リレー)の特徴，及び適用上の注意事項についても解説をします。

1. 大容量の配電用変圧器に高 Z 器を適用した背景

　60 Hz 系の 77 kV 電源から 6.6 kV の高圧配電線路に結合する配電用変圧器の例で解説します。昭和 40 年代からの旺盛な電力需要の伸びに対応するため，配電用変圧器の定格容量値は，従来の 10[MV·A]から 26[MV·A]に大容量化され，現在までに多くの大容量器が稼働しています。

　高圧受電の需要家の遮断器の定格遮断電流値は，将来の増加分も考慮した最大 3 相短絡電流値 I_{3S}[kA]を基に選定されていますが，昭和 40 年以前の標準容量だった 10[MV·A]変圧器の漏れ Z 値は，最も経済的に設計・製造が可能な 7.5[%]を採用していました。その場合の I_{3S}[kA]の値は，次式で求められます。

$$I_{3S} = \frac{10[\text{MV·A}] \times 100[\%]}{7.5[\%] \times \sqrt{3} \times 6.6[\text{kV}]} \fallingdotseq 11.67[\text{kA}] \tag{27·1}$$

　高圧需要家の受電点に最も近い遮断器の定格遮断電流値は，長年 12.5[kA]を推奨してきましたが，上の(27·1)式の計算値がその根拠です。

　上述の 26[MV·A]の大容量器を適用する時代を迎えたとき，自己容量基準の漏れ Z 値を従来と同じ 7.5[%]に選定した場合，変圧器は経済的に製造できますが，I_{3S}[kA]の値は 2.6 倍に増加し，多くの需要家の遮断器が遮断容量不足を生じてしまいます。その予防対策として，26[MV·A]の漏れ Z 値を，自己容量基準値で 7.5[%]の 2.6 倍に相当する 19.5[%]を採用しました。その結果，最大 3 相短絡電流 I_{3S}[kA]の値は，次式に示すように従来の 10[MV·A]変圧器と同値に制限できました。

$$I_{3S} = \frac{26[\text{MV·A}] \times 100[\%]}{19.5[\%] \times \sqrt{3} \times 6.6[\text{kV}]} \fallingdotseq 11.67[\text{kA}] \tag{27·2}$$

2. 配電線路引出口の大容量化と過電流継電器の整定値

配電用変電所（SS）から引き出す高圧配電線路は，次の図 27・1 に示すように，一般公道に建柱した鉄筋コンクリート柱までは地中ケーブルで送電し，その鉄筋コンクリート柱からは東西南北の放射状に施設しています。

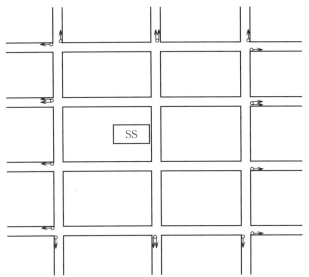

凡例：SS が変電所，○は鉄筋コンクリート柱，⇄は 2 回線併架柱

図 27・1　配電線路の引き出し状況（一例）

1 本の鉄筋コンクリート柱に 2 回線の架線が可能ですが，配電用変電所から引き出し可能なフィーダ数（電路の回線数）は，18 フィーダ程度が限度です。

そして，1 変電所の最終的な配電用変圧器の施設台数は 3 台以内ですから，1 台分の引き出し数は 6 フィーダ以下です。配電用変圧器に，大容量の 26[MV・A]を適用する時代を迎えた以後も，上記の 6 フィーダ以下は同じですから，1 フィーダ当たりの送電可能電力値を大きく設計する傾向がありました。そのため，配電線路の引出口に施設する電力機器の定格電流値は 600〜800 A となり，引出口の過電流継電器（OC リレー）の整定値は 800 A 以上となりました。

3. 配電線路の末端における 2 相故障検出の困難化

配電用変電所の建設位置は，需要の中心地点に近い所が理想的ですが，用地の取得難により，多くの場合は市街地と郊外との境付近に建設してきました。

その変電所から，市街地内へ向かう配電線路の亘長は比較的短いため，末端の2相故障に対し，配電線路引出口のOCリレーで検出が可能です。しかし，郊外へ向かう配電線路の亘長は比較的長いものが多いため，その末端における2相故障時の電流値は小さくなり，OCリレーによる故障検出は困難になります。

配電用変圧器に26[MV·A]を適用する時代以後は，隣接の配電用変電所までがますます長距離化した結果，上記の"郊外へ向かう配電線路の末端までの亘長"も長距離化の傾向がありました。

その反面，上述の"隣接する配電用変圧器の故障時に，大きな電力の応援送電を行う"ことも考慮する必要があるため，配電線路の引出口は大電流の通過を許容せざるを得ない実情がありました。そのため，OCリレーの最小動作値を小さな電流値に整定することが困難でした。

以上に述べたことから，高圧配電線路の末端における2相故障を，従来のOCリレーにより検出し，配電線路の遮断器を引き外すことが困難化していました。

4．2相故障時に流れる逆相分電流

長距離の高圧配電線路の末端における2相故障を検出する目的で考案されたものが，逆相過電流継電器(対称座標法の観点からは"逆相分過電流継電器"の表記が正しいが，慣例的に"逆相過電流継電器"と表記されており，その略称は"I2リレー")です。このI2リレーは，前の講義で解説した"単相電流は，正相分電流I_1と逆相分電流I_2に分解することができる"ことを応用した継電器です。すなわち，配電用変電所の引出口に施設したCTの二次電流を，このI2リレーに入力し，そのリレー内部に設けた"逆相分電流を抽出するフィルタ回路にて，引出口を通過する線電流中に含まれる逆相分電流I_2を検出し，その値が整定値以上の場合に動作し，引出口の遮断器を引き外す指令を送出する継電器です。

このI2リレーの特徴は，隣接する配電用変圧器故障時の応援送電のときに流れる大きな"ほぼ平衡3相状態の線電流通過時"には誤動作せずに，かつ，配電線路末端の2相故障時の逆相分電流I_2により正動作が可能なことです。

5．逆相過電流継電器を適用する際の注意事項

高圧の架空配電線路の故障のうち，雷害による1線地絡故障が最多であり，故障の約9割以上を占めています。その次に多い故障が2線地絡故障であり，上述のI2リレーでその故障検出が可能です。高圧の架空配電線路については，その

他の2線短絡故障や3線地絡故障の発生件数は少数です。

上述のI2リレーは，2線地絡及び2線短絡の故障検出が可能ですが，主として次の二つの理由により，積極的には採用されていません。
(1) 次の**図27・2**に示すように，高圧配電線路の途中に区分開閉器(SS)を設け，隣接する配電用変電所との境界部分の区分開閉器を開路状態にして，(設備的にはループ状の構成ですが)通常は放射状系統で運用しています。その高圧配電線

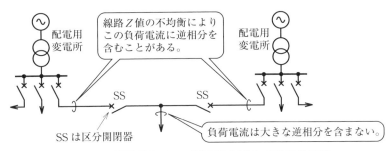

図27・2　配電線のループ運用時に現れる逆相分電流

路は，作業や点検等により，頻繁に構成変更を行っており，その構成変更の都度，図のSSの開閉操作を無停電切換え式で行っています。その際に，きわめて短時間ですが，一つの負荷へ隣接する2変電所から同時に供給します。その状態を"配電線のループ運用"と言い，そのときの負荷電流は，ほぼ平衡3相電流ですから，逆相分電流I_2が含まれていないか，又はきわめて小さな値です。しかし，2変電所から供給する3相分の各線電流値は，同じ比率で配分されないことがあるため，それぞれの変電所から供給する負荷電流を個別に見ると，逆相分電流I_2を含むことがあります。その結果，I2リレーが誤動作し，ループが予定外の所で開路状態になってしまうことがあります。
(2) 高圧需要家の受電用キュービクル内の充電露出部で，猫やネズミ等が感電すると，短絡故障になることがあります。その場合には，配電用変電所の引出口でリレー遮断した後に，需要家の引込第1柱のSOGリレーにて過電流通過を記憶し，無電圧になった後に高圧開閉器を自動開放し，電源側と故障点とを分離しています。その2相故障時の大きなアークに，フレミング左手の法則に基づき親指方向に大きな電磁力を生じて高速度で移動し，3線地絡故障に移行することが多いのです。その3相故障電流の中には，逆相分電流が含まれないため，I2リレーは動作不能になり，故障遮断ができない事態になります。

講義 28

中性点抵抗接地系の故障解析法

　この講義 28 では，系統の設備数が最も多い "中性点抵抗接地系" の自動故障記録装置の記録波形を基にした故障解析法を説明します。その解析結果は，系統保護継電器の応動の適否検討，及び，故障後に実施する送電線路の効率的な巡視に必要です。なお，故障解析にベクトル軌跡の知識が必要な "中性点非接地系" については，次の講義 29 で解説します。

1. 故障解析法の概要

　これまでに対称座標法を応用して解いた電力系統の不平衡故障時に現れる特徴を，次の表にまとめて表します。この表に示した "故障時の特徴" を基にして，第 2 項以降にて具体的な記録波形を示しつつ，その解析法を説明します。

表　中性点抵抗接地系の故障時の電圧様相
（"電圧ベクトルの概要欄" の実線は各相の対地電圧を，点線は零相分電圧を表す）

故障種別	電圧ベクトルの概要	対地電圧 E_A, E_B, E_C	零相分電圧 V_0
1 線地絡故障		故障相の振幅は，ほぼ 0[V] まで大幅に減少する。健全な 2 相の振幅は，ほぼ $\sqrt{3}$ 倍に増大する。	故障相の電源の相電圧に対して逆位相で，かつ最も大きく現れる。
2 線短絡故障		故障の 2 相の振幅は，半分に減少する。健全な 1 相の振幅は，変化しない。	故障点が大地から絶縁された状態のため，V_0 及び I_0 は発生しない。
2 線地絡故障		故障の 2 相の振幅は，ほぼ 0[V] に減少する。健全な 1 相の振幅は，1.5 倍に増大する。	健全相の電源の相電圧と同位相で，かつ 1 線地絡時の半分の大きさで現れる。

2. 1線地絡故障の解析例

前ページの表に示したとおり，電力系統に1線地絡故障が発生したときの各相の対地電圧 E_A，E_B，E_C のうち，故障相の振幅はほぼ0[V]まで顕著に減少し，健全2相の振幅は各種の故障中で最大の $\sqrt{3}$ 倍まで増大します。零相分電圧 V_0 も，各種の故障中で最大値が現れます。次の図28・1にて，1線地絡故障時の自動故障記録装置の記録波形の一例として，E_A，E_B，E_C，V_0 及び中性点接地抵抗器（NR）に流れる電流 $I_{NR}=3I_0$ の波形を示し，この故障解析法を説明します。

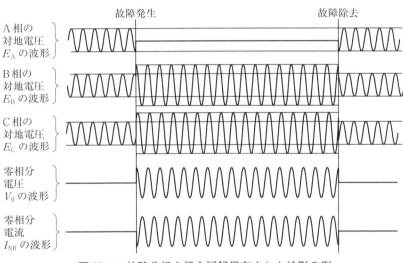

図28・1　故障分析を行う記録保存された波形の例

上図の記録波形は，次のように故障分析を行って故障相を判断し，線路巡視部署へ"重点的に目視すべき相名"を通知しています。

(1) 対地電圧波形の振幅は，1相のみ著しく減少し，他の2相は著しく増大し，V_0 及び I_{NR} の振幅が最大で現れていることから，1線地絡故障である。
(2) A相の振幅が著しく減少していることから，故障相はA相である。
(3) 故障発生直後のB相は，30[°]遅れ側に急変し，約 $\sqrt{3}$ 倍に増大している。
(4) 故障発生直後のC相は，30[°]進み側に急変し，約 $\sqrt{3}$ 倍に増大している。
(5) V_0 と $I_{NR}=3I_0$ の記録波形は，互いに逆位相である。
(6) V_0 波形が17サイクル間現れた後に消滅しているため，地絡故障発生から17サイクル後に地絡保護継電器と遮断器で選択遮断が完了している。

3. 2線短絡故障の解析例

次に，2線短絡故障時の各記録波形の一例を図28・2に示し，この故障の解析法を説明します。

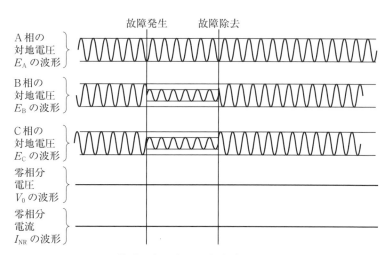

図28・2　故障分析を行う記録保存された波形の例

上図の記録波形は，次のように解析し，故障相を判定します。なお，前述の1線地絡故障を含め，実際の記録波形から"位相の急変を解読すること"はやや困難ですが，対称座標法をより深く理解するために，位相の急変も解説します。

(1) V_0 及び I_{NR} 共に振幅が現れず，各相の対地電圧のうち1相の振幅に変化が現れず，他の2相の振幅が半減していることから，2線短絡故障である。

(2) B，C相の振幅が半減していることから，故障相はB相及びC相である。

(3) 進み側の故障相のB相は，振幅が半減し，その位相は60[°]遅れ側に急変している。故障除去時には，B相の振幅が元に戻り，その位相は60[°]進み側に急変して，元のB相の電源の相電圧の位相に戻っている。

(4) 遅れ側の故障相のC相も，振幅が半減し，その位相は60[°]進み側に急変している。故障除去時には，C相の振幅が元に戻り，その位相は60[°]遅れ側に急変して，元のC相の電源の相電圧の位相に戻っている。

(5) B，C相の振幅半減が6サイクル間であることから，2線短絡故障が発生時点から6サイクル後に短絡保護継電器と遮断器で選択遮断が完了している。

4. 2線地絡故障の解析例

最後に，1線地絡故障と2線地絡故障時の各記録波形の一例を図28・3に示し，この故障の解析法を説明します。

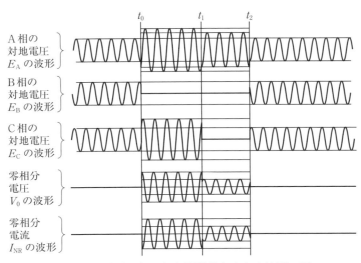

図28・3　故障分析を行う記録保存された波形の例

上図の記録波形は，次のように解析し，故障相を判定します。

(1) V_0及びI_{NR}の波形が，時点t_0にて最大値で現れているので1線地絡故障が発生しており，時点t_1にて半減しているので2線地絡故障に移行している。

(2) 時点t_0からt_1までの5サイクル間は，B相の振幅が0[V]であることから，この間の1線地絡故障の故障相はB相である。

(3) 時点t_1からt_2までの4サイクル間は，C相の振幅も0[V]に急減しており，B相故障にC相故障が加わり，B，C相の2相地絡故障に変化している。

(4) A相の対地電圧は，時点t_0で30[°]進み側に急変している。さらに時点t_1にて30[°]遅れ側に急変し，この時点で元のA相電源の位相に戻っている。

(5) C相の対地電圧は，時点t_0で30[°]遅れ側に急変している。

(6) V_0及びI_{NR}の記録波形の振幅は，時点t_0～t_1の1線地絡故障の間は最大で現れ，時点t_1～t_2の2線地絡故障の間は半分に減少している。

(7) t_1～t_2の4サイクル間に，短絡保護継電器と遮断器で選択遮断が完了している。

講義29

中性点非接地系の故障解析法

　この講義29で対象とする特別高圧の"中性点非接地系"は，前の講義の"中性点抵抗接地系"と比較して系統規模が小さく，使用電圧が低い22 kV，33 kV系の一部に適用されています。しかし，故障解析の電気技術的な難易度は，"中性点非接地系"の方が高難度です。系統故障には，1線地絡，2線短絡，2線地絡，3線地絡がありますが，その中で1線地絡故障以外は前講義の"中性点抵抗接地系"の現象とほぼ同様のため，この講義では線路巡視等の実務に必要な"1線地絡の微地絡故障時及び50％故障時の故障相の判別法"について解説します。

1. 中性点非接地系が適用されている系統

　中性点非接地系は，主として次の系統に適用又は該当しています。

(1)　系統規模が約10[MV・A]以下と小さく，送電線路の総亘長が短い系統
(2)　架空送電線路を主体に構成し，対地静電容量値が小さな系統
(3)　故障時遅延抵抗投入方式を適用している系統。これは，1線地絡故障が発生時には，自然消弧を期待して中性点非接地系で運用し，地絡点のアークが自然消弧せずに，零相分電圧 V_0 の発生が約1秒間継続した時点で，中性点抵抗器（NR）を自動的に接続して中性点抵抗接地系に切り換え，それ以降は地絡方向継電器（DGリレー）にて故障線路を選択遮断する方式です。
(4)　60 Hzの77 kV系内で，接地用変圧器（GTr）以外の部分に地絡故障が発生し，常用GTrに $3I_0$ が流れた時点でそのGTrが故障停止し，予備GTrを自動接続するまでの約0.2秒間は，中性点非接地系の下で地絡故障状態になります。

2. 中性点非接地系の1線地絡故障時の特徴

　微地絡故障とは，1線地絡故障時に発生する零相分電圧 V_0[V]がきわめて小さく，地絡電流 $I_G = 3I_0$[A]の値もきわめて小さい故障を言います。この故障時の故障点のアーク抵抗 R_a[Ω]の値は大きいです。ですから，微地絡故障の"微"は R_a[Ω]の値のことではなく，V_0[V]や $I_G = 3I_0$[A]の値のことを指しています。

前の講義 28 で解説した中性点抵抗接地系に 1 線地絡故障が発生した場合，自動故障記録装置の記録波形を基にして，"振幅の減少が著しい相が地絡故障相である" という趣旨で解説しました。しかし，これから解説する中性点非接地系の微地絡故障時には，線路巡視の結果，新たなアーク痕跡を発見した相を "実際の故障相" として，その "実際の故障相の振幅" よりも "120[°] 遅れ相側の振幅" の方が減少して現れるため，実際の地絡故障相の判定を誤りやすいのです。

　また，地絡故障時に発生する $\dot{V}_0$ が，完全地絡時の半分ほどで現れる場合を "50 % 地絡故障" と言いますが，その場合には，実際の故障相と遅れ相側の双方の振幅が同様に減少するため，直感的には 2 線地絡故障のように誤認しやすいのです。

　そこで，なぜ，故障相の判断を誤りやすい現象が現れるのか，その理由について，R-C 等価回路のベクトル軌跡から，以下に分かり易く解説します。

3. 中性点非接地系を表す R-C 等価回路図と，そのベクトル軌跡

　次の図 29・1 に，中性点非接地系に対地静電容量 C_0[F/相] が存在し，故障点のアーク抵抗 R_a[Ω] が大きな微地絡故障を生じた系統を示します。

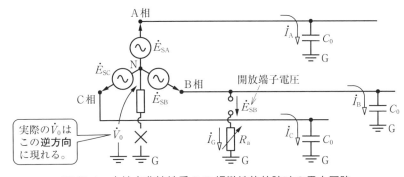

図 29・1　中性点非接地系の B 相微地絡故障時の電力回路

　対称座標法では，負荷電流分を考慮しませんから，上図に示したように，平常運用時に各相に流れる線電流 $\dot{I}_A$[A]，$\dot{I}_B$[A]，$\dot{I}_C$[A] は，対地静電容量分の充電電流のみです。ここで，解析の要点を先に述べますが，正式名称である "中性点非接地方式" は，電気理論的には "対地静電容量が 3 相分並列の接地方式" と考えて解かなければなりません。つまり，零相分回路の定義として，3 相分の電力線を一括接続し，その接続点と大地 G との間に，測定用の交流の単相電圧 $\dot{V}_0$

[V]を印加したとき，零相分電流 I_0，及び $3I_0$[A/相]が流れる範囲を零相分回路という，と解説しました。その方法を，前の図29·1の R_a[Ω]を接続する以前の平常運用時に適用すると，中性点抵抗接地系の接地抵抗器(NR)を，<u>3相分並列の対地静電容量</u>に置き換えることができます。

話を元に戻して，アーク抵抗 R_a[Ω]を介してB相に微地絡故障が発生したときの $\dot{V}_0$[V]の発生方向を，過去の電験問題に出題された仮定方向と同様に，図29·1の<u>大地Gから中性点Nの方向</u>と**仮定**します。その仮定方向は，今までに解説してきた $\dot{V}_0$ の発生方向に対して**逆方向**ですから，図の仮定方向に基づいて $\dot{V}_0$[V]を数式で表すと負符号が付きます。つまり，実際の $\dot{V}_0$ は図29·1に**仮定した逆方向**に発生することを意味し，<u>中性点Nから大地Gの方向</u>であることが判明します。

これから，図29·1のB相に1線地絡事故が発生したとき，各相の対地静電容量に流れる電流 $\dot{I}_A$[A]，$\dot{I}_B$[A]，$\dot{I}_C$[A]，及び1線地絡故障相の故障点のアーク抵抗値 R_a[Ω]に流れる地絡電流 $\dot{I}_G$[A]を表す式を考えます。その方法は，図29·1に，**鳳・テブナンの定理**を適用すると，図のB相と大地Gの開放端子間には，故障相の電源の相電圧の大きさの E_{SB}[V]が現れます。これまでの講義で，"1線地絡故障電流 $\dot{I}_G$ は，故障相の相電圧を電源として流れる"という現象を適用して，図の開放端子電圧 $\dot{E}_{SB}$[V]をB相の電力線から大地Gの方向に描きます。

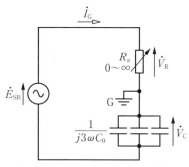

図29·2　単相化した等価回路図

話を本論に戻して，図29·1の微地絡故障相であるB相の電線と大地Gの間に表れる開放端子電圧 $\dot{E}_{SB}$[V]を，左の**図29·2**に示す単相交流の電源で表します。この図のアーク抵抗値 R_a は0[Ω]から無限大[Ω]までの変化するものと仮定して，その R_a[Ω]に流れる地絡電流 $\dot{I}_G$[A]のベクトル軌跡をこれから考えます。

図29·2の等価回路図の合成インピーダンス $\dot{Z}$[Ω]は，次式で表されます。

$$\dot{Z} = R_a + \frac{1}{j3\omega C_0} [\Omega] \tag{29·1}$$

この等価回路図に流れる地絡電流値 $\dot{I}_G$[A]は，次式で表されます。

$$\dot{I}_G = \frac{\dot{E}_{SB}}{\dot{Z}} = \frac{\dot{E}_{SB}}{R_a + \dfrac{1}{+j3\omega C_0}} \quad [\mathrm{A}] \tag{29・2}$$

この $\dot{I}_G[\mathrm{A}]$ が $R_a[\Omega]$ に流れたときに現れる電圧 $\dot{V}_R[\mathrm{V}]$ は，次式で表します。

$$\dot{V}_R = R_a \cdot \dot{I}_G = R_a \times \frac{\dot{E}_{SB}}{R_a + \dfrac{1}{+j3\omega C_0}} = \frac{1}{1 + \dfrac{1}{+j3\omega C_0 R_a}} \dot{E}_{SB} \quad [\mathrm{V}] \tag{29・3}$$

この式の右辺の分母と分子に $+j3\omega CR_a$ を乗算して，次式に変えます。

$$\dot{V}_R = \frac{+j3\omega C_0 R_a}{+j3\omega C_0 R_a + 1} \dot{E}_{SB} = \frac{+j3\omega C_0 R_a}{1 + j3\omega C_0 R_a} \dot{E}_{SB} \quad [\mathrm{V}] \tag{29・4}$$

3相分の対地静電容量の両端に現れる電圧 $\dot{V}_C[\mathrm{V}]$ の値は，次式で表せます。

$$\dot{V}_C = \frac{1}{+j3\omega C_0} \times \dot{I}_G = \frac{1}{+j3\omega C_0} \times \frac{\dot{E}_{SB}}{R_a + \dfrac{1}{+j3\omega C_0}} = \frac{1}{1 + j3\omega C_0 R_a} \dot{E}_{SB} \quad [\mathrm{V}] \tag{29・5}$$

ここで，(29・4)式と(29・5)式を比較すると，分母は互いに等しく，(29・4)式の分子は<u>正の虚数のみ</u>であり，(29・5)式の分子は<u>正の実数のみ</u>です。このことから，二つの電圧ベクトル $\dot{V}_C$ と $\dot{V}_R$ の間には，次の関係があります。
(1) $\dot{V}_C$ と $\dot{V}_R$ の間には，常に<u>90[°]</u>の位相差がある。
(2) $\dot{V}_C$ に対して $\dot{V}_R$ は，常に進む(反時計方向)<u>90[°]</u>の位相である。
(3) $\dot{V}_C$ と $\dot{V}_R$ のベクトル和は，常に電源電圧 $\dot{E}_{SB}$ の<u>一定値</u>である。

上記の(1)～(3)項の条件を，全て満たす電圧ベクトルの変化状況を，**図 29・3** に示します。皆さんは，この図が上記の $\dot{V}_C$ と $\dot{V}_R$ の関係を示した(1)～(3)項を満足していることを確認してください。

この図 29・3 の $\dot{V}_C$ と $\dot{V}_R$ の接合点は，大地の点 G を示しており，その<u>ベクトル軌跡は，半円形</u>で表されます。

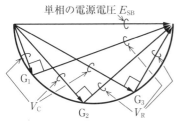

図 29・3　電圧ベクトルの軌跡

4. 中性点非接地系の地絡故障時に現れる V_0 値の公式

系統保護継電器の整定業務を担当する技術者は，地絡故障の発生を検出するた

めの地絡過電圧継電器(OVGリレー)の整定計算を行っています。そこで、この講義29で対象としている中性点非接地系に適用するOVGリレーの整定の計算法を紹介します。その整定計算には、"微地絡故障時の故障点抵抗値 $R_a[\Omega]$ の検出目標値"と"系統全体の1相分の対地静電容量値を3倍した $3C_0[\mu F]$ の値"の二つが必要です。そのうち、前者の地絡故障の検出目標値は、送配電会社ごとに、系統電圧と系統規模に応じて定めてありますから、その目標値を適用します。

後者の対地静電容量(零相分静電容量) $C_0[F/相]$ の値は、送電線路の設備台帳を基にして、線路亘長、導体断面積から求める導体半径、架空地線の有無、3相分の導体の平均地上高等の各値から算出します。

ここで、対地静電容量 $C_0[F/相]$ について、次の注意すべき事項があります。

(1) 地中送電線路の電力ケーブルは、各相に接地静電遮蔽層が施されているため、静電容量値の零相分 $C_0[F/相]$、正相分 $C_1[F]$、逆相分 $C_2[F]$ の三つが互いに等しい。しかし、架空送電路の場合は、正相分 $C_1[F]$ と逆相分 $C_2[F]$ は互いに等しいが、その値と比較して零相分の $C_0[F/相]$ の値は大変に小さいので、この両者を正しく使い分ける必要がある。

(2) 今までの(29·1)～(29·5)式に示してきたように、零相分回路に作用する対地静電容量値は、1相分の $C_0[F/相]$ の3倍の $3C_0[F]$ である。そのため、継電器の整定業務を担務する技術者は、その対地静電容量値が1相分を表す場合、$C_0[F]$ と表記せずに、必ず $C_0[F/相]$ と表記する。また、1相分の3倍の値を表記する場合には、$3C_0[F]$ 又は $3C_0[\mu F]$ と変数に"3"を必ず併記し、計算ミスを生じないように、変数及び単位の表記に気配りを行う。

さて、話を本論に戻して、これから中性点非接地系にて1線地絡故障を生じたときに、その系統内に現れる零相分電圧 $\dot{V}_0[V]$ の値を求める公式を説明します。

ここで、先の図29·1にて、$\dot{V}_0[V]$ の発生方向を"大地Gから電源の中性点N側を見た方向"に仮定しました。その仮定に基づいて、A相の電力線の対地静電容量に印加される電圧ベクトルは $\dot{E}_{SA}+\dot{V}_0[V]$ であり、同様にB相の電力線には $\dot{E}_{SB}+\dot{V}_0[V]$ が、C相の電力線には $\dot{E}_{SC}+\dot{V}_0[V]$ が印加されます(今までと同様に、電源の相電圧は $\dot{E}_{SA}, \dot{E}_{SB}, \dot{E}_{SC}$ で表し、各相の電力線の対地電圧は $\dot{E}_A, \dot{E}_B, \dot{E}_C$ で表し区別します)。各相の電力線と大地Gとの間の対地静電容量 $C_0[F/相]$ に流れる充電電流 $\dot{I}_A[A], \dot{I}_B[A], \dot{I}_C[A]$ の値は、次式で表されます。

$$\dot{I}_\mathrm{A} = \frac{\dot{E}_\mathrm{SA} + \dot{V}_0}{\dfrac{1}{+j\omega C_0}}[\mathrm{A}], \quad \dot{I}_\mathrm{B} = \frac{\dot{E}_\mathrm{SB} + \dot{V}_0}{\dfrac{1}{+j\omega C_0}}, \quad \dot{I}_\mathrm{C} = \frac{\dot{E}_\mathrm{SC} + \dot{V}_0}{\dfrac{1}{+j\omega C_0}} \tag{29・6}$$

次に，アーク抵抗値が $R_\mathrm{a}[\Omega]$ の1線地絡故障点に流れる電流 $\dot{I}_\mathrm{G}[\mathrm{A}]$ は，次式で表されます。

$$\dot{I}_\mathrm{G} = \frac{\dot{E}_\mathrm{SB} + \dot{V}_0}{R_\mathrm{a}}[\mathrm{A}] \tag{29・7}$$

ここで，先に図29・1に示した"各電流の向き"を確認すると，充電電流 $\dot{I}_\mathrm{A}$，$\dot{I}_\mathrm{B}$, $\dot{I}_\mathrm{C}$，地絡電流 $\dot{I}_\mathrm{G}$ の全てが"電力線から大地Gの方向"に仮定しています。その回路に，**キルヒホッフの第一法則**を適用して，上の(29・6)式で表した充電電流 $\dot{I}_\mathrm{A}, \dot{I}_\mathrm{B}, \dot{I}_\mathrm{C}$，及び(29・7)式の地絡電流 $\dot{I}_\mathrm{G}$ の総和は 0[A] であり，次式で表されます。

$$\dot{I}_\mathrm{A} + \dot{I}_\mathrm{B} + \dot{I}_\mathrm{C} + \dot{I}_\mathrm{G} = 0[\mathrm{A}] \tag{29・8}$$

次に，大地の点Gから三相電源の中性点N側を見た零相分電圧 $\dot{V}_0[\mathrm{V}]$ を表す式として，上の(29・8)式に(29・6)と(29・7)式の右辺を代入し，次式で表します。

$$\frac{\dot{E}_\mathrm{SA} + \dot{V}_0}{\dfrac{1}{+j\omega C_0}} + \frac{\dot{E}_\mathrm{SB} + \dot{V}_0}{\dfrac{1}{+j\omega C_0}} + \frac{\dot{E}_\mathrm{SC} + \dot{V}_0}{\dfrac{1}{+j\omega C_0}} + \frac{\dot{E}_\mathrm{SB} + \dot{V}_0}{R_\mathrm{a}} = 0[\mathrm{A}] \tag{29・9}$$

この式の左辺の第1項から第3項までの分数式を分解し，次式で表します。

$$\underbrace{\frac{\dot{E}_\mathrm{SA}}{\dfrac{1}{+j\omega C_0}} + \frac{\dot{E}_\mathrm{SB}}{\dfrac{1}{+j\omega C_0}} + \frac{\dot{E}_\mathrm{SC}}{\dfrac{1}{+j\omega C_0}}}_{\text{この中はゼロである。}} + \frac{3\dot{V}_0}{\dfrac{1}{+j\omega C_0}} + \frac{\dot{E}_\mathrm{SB} + \dot{V}_0}{R_\mathrm{a}} = 0[\mathrm{A}] \tag{29・10}$$

ここで，中性点非接地系の1線地絡故障電流値は，負荷電流値に比べて桁違いに小さいため，電源内部のインピーダンスに故障電流が流れることによる電圧降下分は十分に無視が可能です。そのため，1線地絡故障中も三相電源の各相電圧 $\dot{E}_\mathrm{SA}$, $\dot{E}_\mathrm{SB}$, $\dot{E}_\mathrm{SC}$ は対称性を保持し，そのベクトル和は 0[V] です。つまり，上記の(29・10)式の点線の枠内は 0[A] となり，その枠内を消去して次式で表します。

$$\frac{3\dot{V}_0}{\dfrac{1}{+j\omega C_0}} + \frac{\dot{E}_\mathrm{SB} + \dot{V}_0}{R_\mathrm{a}} = 0[\mathrm{A}] \tag{29・11}$$

この式の左辺の第1項の分母のさらに分母にある "$+j\omega C_0$" を分子に移項します。さらに，第2項の分数式を開いて，次式で表します。

$$+j3\omega C_0 \cdot \dot{V}_0 + \frac{1}{R_\mathrm{a}}\dot{E}_\mathrm{SB} + \frac{1}{R_\mathrm{a}}\dot{V}_0 = 0\,[\mathrm{A}] \qquad (29\cdot12)$$

ここで，$\dot{V}_0$ の項を左辺にまとめ，故障相の電源の相電圧 $\dot{E}_\mathrm{SB}$ の項を右辺にまとめて，次式で表します．

$$\left(+j3\omega C_0 + \frac{1}{R_\mathrm{a}}\right)\dot{V}_0 = \frac{1}{R_\mathrm{a}}(-\dot{E}_\mathrm{SB})\,[\mathrm{A}] \qquad (29\cdot13)$$

この式の左辺の（　）内を，右辺の分母に移項し，$\dot{V}_0$ を次式で表します．

$$\dot{V}_0 = \frac{1}{\left(\dfrac{1}{R_\mathrm{a}} + j3\omega C_0\right)R_\mathrm{a}}(-\dot{E}_\mathrm{SB}) = \frac{1}{1+j3\omega C_0 R_\mathrm{a}}(-\dot{E}_\mathrm{SB})\,[\mathrm{V}] \qquad (29\cdot14)$$

この式の $\dot{E}_\mathrm{SB}$ に"負符号"が付いていますから，$R_\mathrm{a}=0\,[\Omega]$ の完全地絡故障時には $\underline{\dot{V}_0 = -\dot{E}_\mathrm{SB}}$ となり，<u>故障相の電源の相電圧 $\dot{E}_\mathrm{SB}$ に対して**逆位相**で発生します</u>．

5. 微地絡故障時の V_0 の軌跡と，各相の対地電圧の状況

ここで，(29·14)式で表した零相分電圧 $\dot{V}_0$ について吟味します．

B相に発生した1線地絡故障点のアーク抵抗値 R_a が $0\sim\infty\,[\Omega]$ まで変化したとき，故障相の $\dot{E}_\mathrm{SB}$ を基準にして，$\dot{V}_0$ の大きさと位相は次のように変化します．

(1) R_a が $0\,[\Omega]$ の<u>完全地絡故障時</u>は，(29·14)式の右辺の分母は実数の 1 のみになり，分数式全体も 1 となり，$\dot{V}_0$ は $\dot{E}_\mathrm{SB}$ と絶対値が等しく，**逆位相**となる．

(2) R_a が $\infty\,[\Omega]$ の値に近い<u>微地絡故障時</u>に，(29·14)式は $1 \ll 3\omega C_0 R_\mathrm{a}$ の状態であるため，<u>ほぼ $+j3\omega C_0 R_\mathrm{a}$ のみ</u>と見なされる．そのときの分母は"進み 90[°]の ∞"であるから，その分数式の全体では"遅れ 90[°]の無限小"となる．そのとき "$\dot{V}_0$ は，$-\dot{E}_\mathrm{SB}$ に対して遅れ 90[°]の無限小"であるから，別の表現に置き換えれば "$\dot{V}_0$ は $+\dot{E}_\mathrm{SB}$ に対して進み 90[°]の無限小"と言える．

(3) R_a が $0\,[\Omega]$ と $\infty\,[\Omega]$ の中間の $|R_\mathrm{a}| = \left|\dfrac{1}{3\omega C_0}\right|[\Omega]$ のとき，(29·14)式の右辺の分母は "進み 45[°]" であり，その分数式の全体では "遅れ 45[°]" となる．そのとき "$\dot{V}_0$ は $-\dot{E}_\mathrm{SB}$ に対し遅れ 45[°]" であるから，別の表現に置き換えれば <u>"$\dot{V}_0$ は $+\dot{E}_\mathrm{SB}$ に対して進み 135[°]である"</u> と言える．

以上の(1)～(3)項に述べた事項を，地絡故障相である $\dot{E}_\mathrm{SB}$ を基準位相にして，各相の対地電圧 $\dot{E}_\mathrm{A}$，$\dot{E}_\mathrm{B}$，$\dot{E}_\mathrm{C}$ と零相分電圧 $\dot{V}_0$ のベクトルの変化を，次ページの**図 29·4** に示します．その図中の<u>大地電位 G は，本来は常に 0[V]の固定点</u>です

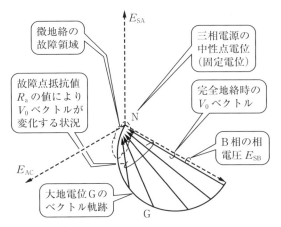

図 29・4 $\dot{V}_0$ の変化と，大地電位 G のベクトル軌跡

が，点 G を固定して描くと，各相の対地電圧ベクトルが極端に見にくくなるため，この図では見易さを優先して"大地電位 G が地動説的に移動する方法"で描きました。

左図に示した大地電位 G のベクトル軌跡の範囲の中で，中性点 N に近い領域が，微地絡故障時の V_0 の発生状況を表します。その微地絡故障時の各相の対地電圧に現れる特徴を，次の(1)～(3)に列挙します。さらに，この項の解説目的である"微地絡故障時の記録波形の各相の対地電圧 $\dot{E}_A$，$\dot{E}_B$，$\dot{E}_C$ の電圧ベクトルの状況"を下の図 29・5 に示します。

(1) 微地絡**故障相**の振幅は，ほとんど**変化が現れない**。
(2) 故障相に対し **120[°]進み**側の**健全相**の振幅は，**増加が顕著**に現れる。
(3) 故障相に対し **120[°]遅れ**側の**健全相**の振幅は，**微小に減少**する。

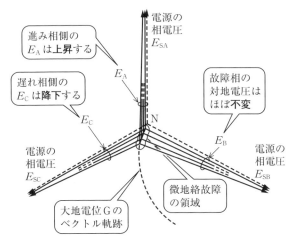

図 29・5　B 相の微地絡故障時の各相の対地電圧ベクトル

前述の(1)〜(3)項に列挙した微地絡故障時の特徴を表している記録波形の一例を，次の図 29・6 に示します（V_0 と $I_G = 3I_0$ の振幅は微小のため記入を省略）。

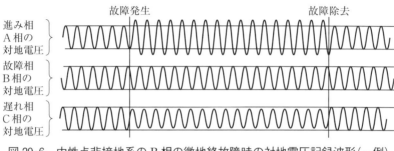

図 29・6　中性点非接地系の B 相の微地絡故障時の対地電圧記録波形（一例）

上図に示した微地絡故障時の故障相の判定方法は，"一目で振幅の増加が顕著に表れている相を見つけ，その相から 120[°] 遅れ側（時計方向に 120[°]）の相が，微地絡故障相である" と判定する方法が，最も簡単かつ確実な方法です。

6. 50% 地絡故障時の V_0 の軌跡と，各相の対地電圧の状況

次に，前項で述べた微地絡故障時に比べて，故障点の抵抗値がやや小さく，少々重故障の場合であって，零相分電圧 $\dot{V}_0$ の大きさが，完全地絡時の半分ほどの場合を 50% 地絡故障と言います。その 50% 地絡故障時の各相の対地電圧，及び零相分電圧のベクトルを，次ページの図 29・7 に示します。そして，中性点非接地系に 50% 地絡故障が発生したときに現れる特徴を，次に列挙します。

(1) 50% 地絡故障を生じた**故障相**，及び，**120[°] 遅れ相**側の振幅は，互いにほぼ**絶対値が等しく**，かつ，ほぼ逆位相で現れる。
(2) 故障相の **120[°] 進み相**側の振幅は，微地絡故障時よりもさらに**増加**する。
(3) V_0 波形の振幅は，完全1線地絡故障時の**約半分**の大きさで現れる。

この中性点非接地系の 50% 地絡故障時の特徴をよく表している記録波形の一例を，次ページの図 29・8 に示します。その記録波形は，先に講義 28 の図 28・3 にて解説した $t_1 \sim t_2$ の間の B，C 相による 2 線地絡故障のように見えてしまいます。そこで，各相の線電流の記録波形がある場合には，それを通常の負荷電流と比較して，2 線地絡故障時は振幅が大きくなっています。一方，50% 地絡故障中の線電流は負荷電流と同じ振幅ですから，2 線地絡故障との識別は可能です。

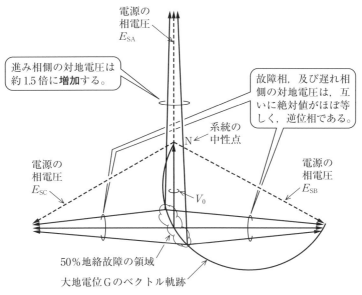

図29·7　B相に50％地絡故障が発生したときの各電圧ベクトル

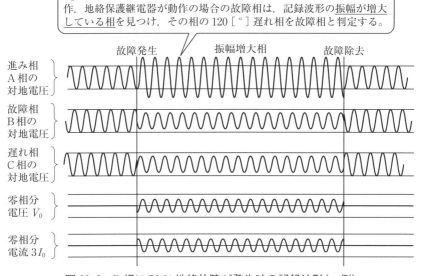

図29·8　B相に50％地絡故障が発生時の記録波形(一例)

中性点非接地系に適用される地絡保護方式は，地絡過電圧継電器(OVG リレー)とタイマ(64 T)を組み合わせた"地絡試開放方式"を適用する例が多いのですが，その外の地絡保護方式として，零相変流器(ZCT)を使用して微小な地絡故障電流 $\dot{I}_G=3\dot{I}_0$ を検出して地絡方向継電器(DG リレー)の電流コイルに供給し，故障線路を選択遮断する方式も適用されています。その DG リレー単体の位相特性は，$+\dot{V}_0$ に対する $3\dot{I}_0$ が進み 90[°]で正動作するように製作してあります。

次の図 29・9 に示すように，$-\dot{V}_0$ に対して ZCT 一次側の $\dot{I}_G=3\dot{I}_0$ が進み 90[°]位相で流れます。別の表現をするならば，$+\dot{V}_0$ に対して ZCT 一次側の $\dot{I}_G=3\dot{I}_0$ が遅れ(時計方向)に 90[°]の位相で流れます。そのとき，DG リレーを正動作させるためには，接地型計器用変圧器(GVT)の二次回路，又は，ZCT の二次回路のいずれか一方にて，位相を 180[°]反転させる必要があります。この図 29・9 は，上記のように一方の位相を反転させる必要性を，理論的に証明しています。

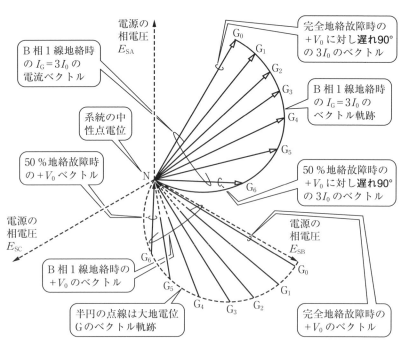

図 29・9　B 相の地絡故障時の V_0 と $I_G=3I_0$ の間の位相関係

講義 30

中性点非接地系の間欠地絡故障時の異常現象

　これから述べる中性点非接地方式は，昭和40年代以前の変電所が有人時代に22，33kV系統の一部に適用されていました。その系統は，1線地絡故障時の故障点アークが自然消弧する利点があるため，線路停止に伴う供給支障を回避できる利点がありました。しかし，雷多発期には誘導雷により地絡過電圧継電器（OVGリレー）が多頻度に動作し，その都度に警報音の停止操作が必要なことなど，大規模集中無人化の時代に適しないこと，及びこれから解説する間欠アーク地絡故障時に，健全相の対地電圧が異常に上昇する可能性があるため，現在では適用例が少ない状況です。しかし，地絡故障時の異常現象を理解すること，及び電力用コンデンサ(SC)の充電電流を負荷開閉器(LBS)で遮断する行為が危険であることの理解にも通じますから，この講義にてその要点を解説します。

1. 進み小電流遮断時の再発弧・再点弧の発生メカニズム

　次の図30·1は，無負荷の送電線路の線路静電容量に流れる充電電流を，小電流遮断の性能が十分でない自力消弧型遮断器にて遮断したときに発生する**再発弧・再点弧の現象**を説明する図です。また，遮断器に比べて電流遮断能力が劣るLBSにてSCの充電電流を遮断した際に，**再発弧・再点弧現象**が発生して危険である理由の説明にも通用できます。実際の電力回路の大半は，三相3線式で構成されていますが，この図30·1は理解し易くするために，単相化した回路で表しています。

　図のCBから左側に交流電源があり，その電源のインピーダンスのうちの抵抗分は，一般的に小さいため無視が可能ですから，インダクタンスL[H]のみを考えます。図のCBの右側部

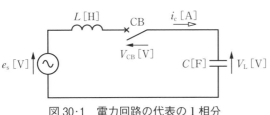

図30·1　電力回路の代表の1相分

分は，これから停止する送電線路であり，その受電端のCBは開路状態のため，対地静電容量C[F]の充電電流i_c[A]のみが流れています。次の**図30・2**は，CBにて充電電流を遮断した際の交流電源電圧e_s[V]，充電電流i_c[A]，それに停止線路に現れる線路残留電圧V_L[V]の波形を示します。

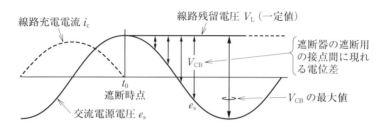

図30・2　充電電流遮断時の各波形，及び遮断器の極間に現れる電位差

上図の中で遮断時点を示すt_0以前は，交流電源の電圧波形e_sに対して進み90度の位相で点線の充電電流i_cが流れています。交流遮断器は，遮断対象の電流波形の瞬時値が0[A]のタイミングで遮断しますから，遮断可能な時点は半サイクルごとに現れ，その時点におけるe_sは，<u>必ず</u>，<u>正又は負の**最大値**</u>の状態です（ここが大変重要！）。そのため，遮断時点のt_0以後の線路の静電容量C[F]には，次の(30・1)式に示す電荷Q[C]が蓄積されて残ります。その結果，次の(30・2)式に示す残留電圧V_L[V]が直流状態で停止した線路に残ります。その線路残留電圧V_L[V]の値は，電源の相電圧の最大値であり，実効値E_{rms}[V]の$\sqrt{2}$倍です。

$$Q[C] = C[F] \times V_L[V] = C[F] \times \sqrt{2}E_{rms}[V] \tag{30・1}$$

$$\therefore V_L[V] = \sqrt{2}E_{rms}[V] = \frac{Q[C]}{C[F]} \tag{30・2}$$

線路の残留電荷Q[C]は，遮断時点のt_0以後も(30・1)式の値を保持します。

その結果，遮断直後の遮断用接点の線路側の電位は，(30・2)式のV_L[V]の値を保持します。一方，遮断用接点の<u>電源側の電位</u>は，上の図30・2に示したように交流の電源電圧e_s[V]と共に<u>正弦波状に変化</u>します。

そのため，遮断用の接点間に現れる電位差（電圧差）は，図30・2のV_{CB}で示したように，時間の経過と共に$1-\cos\omega t$の曲線で現れます。すなわち，その電位差は漸次増加し，<u>t_0から1/2サイクル後に最大値の$2\times\sqrt{2}E_{rms}$[V]</u>になります。

ここで，進み90度位相の電流遮断が困難な理由として，「電流を遮断した瞬間

に，遮断用の接点間に電源電圧の最大値が加わるため」と誤解しないように注意してください。前ページの図30·2に示したとおり，電流0[A]の時点における電源電圧の瞬時値は最大値ですが，その電圧値は遮断器の対地絶縁物に印加されるのであって，これから解説する"遮断失敗により発生する再発孤・再点弧の現象"とは無関係です。つまり，"遮断した瞬間のt_0の時点に，遮断用の接点間に現れる電圧V_{CB}は0[V]であり，仮に進み小電流の遮断性能が悪い遮断器であっても，そのt_0の時点では遮断失敗は生じない"のです。

話を元に戻して，先に図30·2で示したt_0以後は，遮断用の接点間に現れる電位差V_{CB}が徐々に大きくなりますが，遮断用の接点間隔も徐々に拡大するため，接点間の絶縁耐力も徐々に増加します。その結果，遮断器の接点間において，そこに現れる電位差V_{CB}と接点間の絶縁耐力の両者が互いに競争をしています。

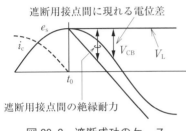

図30·3 遮断成功のケース

次の図30·3は，遮断成功の場合を示し，t_0以後は接点間の電位差V_{CB}よりも絶縁耐力の方が常に大きいため，接点間がアークで繋がりません。

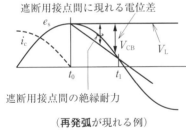

（再発弧が現れる例）

図30·4 遮断失敗のケース

次の図30·4は，再発弧による遮断失敗の場合を示し，図のt_1以後は遮断用接点間の絶縁耐力値よりも電位差V_{CB}の方が大きく現れるため，接点間が再びアークで繋がってしまいます。図のt_0からt_1までが1/4サイクル（電気角で90度）以内の場合を再発弧と言います。

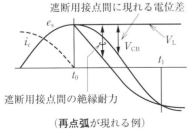

（再点弧が現れる例）

図30·5 遮断失敗のケース

次の図30·5は，再点弧による遮断失敗の場合であり，この図もt_1以後にて遮断用接点間の絶縁耐力値よりも電位差V_{CB}の方が大きいため，再びアークで繋がってしまいます。この図のt_0からt_1までが1/4サイクル（電気角90度）を超過している場合を再点弧と言います。

2. LC 回路の過渡振動現象の基礎

これから述べる "進み小電流遮断時の異常電圧が発生する現象" を理解するためには，前述の "遮断器の再発弧・再点弧現象" の基礎と共に **"LC 回路の過渡振動現象の基礎"** も必要ですから，その電気現象を機械的な往復運動に置き代えて解説します。

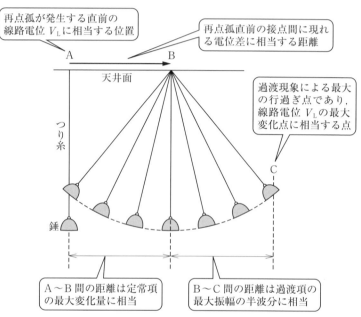

図 30·6　支持点を A から B に急変させたときの錘の運動軌跡

図 30·6 は，天井面から錘を吊り下げている模式図です。当初の吊り糸の上端の点 A の位置は，先に図 30·2 で示した線路に残留する電位 V_L に相当します。充電電流の遮断後に再点弧が発生すると，吊り糸の上端位置を点 A から点 B へ急変させます。その結果，錘は**左右に揺れる往復運動**を生じますが，それが再点弧が発生した直後の過渡振動現象を表します。その過渡振動現象が収まったとき，錘の位置は支持点 B の直下で静止しますが，点 A と点 B の間隔が定常項の大きさに相当します。

ここで，先に図 30·1 で示した電力回路の $L[\mathrm{H}]$ と $C[\mathrm{F}]$ との間の送電線路の<u>抵</u>

抗値が大きな場合は，模式図の錘の周囲の"空気"を"水"に代えて考えます。その結果，錘は水の抵抗のために，左右に揺れる往復運動はきわめて緩慢に現れ，かつ，過渡現象の振幅の大きさは小さくなります。抵抗値がさらに大きな場合は，粘度の大きな"油中"における錘の往復運動現象と同じになり，過渡現象は発生せず，錘の位置（すなわち線路電位）は点Aの直下からきわめて緩慢に点Bの直下に変化します。

このように，"錘の往復運動に対する抵抗分"は，"電気回路の抵抗値"に相当します。そして，一般的な電力系統の電源側電路のインピーダンス値は，送電損失軽減のために，インダクタンス値に比べて抵抗値は小さな値で施設していますから，**再発弧・再点弧**の発生時に**過渡現象**が**発生**しやすいのです。

3. 過渡現象発生時の波形概要

再発弧・再点弧が発生時の電圧波形は，商用周波数の交流波形に，これから述べる過渡現象分の波形が重畳して現れます。ここでは，そのうちの過渡現象分について説明します。次の**図30・7**に示すように，停止直後の送電線路の対地静電容量$C[\mathrm{F}]$には，電荷$Q[\mathrm{C}]$が残っているため，停止線路には直流電圧$V_\mathrm{L}[\mathrm{V}]$が残留しています。この状態で，線路用の遮断器に再発弧・再点弧の現象が生じると，線路の残留電荷は電源側へ放電します。

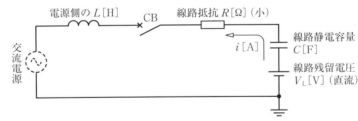

図30・7　電線線路に残留する電荷の放電経路

上述のように，電荷$Q[\mathrm{C}]$が移動することは，放電電流$i[\mathrm{A}]$が流れることを意味しており，残留電圧$V_\mathrm{L}[\mathrm{V}]$は次の微分方程式で表すことができます。

$$L\frac{\mathrm{d}i}{\mathrm{d}t} + Ri + \frac{1}{C}\int_0^t i\mathrm{d}t = V_\mathrm{L} \tag{30・3}$$

この式を経過時間tで微分すると，線路に残留する直流電圧V_Lは時間の経過と共に変化しないため$0[\mathrm{V/s}]$となり，次式で表せます。

$$L\frac{d^2 i}{dt^2} + R\frac{di}{dt} + \frac{1}{C}i = 0 \tag{30・4}$$

この式の $\frac{d^2 i}{dt^2}$ の係数を1にするため，左右の両辺を L で除します。

$$\frac{d^2 i}{dt^2} + \frac{R}{L} \times \frac{di}{dt} + \frac{1}{LC}i = 0 \tag{30・5}$$

ここで，二次方程式の一般式を次式で示します。

$$y = ax^2 + bx + c \tag{30・6}$$

この二次方程式の y が"0"になるときの根を s で表し，次式の「二次方程式の根の方程式」で求めることができます。

$$s = \frac{-b \pm \sqrt{b^2 - 4ac}}{2a} \tag{30・7}$$

上記の(30・5)式の微分方程式と，(30・6)式の二次方程式を相互に比較すると，二次方程式の a は微分方程式の係数1に相当します。以下同様に，二次方程式の b は微分方程式の R/L に，二次方程式 c は微分方程式 $1/LC$ に相当しています。ここで，微分方程式の係数を，(30・7)式で表した"根の方程式"に代入すると，次式で表されます。この式は，微分方程式の"特性を表す方程式"です。

$$s = \frac{-\frac{R}{L} \pm \sqrt{\left(\frac{R}{L}\right)^2 - 4 \times 1 \times \frac{1}{LC}}}{2 \times 1} = -\frac{R}{2L} \pm \sqrt{\left(\frac{R}{2L}\right)^2 - \frac{1}{LC}} \tag{30・8}$$

この式の中の"平方根の部分の値"は，先に図30・7で示した図の R，L，C の相対的な大小により，"正値"，"0"，"負値"に区分され，電力回路に現れる過渡現象を，次の三つのケースに分けることができます。

ケース1：平方根が**正値の実根**の場合，**非振動的**となる。
ケース2：平方根が**0の重根**の場合，振動的と非振動的の**臨界状態**である。
ケース3：平方根が**負値の虚根**の場合，**振動的**となるケース

ここで，遮断器に再発弧・再点弧の現象が生じたときに，振動性の異常電圧が現れるケースは，上記の"ケース3"の場合です。そして，実際の電力回路の定数値は，インダクタンス L[H]の値に比べて抵抗 R[Ω]の値は小さいため，(30・8)式の平方根の中の第1項に比べて第2項の方が大きく，ケース3に該当する設備が

多いです。ここで，先に(30・5)式で示した2階の微分方程式の解き方については，数学の専門書に譲ることとして，その式を解いた結果を以下に示します。

先に図30・7で示した線路の残留電荷を系統電源側に放電したときに流れる放電電流 i[A]は，次式で表すことができます(この式は過渡振動分のみを表し，実際には商用周波成分に過渡振動分が重畳した波形が現れます)。

$$i(t) = \frac{V_L}{L} t \times \varepsilon^{-\frac{R}{2L}t} = \frac{V_L}{L} t \times \frac{1}{\varepsilon^{\frac{R}{2L}t}} \tag{30・9}$$

この式の最も右辺の $(V_L/L)t$ の要素は，過渡現象の最大値を表しています。また，その右側の要素は時間 t の経過と共に分母の値が大きくなり，電流 $i(t)$ は徐々に小さくなる"**減衰振動波**"を表します。その**減衰の速度** α は，次式で表されます。

$$\alpha = \frac{R}{2L} \tag{30・10}$$

また，減衰振動波の振動成分の角速度 ω は，次式で表されます。

$$\omega = \sqrt{\frac{1}{LC} - \frac{R^2}{4L^2}} \,[\text{rad/s}] \tag{30・11}$$

ここで，実際の電力回路の送電線路は，送電可能な電力を大きくし，送電損失を少なくするため，インダクタンス L[H]の値に比べて抵抗 R[Ω]が小さい送電設備が多く，その回路状態は次式で表されます。

$$R < L, \quad \therefore R^2 \ll 4L^2, \quad \therefore \frac{R^2}{4L^2} \doteqdot 0 \tag{30・12}$$

この関係を(30・11)式に代入して，"減衰振動波"の振動成分の角速度 ω[rad/s]と，共振周波数 f[Hz]の値は，次式で表すことができます。

$$\therefore \omega \doteqdot \sqrt{\frac{1}{LC}} \,[\text{rad/s}], \quad \therefore f \doteqdot \frac{1}{2\pi\sqrt{LC}} \,[\text{Hz}] \tag{30・13}$$

以上に述べた事項を，先の(30・9)式に代入すると，次の(30・14)式に示すように「正弦波の状態で振動しながら減衰する放電電流の波形」，すなわち"**減衰振動波電流**"であることが分かります。そして，(30・14)式の減衰振動波電流波形を，具体的な波形の例として表したものが**図30・8**です。

$$i(t) = \frac{2V_L}{\sqrt{\frac{4L}{C} - R^2}} \varepsilon^{-\frac{R}{2L}t} \sin \omega t \tag{30・14}$$

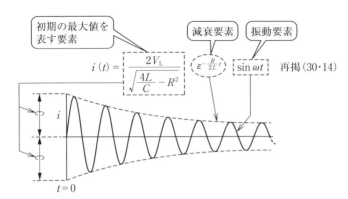

図30・8 減衰振動波で表される放電電流の波形の一例

次の図30・9に示すように，商用周波数の電源電圧波形e_Sに重畳させて，電圧波形と電流波形の例を示します。この図は，線路充電電流iを遮断した時点のt_0から計時して，商用周波数で表示してほぼ1/2サイクルが経過した時点のt_1にて再点弧を生じた場合の波形例を示しています。

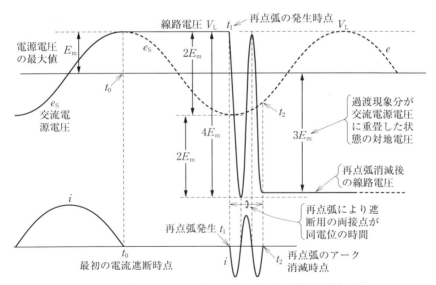

図30・9 再点弧により発生する電圧波形と電流波形（一例）

左ページの図30・9の電圧波形は，三相交流電源の相電圧の最大値をE_mとして表しています。この図のt_1時点で再点弧を生じることにより，定常項の変化量は$2E_m$であり，その波形に過渡項としての行き過ぎ量の$2E_m$が重畳して現れます。その結果，**最大振幅値がほぼ$4E_m$の過渡振動電圧**が現れます。この電圧波形が，遮断器の接点間に現れる過渡回復電圧（TRV；Transient Recovery Voltage）の源です。そして，過渡振動電圧の最大振幅$4E_m$を，0[V]電位である大地から見ると，正側がE_mであり，負側が$3E_m$の状態です。

　ここで，再点弧によるアークの継続時間を過渡振動分で表現して，1サイクル間，又は2サイクル間の場合には，アークが消滅した直後の線路残留電圧は，事前の線路残留電圧V_Lに近い値となるため，左ページに示した大きな過渡振動電圧は発生しません。一方，左ページの図30・9に示したように，アークの継続時間が1/2サイクル間，又は1＋1/2サイクル間の場合には，アーク消滅直後の線路残留電圧は，事前の線路残留電圧のV_Lの**反対極性側に生じる**ために，その**線路電圧の変化量が大変に大きくなり，異常に大きなTRVが生じます**。

　左ページの図30・9は，再点弧が1回のみ発生した場合ですが，もしも，その後に2回目の再点弧現象が発生した場合には，理論的に最大振幅値が約$8E_m$の過渡振動電圧が現れることになります。しかし，架空送電路の碍子部分に施設してあるアーキング・ホーンが，過渡振動電圧が$8E_m$に増大する以前に閃絡します。

　以上に述べた再点弧による過渡振動電圧の現象は，"充電電流の遮断を遮断器で行った場合"を例にして述べました。しかし，この講義の対象は，中性点非接地系に連繋する架空送電線路の"**間欠アーク地絡故障時**"の現象です。つまり，地絡故障を保護継電器で検出し，線路用遮断器で引き外すまでの間は，碍子表面に生じたアークの長さが激しく変化することに伴い，アークの発生と消弧とを繰り返す現象です。そのため，左ページの図30・9に示した"大きな過渡振動電圧が繰り返す現象"が発生する可能性があります。ここで，間欠アーク地絡時の地絡電流の波形は，歪波分を多く含んでいるため，正弦波形ではありませんが，過渡振動分の電圧波形と電流波形の位相関係を分かり易く表示するために，左図は正弦波形で描いてあります。その間欠アーク地絡時の現象を次項で述べます。

4. 間欠アーク地絡故障の過渡振動電圧

次の図 30·10 に，中性点非接地系に連繋する架空送電線路の A 相の碍子表面にて，**間欠アーク地絡故障**が発生したときの地絡故障電流 $I_G=3I_0$ の経路を示します。

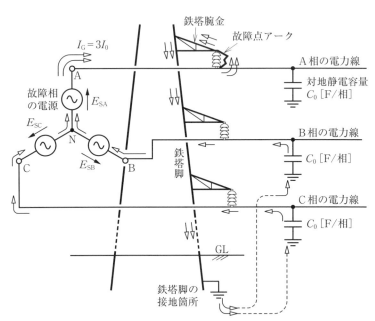

図 30·10　中性点非接地系における 1 線地絡故障電流の経路図

図 30·10 に示した地絡故障の発生以前の対地電圧は，次の**図 30·11** の点線で示す平常時の相電圧です。初めは地絡現象の概略を把握するため，系統の対地静電容量が比較的小さく，故障点抵抗値が無視できるほど小さい場合について述べます。

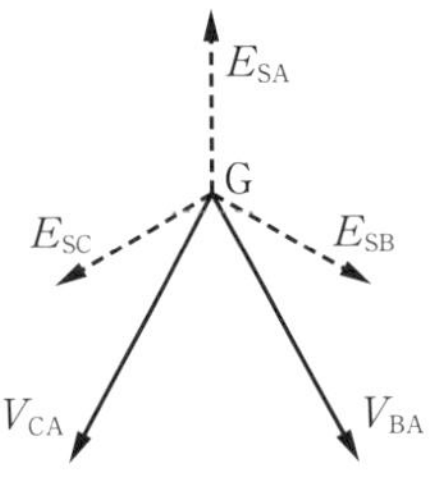

A 相地絡中の B 相対地電圧は，左図の実線で示すように線間電圧に相当する $\dot{V}_{BA}[V]$ に変化するため，大きさはほぼ $\sqrt{3}$ 倍に増加し，位相角は約 30[°] 遅れ側に変移します。C 相の対地電圧も線間電圧に相当する $\dot{V}_{CA}[V]$ に変化するため，大きさはほぼ $\sqrt{3}$ 倍に増加し，位相角は約 30[°] 進み側に変移します。

以上は，1 線地絡故障時の健全相の対地電圧変化の

図 30·11　A 相 1 線地絡故障時の各相対地電圧ベクトル

概略を，対地静電容量が無視できるほど小さな場合について述べましたが，次項にてその対地静電容量の大きさを考慮した試算例を紹介します。

5. 対地静電容量を考慮した健全相の対地電圧値

【試算例1】 次の図30・12に，中性点非接地方式で運用する系統の対地静電容量に流れる充電容量値が，主変圧器の定格容量5 000[kV・A]の10[%]に相当する500[kV・A]の場合を示します。この図に示す架空送電線路のA相にて，1線地絡故障が発生したときの健全2相の対地電圧$\dot{E}_B$[pu]，及び$\dot{E}_C$[pu]の値を，これから試算します。この試算例では，地絡現象を理解し易くするため，故障点の抵抗値が無視できるほど小さな場合について計算することとし，その抵抗値が無視できない場合との相違点は，試算の結果を紹介した後に解説します。

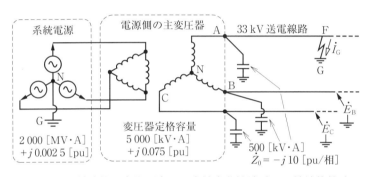

図30・12 対地静電容量が小さな中性点非接地系の1線地絡故障

この図の架空送電線路の平常運用時の対地電圧値は，相電圧値であり，その値を1[pu]として単位法にて計算します。この図の故障相であるA相に対して**遅れ120[°]**側のB相の対地電圧$\dot{E}_B$[pu]は，次の再掲(11・24)式で求まります。

$$\dot{E}_B[\text{pu}] = \frac{(\sqrt{3}\angle-150[°])\dot{Z}_0+(\sqrt{3}\angle-90[°])\dot{Z}_2[\text{pu}]}{\dot{Z}_0+\dot{Z}_1+\dot{Z}_2[\text{pu}]} \quad 再掲(11・24)$$

進み120[°]側のC相の対地電圧$\dot{E}_C$[pu]は，次の再掲(11・28)式で求まります。

$$\dot{E}_C[\text{pu}] = \frac{(\sqrt{3}\angle+150[°])\dot{Z}_0+(\sqrt{3}\angle+90[°])\dot{Z}_2[\text{pu}]}{\dot{Z}_0+\dot{Z}_1+\dot{Z}_2[\text{pu}]} \quad 再掲(11・28)$$

図30・12に示した地絡故障点Fから系統電源側を見る零相分の$\dot{Z}_0$[pu]は，点Fが主変圧器に近いことを想定して対地静電容量分のみを考慮することとし，その充電容量値は主変圧器の定格容量5 000[kV・A]に対して1/10倍ですから，そ

の容量性リアクタンス値は $-j1\,000[\%] = -j10[\mathrm{pu}]$ です。また，図の地絡故障点 F の近傍に同期発電機が並列していませんから，点 F から系統電源側を見る正相分 $\dot{Z}_1[\mathrm{pu}]$ の値と逆相分 $\dot{Z}_2[\mathrm{pu}]$ の値は互いに等しい状態です。以上の想定により，点 F から系統電源側を見る各対称分 Z 値は，次式で求められます。

$$\dot{Z}_0 = -j10[\mathrm{pu}],\ \dot{Z}_1 = \dot{Z}_2 = +j(0.002\,5 + 0.075) = +j0.077\,5[\mathrm{pu}] \quad (30\cdot15)$$

初めに，$\dot{E}_\mathrm{B}$，$\dot{E}_\mathrm{C}$ の公式に共通の分母部分を，次式で求めておきます。

$$\dot{Z}_0 + \dot{Z}_1 + \dot{Z}_2 = +j(-10 + 2 \times 0.077\,5) = -j9.845[\mathrm{pu}] \quad (30\cdot16)$$

この式に示したように，中性点非接地方式の分母部分は，$\dot{Z}_0$ が虚数の負値であり，一方の $\dot{Z}_1$ と $\dot{Z}_2$ が虚数の正値のため，分母の $\dot{Z}_0 + \dot{Z}_1 + \dot{Z}_2$ の値が $\dot{Z}_0$ 単独の値よりも小さくなります。このことが，健全相の対地電圧値が大きく現れる要因なのです。さて，話を本論に戻して，上記の各値を，B 相の対地電圧 $\dot{E}_\mathrm{B}[\mathrm{pu}]$ を求める公式の再掲 $(11\cdot24)$ 式に代入して，次式のように求めます。なお，これ以後の長い数式は，単位法の単位 $[\mathrm{pu}]$ を省略し，角度の単位は $[\ ]$ を省略して表します。

$$\dot{E}_\mathrm{B} = \frac{(\sqrt{3}\angle -150°) \times (10\angle -90°) + (\sqrt{3}\angle -90°) \times (0.077\,5\angle +90°)}{9.845\angle -90°} \quad (30\cdot17)$$

この式の"絶対値の要素"と"位相角の要素"を個別に計算します。その際に，分母にある"位相角の要素の $\angle -90[°]$"を，分子へ移項する際に，正・負の符号を反転させる必要がありますから，$(30\cdot17)$ 式は次のように計算します。

$$\dot{E}_\mathrm{B} = \frac{\sqrt{3} \times 10}{9.845}\angle (-150 - 90 + 90) + \frac{\sqrt{3} \times 0.077\,5}{9.845}\angle (-90 + 90 + 90) \quad (30\cdot18)$$

$$= 1.759\,3[\mathrm{pu}]\angle -150[°] + 0.013\,6[\mathrm{pu}]\angle +90[°] \quad (30\cdot19)$$

次に，ベクトルの和算を行うため，上式を直交座標表示法に変換します。

$$\dot{E}_\mathrm{B} = (-1.523\,6 - j0.879\,7) + (0 + j0.013\,6)[\mathrm{pu}] \quad (30\cdot20)$$

$$= -1.523\,6 - j0.866\,1[\mathrm{pu}] \fallingdotseq 1.753[\mathrm{pu}]\angle -150.4[°] \quad (30\cdot21)$$

この B 相の対地電圧値の計算結果は，先に図 $30\cdot11$ にて実線で示した $\sqrt{3}$ 倍よりもわずかに $1.2[\%]$ ほど大きい状況です。

次に，C 相の対地電圧 $\dot{E}_\mathrm{C}[\mathrm{pu}]$ を，先の再掲 $(11\cdot28)$ 式に代入して求めます。

$$\dot{E}_\mathrm{C} = \frac{(\sqrt{3}\angle +150°) \times (10\angle -90°) + (\sqrt{3}\angle +90°) \times (0.077\,5\angle +90°)}{9.845\angle -90°} \quad (30\cdot22)$$

$$= \frac{\sqrt{3} \times 10}{9.845}\angle (+150 - 90 + 90) + \frac{\sqrt{3} \times 0.077\,5}{9.845}\angle (+90 + 90 + 90) \quad (30\cdot23)$$

$$= 1.759\,3[\text{pu}] \angle +150[°\,] + 0.013\,6[\text{pu}] \angle -90[°\,] \quad (30\cdot24)$$
$$= (-1.523\,6 + j\,0.879\,7) + (0 - j\,0.013\,6)[\text{pu}] \quad (30\cdot25)$$
$$= -1.523\,6 + j\,0.866\,1[\text{pu}] \fallingdotseq \underline{1.753[\text{pu}] \angle +150.4[°\,]} \quad (30\cdot26)$$

このC相の対地電圧の大きさも，先に図30・11にて実線で示した$\sqrt{3}$倍よりもわずか1.2[%]ほど大きい状況です。

図30・13 A相の1線地絡故障時の健全相対地電圧ベクトル

以上に紹介した試算例のように，電力回路中のリアクタンス分に対して抵抗分が小さい場合には，左の図30・13に示すように，健全相の対地電圧ベクトルが故障相の相電圧ベクトルに対して対称の位置に現れます。

この試算例1は，対地充電容量値が主変圧器の定格容量5 000[kV・A]の10[%]相当であり，比較的小さな場合でしたが，次に対地充電容量値が主変圧器定格容量の50[%]相当に増加した場合に，健全相の対地電圧ベクトルの変化の程度を把握するため，次の"試算例2"として求めてみます。

【試算例2】 対地充電容量値が増大すると，その零相分Z値は小さくなります。すなわち，先に図30・12で示した電力回路の零相分$\dot{Z}_0[\text{pu}]$の値は，"試算例1"の場合の$-j\,10[\text{pu}]$から，この"試算例2"では$-j\,2[\text{pu}]$に減少します。しかし，電源系統には変化がなく，正相分の$\dot{Z}_1[\text{pu}]$，及び逆相分の$\dot{Z}_2[\text{pu}]$の値は同じ値ですから，この"試算例2"の各対称分のZ値は次式で求められます。

$$\dot{Z}_0 = -j\,2[\text{pu}], \dot{Z}_1 = \dot{Z}_2 = +j(0.002\,5 + 0.075) = +j\,0.077\,5[\text{pu}] \quad (30\cdot27)$$

$\dot{E}_B$の式と$\dot{E}_C$の式に共通の分母部分を求めます。

$$\dot{Z}_0 + \dot{Z}_1 + \dot{Z}_2 = +j(-2 + 2 \times 0.077\,5) = -j\,1.845[\text{pu}] \quad (30\cdot28)$$

上記の各値を，健全相であるB相の対地電圧$\dot{E}_B[\text{pu}]$を求める公式の再掲(11・24)式に代入して，次式で求めます。

$$\dot{E}_B = \frac{(\sqrt{3} \angle -150°) \times (2 \angle -90°) + (\sqrt{3} \angle -90°) \times (0.077\,5 \angle +90°)}{1.845 \angle -90°} \quad (30\cdot29)$$

$$= \frac{\sqrt{3} \times 2}{1.845} \angle (-150 - 90 + 90) + \frac{\sqrt{3} \times 0.077\,5}{1.845} \angle (-90 + 90 + 90) \quad (30\cdot30)$$

$$= 1.877\,6[\text{pu}] \angle -150[°\,] + 0.072\,8[\text{pu}] \angle +90[°\,] \quad (30\cdot31)$$

$$= (-1.626\,0 - j\,0.938\,8) + (0 + j\,0.072\,8)[\text{pu}] \quad (30\cdot32)$$

$$= (-1.626\,0 - j\,0.866\,0[\text{pu}] \fallingdotseq \underline{1.842[\text{pu}] \angle -152.0[°\,]} \quad (30\cdot33)$$

次に，C相の対地電圧 $\dot{E}_\mathrm{C}$[pu]を，再掲(11・28)式に代入して次式で求めます。

$$\dot{E}_\mathrm{C} = \frac{(\sqrt{3}\angle+150°)\times(2\angle-90°)+(\sqrt{3}\angle+90°)\times(0.0775\angle+90°)}{1.845\angle-90°} \quad (30\cdot34)$$

$$= \frac{\sqrt{3}\times 2}{1.845}\angle(+150-90+90) + \frac{\sqrt{3}\times 0.0775}{1.845}\angle(+90+90+90)$$

$$(30\cdot35)$$

$$= 1.8776[\mathrm{pu}]\angle+150[°]+0.0728[\mathrm{pu}]\angle-90[°] \quad (30\cdot36)$$

$$= (-1.6260+j0.9388)+(0-j0.0728)[\mathrm{pu}] \quad (30\cdot37)$$

$$= -1.6260+j0.8660[\mathrm{pu}] \fallingdotseq \underline{1.842[\mathrm{pu}]\angle+152.0[°]} \quad (30\cdot38)$$

以上の"試算例2"の結果は，対地充電容量値が増加した場合でしたが，健全相の対地電圧値が通常運用時の線間電圧値の $\sqrt{3}$ 倍よりもさらに 6.4[%] ほど大きな 1.842 倍になって現れました。この値は，過渡項を含まない，定常項のみの倍数値です。その過渡項を考慮した場合の健全相である B 相の対地電圧波形の例を，次の図 30・14 に示します。

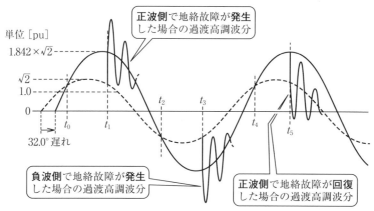

図 30・14　A 相地絡故障時の健全な B 相の対地電圧波形（一例）

この図 30・14 の点線の正弦波は B 相の平常時の相電圧に相当する対地電圧を表し，実線の正弦波は A 相地絡故障中の対地電圧を表しています。A 相の地絡故障が，図の t_0 又は t_2 の時点で発生した場合は，急変分がないため過渡項は生じることなく，点線の相電圧から定常項のみが 1.842[倍] の大きさに上昇します。

一方，A 相の地絡故障が，図の t_1 又は t_3 の時点で発生した場合は，急変分が大

きく，したがって過渡項も大きく現れ，健全相の対地絶縁性能が心配になります。

図の t_5 の時点で，間欠アークが自然消弧した場合には，図に示すような過渡振動分が健全時の相電圧に相当する対地電圧に現れます。その過渡振動分のピーク値は，図示のとおり対地絶縁性能が心配になる状況ではありません。

以上に述べた健全相に現れる対地電圧の一例は，故障点のアーク抵抗値，及び架空送電線路の抵抗値が小さく無視できるものとして試算しました。その抵抗値が無視できない大きさの場合には，線路の対地静電容量に蓄積された静電エネルギーと，系統側の誘導性リアクタンスに蓄積された電磁エネルギーとの授受の過程で，電力回路の抵抗によりジュール熱として消費され，減衰が早く現れます。

一般的に，系統に連繋(れんけい)する発変電所や需要家の引込線部分は，保安レベルの改善のため，架空線をケーブル化することがあり，系統全体の合計の対地静電容量値は，徐々に増加する傾向にあります。そのため，近い将来にケーブル化工事の計画がある場合には，系統の合計対地静電容量値の推移を予測し，その値が過大になる年次を迎える前に，次の設備対策を講ずることが望ましいです。

対策1 系統の中性点接地方式を，非接地方式から抵抗接地方式に変更する。
対策2 故障時遅延抵抗投入方式を，常時抵抗接地方式に変更する。

上記の"**故障時遅延抵抗投入方式**"とは，次のように中性点抵抗器を運用する方式です。すなわち，系統電源に相当する発変電所の主変圧器の中性点と大地との間に，**単相の遮断器**(又は負荷開閉器)と**中性点抵抗器**(NR)を施設しておきます。そして，常時の運用方法は，その単相遮断器を開路状態にして中性点非接地方式で運用しておきます。その状態で，地絡故障が発生した直後は，中性点非接地方式の長所である"地絡故障点のアークの**自然消弧**"に期待します。その系統の電源変電所に施設した地絡過電圧継電器(OVGリレー)が，約1秒間継続して動作した場合には，故障点アークの自然消弧をあきらめて，中性線部分の単相遮断器を自動的に閉路状態にし，中性点抵抗接地方式に移行させます。その結果，故障相の相電圧電源から地絡故障点に向かって地絡電流分の $\dot{I}_G = 3\dot{I}_0$ [A] が流れます。その $3\dot{I}_0$ [A] の電流を，各線路の引出口に設けた地絡方向継電器(DGリレー)にて，地絡故障が内部方向か外部方向かを判定し，故障線路を選択遮断します。

電気のおもしろ小話 正の虚数は進み，負の虚数は遅れ，に例外なし

図示のように，進相の皮相電力ベクトルのうち"正の虚数成分"を進相無効電力と言い，電気工学では一般的に$+jQ$の記号で表します。一方，遅相の皮相電力の"負の虚数成分"は遅相無効電力であり，$-jQ$の記号で表します。

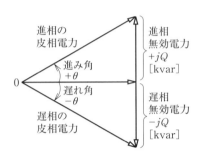

筆者が電力会社に入社した昭和30年代は，電力用コンデンサの設備が不足していたため，需要家は大きな遅相力率の状態であり，私が勤務した水力発電所では日常的に遅相運転が行われ，電力系統に進相無効電力が現れることは稀でした。そのため，運転日誌には"日常的に現れる遅相無効電力の方を正の虚数値で表し，稀に現れる進相無効電力は負の虚数値で表す"習慣が一時期に存在しました。

三相3線式電路の電圧降下ΔVを求める公式は，次の(1)式が正しいのですが，上述の古い時代の習慣に基づいた力率角θの正・負符号による(2)式により解説された参考書がありました。

$$\Delta V = \sqrt{3} I \times (R \cos \theta - X \sin \theta) \text{[V]} \tag{1}$$

$$\Delta V = \sqrt{3} I \times (R \cos \theta + X \sin \theta) \text{[V]} \tag{2}$$

受電線路に大きな進相無効電力が流れるとき，両式とも（ ）内の第1項より第2項の方が大きくなるため，"電圧降下が負値で算出されるフェランチ現象"が現れます。上記の(2)式の注意書きとして，"力率角θには，進みを負値，遅れは正値を適用する"とありましたが，はたしてこの力率角θの正・負符号が標準とは逆であることを，何割の受験生が受験場で思い出せたことか…。

〈著者略歴〉

柴崎　誠（しばざき　まこと）

1964年　中部電力株式会社入社，発変電設備の設計・工事業務に従事
1970年　第一種電気主任技術者試験に合格
1971年　同社 総合技研 電気第一研究室にて電気設備の絶縁性能向上に関する
　　　　研究員，その後 系統安定度向上に関する研究の副主査
1978～1994年　電験第三種受験者向け通信教育の指導
1983年　系統保護継電装置の計画・運用業務 及び 系統技術講習会の講師
2011年　同社退職，Gテクノ株式会社ソーラー発電事業部技術顧問
　　　　現在に至る

- 本書の内容に関する質問は，オーム社ホームページの「サポート」から，「お問合せ」の「書籍に関するお問合せ」をご参照いただくか，または書状にてオーム社編集局宛にお願いします。お受けできる質問は本書で紹介した内容に限らせていただきます。なお、電話での質問にはお答えできませんので、あらかじめご了承ください。
- 万一、落丁・乱丁の場合は、送料当社負担でお取替えいたします。当社販売課宛にお送りください。
- 本書の一部の複写複製を希望される場合は、本書扉裏を参照してください。
  JCOPY＜出版者著作権管理機構 委託出版物＞

図説 %Z法と対称座標法の入門

2018 年 4 月 25 日　　第 1 版第 1 刷発行
2022 年 4 月 30 日　　第 1 版第 6 刷発行

著　　者　柴崎　誠
発 行 者　村上和夫
発 行 所　株式会社 オ ー ム 社
　　　　　郵便番号　101-8460
　　　　　東京都千代田区神田錦町3-1
　　　　　電話　03(3233)0641(代表)
　　　　　URL　https://www.ohmsha.co.jp/

© 柴崎　誠 2018

印刷・製本　三美印刷
ISBN978-4-274-50690-1　Printed in Japan

電気総合誌 オーム

毎月5日発売　定価1,650円

＊祝日の関係で発売日が変更になる場合があります
定価は通常号の標準価格です（2019年現在）
特大号などにより変更になる場合があります

電気の研究・開発・運用に関わる技術者のための月刊誌

創刊号

東京帝国大学電気工学科を卒業した廣田精一と扇本眞吉が明治40年に創設した電機学校（現在の東京電機大学）で、電気工学の月刊専門雑誌として大正3年11月に誕生しました。

■電力システム技術、エネルギー政策　■電力設備、自家用電気設備の開発・保守管理技術　■新エネルギー・省エネルギー技術　■環境技術　■情報通信技　■ナノテク・材料　■鉄道・自動車など輸送交通技術　■災害対策技術　■電気関連法規・基準　■技術者育成支援　■電験一・二種、技術士試験

OHMの詳しい情報は下記WEBサイトまで
https://www.ohmsha.co.jp/ohm/